隧道及地下工程地质灾害风险属性区间评估理论与方法

周宗青 刘洪亮 成 帅 著

人民交通出版社股份有限公司

北京

内 容 提 要

本书系统介绍了作者多年来在隧道与地下工程领域地质灾害风险评估方法方面取得的研究与应用成果,总结分析了隧道与地下工程风险评估的发展历程、技术现状和发展趋势,阐述了属性识别理论及其改进方法的基本原理与评估流程,重点介绍了作者提出的两种属性区间评估理论以及自主开发的风险评估程序与软件。

本书可作为高等院校与科研院所土木、岩土、交通、水利水电等专业研究生教材或科研参考书,也可为相关工程领域的技术人员提供参考。

图书在版编目(CIP)数据

隧道及地下工程地质灾害风险属性区间评估理论与方法 / 周宗青等著. — 北京 : 人民交通出版社股份有限公司, 2022.6

ISBN 978-7-114-17859-7

Ⅰ.①隧… Ⅱ.①周… Ⅲ.①隧道工程—工程地质—地质灾害—风险管理—研究②地下工程—工程地质—地质灾害—风险管理—研究 Ⅳ.①U45②TU94

中国版本图书馆 CIP 数据核字(2022)第 025828 号

书　　名:隧道及地下工程地质灾害风险属性区间评估理论与方法
著 作 者:周宗青　刘洪亮　成　帅
责任编辑:潘艳霞
责任校对:席少楠
责任印制:刘高彤
出版发行:人民交通出版社股份有限公司
地　　址:(100011)北京市朝阳区安定门外外馆斜街 3 号
网　　址:http://www.ccpcl.com.cn
销售电话:(010)59757973
总 经 销:人民交通出版社股份有限公司发行部
经　　销:各地新华书店
印　　刷:北京交通印务有限公司
开　　本:787×1092　1/16
印　　张:9.75
字　　数:238 千
版　　次:2022 年 6 月　第 1 版
印　　次:2022 年 6 月　第 1 次印刷
书　　号:ISBN 978-7-114-17859-7
定　　价:80.00 元

前　言

随着我国基础设施建设的快速发展和"一带一路"倡议、"交通强国"战略的逐步实施，交通工程、水利水电工程建设迎来全新的发展机遇。近年来，交通工程和水利水电工程建设重心向地质条件极端复杂的西部山区和岩溶地区转移，出现了一大批具有"大埋深、长洞线、高应力、强岩溶、高水压"等显著特点的隧道及地下工程。由于工程岩体赋存于复杂的地质环境中，加之前期地质勘察工作难以全面查清沿线或区域工程水文地质条件，工程建设面临着空前严峻的地质灾害威胁以及前所未有的技术挑战，这表明工程建设的机遇与风险并存。

隧道及地下工程建设规模大、发展快的客观事实及其严峻的安全形势决定了我国工程安全风险管理的必要性和紧迫性。党和国家历来高度重视灾害防控和工程建设安全，国务院、原铁道部、交通运输部等先后颁布了工程风险管理方面的标准、规范和指南，但国内工程风险评估方面的研究尚处于发展阶段，仍以定性或半定量分析为主，难以实现量化评价并给出风险等级对应的发生概率，且忽略了隧道及地下工程地质条件的复杂性和风险本身的不确定性。对此，本书以属性数学理论为基础，提出了一种可实现定量评价的属性区间评价理论与概率预测方法，其核心在于将风险评价指标定为概率分布区间，实现地质灾害风险的定量评价和评估结果的置信评判，旨在为隧道及地下工程灾害风险定量评价提供一种有效的方法和途径。

本书共分10章。第1章介绍了隧道及地下工程风险评估的基本概念、地质灾害风险评估的发展历程与现状。第2～3章介绍了属性识别理论与方法及改进属性识别理论与方法。第4章介绍了两种属性区间评估理论与方法。第5章介绍了属性区间评估程序与软件。第6～10章分别针对隧道突水突泥、岩爆、塌方、煤与瓦斯突出和煤矿底板透水等灾害，介绍了其风险评价指标体系与分级标准、属性区间评估模型及其典型工程案例应用。

目前，作者仍在开展地质灾害综合风险评估方面的研究，尚在探索更多、更深层次问题的解决方案。由于作者经验有限，书中难免存在疏漏和不妥之处，敬请广大读者和专家批评指正。

作　者
2022 年 1 月

目 录

第1章 绪 论

1.1 引 言

隧道及地下工程建设作为国家基础设施的重要组成部分,已成为交通强国、海洋强国等国家战略的重要支撑。据统计,2020 年底我国共建成铁路 14.5 万 km(含高速铁路 3.7 万 km)、公路 519.8 万 km(含高速公路 16.1 万 km),其中建成铁路隧道达 16798 座,总长约 19630km;建成公路隧道 21316 座,总长约 2.2 万 km;在建和规划铁路和公路隧道总长超过 3.2 万 km。西部艰险山区交通工程中,隧道占比高、线路长、难度大,以在建川藏铁路为例,线路全长 1011km,隧道 72 座(最长洞段 42.5km,最大埋深大于 2000m),总里程达 842km,隧线比高达 84%。我国迄今已建成海底隧道 10 余条,未来还将新建一批几十乃至上百公里长的世界级海底隧道,如琼州海峡跨海通道(预计 28km)、渤海海峡跨海通道(预计 123km)、台湾海峡海底隧道(北线方案约 122km,南线方案约 174km)。我国已建成引水和水工隧洞超过 10000km,今后将高标准加快推进 172 项重大水利工程和 40 余项重点水电工程,将建设数百条深长引水隧洞。

"十四五"规划和 2035 远景目标纲要中强调"加强水利基础设施建设""加强出疆入藏、中西部地区、沿江沿海沿边战略骨干通道建设"。随着川藏铁路、滇中引水、雅鲁藏布江下游水电开发、南水北调西线、渤海湾跨海隧道等世界级重大工程逐步上马或提上日程,地下工程建设面临着高海拔、高地温、高地应力、高水压、高地震烈度等更为复杂的极端地质条件和环境。例如,川藏铁路面临着我国乃至全球"地形最陡峻、板块活动最强烈、气候最复杂"等极端条件,而青藏高原东缘深部动力、构造变形、差异隆升、断裂活动等造就了高地温($>66℃$)、高地应力($>66MPa$)、高水压($>7MPa$)、超大断裂带(11 条深大活动断裂带)等极端环境,工程区内活断层、断错灾变、水热灾害、突水突泥、软岩大变形等内动力地质灾害风险极高,被国际工程界公认为"工程禁区"。上述复杂地质条件和环境给地下工程建设带来了极高的工程灾害和安全风险。

地下工程建设规模大、发展快的客观事实以及地下工程严峻的安全形势决定了我国地下工程安全风险管理的必要性和紧迫性[1-2]。据不完全统计,2000 年至今各领域地下工程共发生各类灾害上千起,伤亡千余人,经济损失数千亿元,工期延误最久达 10 年,对重大工程建设安全和人民生命财产安全构成了严重威胁,对交通强国、海洋强国建设带来了重大挑战。

党中央、国务院历来高度重视灾害防控和工程建设安全。进入 21 世纪以来,国务院、原铁道部、交通运输部等先后颁布了隧道与地下工程风险管理方面的规范、标准和指南。2007 年,原建设部颁布了《地铁及地下工程建设风险管理指南》,原铁道部颁布了《铁路隧道风险评估与管理暂行规定》;2011 年,住房和城乡建设部、国家质量监督检验检疫总局颁布了《城市轨道交通地下工程建设风险管理规范》。2011年10月,国务院办公厅印发《安全生产"十二五"规划》(国办发〔2011〕47号),将安全风险评估制度纳入"十二五"规划中,指出"以铁路、公路、水利、核电等重点工程及桥梁、隧道等危险性较大项目为重点,建立完善设计、施工阶段安全风险评估制度"。2011年11月,国务院印发《国务院关于坚持科学发展安全发展促进安全生产形势持续稳定好转的意见》(国发〔2011〕40号)同样指出"建立完善铁路、公路、水利、核电等重点工程项目安全风险评估制度"。交通运输部印发《关于在初步设计阶段实行公路桥梁和隧道工程安全风险评估制度的通知》,决定于2010年9月1日起,在初步设计阶段对公路桥梁和隧道工程设计方案实行安全风险评估制度。之后,交通运输部又印发《关于发展公路桥梁和隧道工程施工安全风险评估实行工作的通知》(交质监发〔2011〕217号),决定于2011年8月1日起,在施工阶段对公路桥梁和隧道工程实行安全风险评估制度,并颁布《公路桥梁和隧道工程施工安全风险评估指南(试行)》。

1.2 隧道与地下工程风险评估

1.2.1 风险基本概念

地质灾害风险评价是一个综合评价系统,该系统通过分析地质灾害的发生和影响因素,对其风险等级进行判别或预测。要准确地进行地质灾害风险评估与管理,首先需要明确风险评估中的基本概念和含义。《城市轨道交通地下工程建设风险管理规范》《地铁及地下工程建设风险管理指南》《铁路隧道风险评估与管理暂行规定》《公路桥梁和隧道工程设计安全风险评估指南》等,对常用术语的定义虽有差异,但基本一致。

①风险:事故发生的可能性 P 及其损失 C 的组合。

②事故:可能造成工程发生经济损失、人员伤亡、环境影响、工期延误或耐久性降低等不利事件,也称风险事件。

③损失:工程建设中任何潜在的或外在的不利后果或负面影响,包括人员伤亡、环境影响、经济损失、工期延误、耐久性降低或其他直接或间接损失。

④风险因素:导致风险发生的各种可能的主观或客观因素、危险事件或人员错误行为。

⑤风险指标体系:按照风险产生的根源或类别等建立的体现风险因素与事件分类及层次关系的树状或层状结构。

⑥风险管理:包含风险界定、风险辨识、风险估计、风险评价与风险控制等全过程管理。

⑦风险界定:明确工程风险管理目标及对象、建立工程风险管理分级标准、划分风险评估单元的过程。

⑧风险辨识:调查识别工程建设中潜在的风险类型,事故可能发生的地点、时间及原因,并进行系统筛选、分类的过程。

⑨风险估计:对工程风险发生的可能性(概率)以及损失程度进行估算的过程。

⑩风险评价:根据制定的工程风险分级标准和接受准则,对工程风险进行等级分析、危害性评定和风险排序的过程。

⑪风险控制:为降低或减少工程风险损失所采取的处置对策、技术方案或措施等。

⑫风险分析:包括风险界定、风险辨识和风险估计,即分析风险发生的原因和机理,认识风险发生的本质,采用定性或定量的方法表示风险结果的过程。

⑬风险评估:包括风险界定、风险辨识、风险估计和风险评价,对工程中存在的各种风险及其影响程度进行综合分析、对比排序的过程。

⑭风险接受准则:工程参与建设的各方及第三方对不同等级风险的可接受或可容忍的水平,可采用定性或定量的分级指标描述。

⑮风险处置:风险规避的措施或方案,一般包括风险消除、风险降低、风险转移和风险自留四种方式。

⑯风险监控:风险管理过程中,对风险进行的全程动态监控。

⑰初始风险:工程建设各阶段未采取风险控制措施前就已存在的风险。

⑱残留风险:对初始风险采取处理措施后自留或转移到下一阶段的风险。

除了上述常用术语,还有评估对象、孕险环境、致险因子、承险体、风险记录等术语,在此不再一一介绍。

基于上述描述,可将风险界定、风险辨识、风险估计、风险评价、风险控制、风险分析、风险评估、风险管理的关系如图1-1所示。

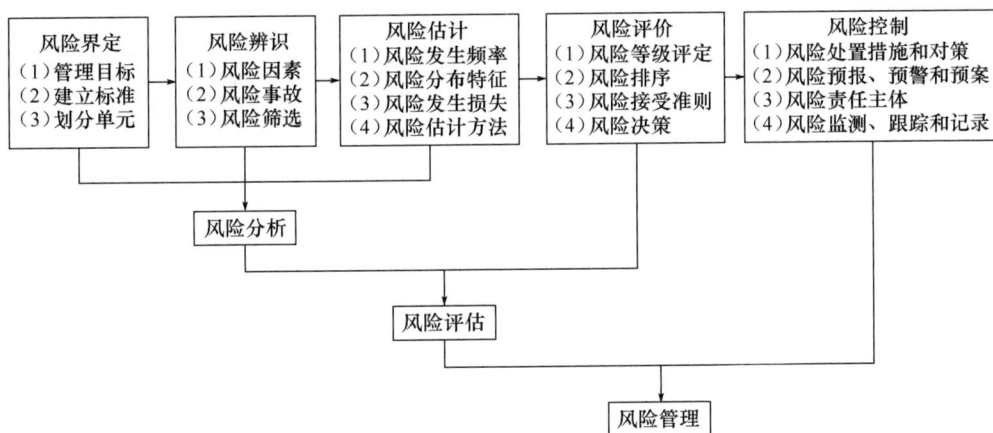

图1-1 工程风险管理程序

1.2.2 风险评价指标制定原则

风险评价指标的确定要将风险限定在一个合理的、可接受的水平上,制定风险评价指标时通常应遵循以下基本原则:

(1)科学性、合理性原则。指标体系的设计要遵循实事求是的原则,客观真实地反映被评价对象的风险状态。

(2)全面性原则。指标体系作为一个有机整体,应从不同角度反映被评价对象的特征和风险趋势,不能遗漏主要方面或有所偏颇,否则评价结果就有失全面性和真实性。

（3）可行性、可操作性原则。指标的设计应考虑到实现的可能性，要反映公众的价值观念、风险承受能力和社会经济能力；指标应与评价模型、评价方法一致，适应于风险评价者对指标的接受程度和判断能力。

（4）简明性原则。评价指标应简单明了，不宜过于烦琐、个数太多，避免因陷于过多细节而未能把握评价对象的本质，从而影响评价的准确性；应具有较强的代表性，避免相同或相近的指标重复出现。

（5）可测性原则。评价指标应尽量易于量化处理，用具体数值标示出各限制范围或水平，以便于判断和评价，不宜采用抽象程度过高或过于宽泛的指标。

1.2.3　风险分级标准

风险分级标准包括风险事故发生概率的等级标准[简称风险概率(P)等级]和风险事故发生后的损失等级标准[简称风险损失(C)等级]。根据工程风险定义，制定相应风险的分级标准和接受准则。

根据工程风险发生的概率 P，可将概率等级从高到低分为：频繁发生、可能发生、偶尔发生、很少发生以及不可能发生五个等级。《城市轨道交通地下工程建设风险管理规范》《地铁及地下工程建设风险管理指南》中规定的风险概率等级标准见表1-1。

工程风险概率等级标准　　　　　　　　　　　　　　　　表1-1

等级	A	B	C	D	E
事故描述	不可能发生	很少发生	偶尔发生	可能发生	频繁发生
概率区间	$P<0.01\%$	$0.01\%\leq P<0.1\%$	$0.1\%\leq P<1\%$	$1\%\leq P<10\%$	$P\geq10\%$

《城市轨道交通地下工程建设风险管理规范》《地铁及地下工程建设风险管理指南》《铁路隧道风险评估与管理暂行规定》《公路桥梁和隧道工程设计安全风险评估指南》等考虑风险损失(C)不同的严重程度，对风险损失等级的标准都定为五级，按严重程度由高到低分别定为灾难性的、非常严重的、严重的、需考虑的、可忽略的，等级标准见表1-2。

工程风险损失等级标准　　　　　　　　　　　　　　　　表1-2

等级	1	2	3	4	5
描述	可忽略的	需考虑的	严重的	非常严重的	灾难性的

关于工程风险损失等级的划定，《公路桥梁和隧道工程设计安全风险评估指南》主要从人员伤亡、经济损失、环境影响三方面对风险损失进行描述；《铁路隧道风险评估与管理暂行规定》从人员伤亡、经济损失、环境影响以及工期延误四个方面进行描述；《城市轨道交通地下工程建设风险管理规范》《地铁及地下工程建设风险管理指南》除考虑上述四方面外，还考虑了社会影响。工程建设人员和第三方伤亡、工程本身和第三方的直接经济损失、工期延误、环境影响、社会影响、社会信誉损失的等级标准可查阅上述规范和指南。

根据不同的风险概率等级和风险损失等级，可建立风险分级评价矩阵（简称风险评价矩阵），用于判定风险等级。《地铁及地下工程建设风险管理指南》将风险等级划分为五级（表1-3），其他三项规范、指南均划分为四级（表1-4）。

风险等级标准（一） 表1-3

风险概率等级	概率区间	风险损失等级				
		1.可忽略	2.需考虑	3.严重	4.非常严重	5.灾难性
A	$P<0.01\%$	一级	一级	二级	三级	四级
B	$0.01\%\leqslant P<0.1\%$	一级	二级	三级	三级	四级
C	$0.1\%\leqslant P<1\%$	一级	二级	三级	四级	五级
D	$1\%\leqslant P<10\%$	二级	三级	四级	四级	五级
E	$P\geqslant10\%$	二级	三级	四级	五级	五级

风险等级标准（二） 表1-4

风险概率等级	概率区间	风险损失等级				
		1.可忽略	2.需考虑	3.严重	4.非常严重	5.灾难性
A	$P<0.01\%$	一级	一级	二级	二级	三级
B	$0.01\%\leqslant P<0.1\%$	一级	二级	二级	三级	三级
C	$0.1\%\leqslant P<1\%$	二级 *	二级	三级	三级	四级
D	$1\%\leqslant P<10\%$	二级	三级	三级	四级	四级
E	$P\geqslant10\%$	三级	三级	四级	四级	四级

注：*《城市轨道交通地下工程建设风险管理规范》定为一级,这可能是因为规范、指南中关于工程风险概率等级标准划分不一致,具体可查阅上述规范和指南。

采取的处理措施也基本相同。不同等级的风险需采用不同的风险控制对策与处置措施,结合风险评价矩阵,除《地铁及地下工程建设风险管理指南》针对五级风险等级相应确定了五级接受准则外,其他规范对于风险接受准则的定义基本分为可忽略、可接受、不愿接受、不可接受四个级别,不同等级风险的接受准则和相应的控制对策见表1-5、表1-6。

风险接受准则（一） 表1-5

风险等级	接受准则	控制方案	应对部门
一级	可忽略	日常管理和审视	工程建设参与各方
二级	可容许	需注意,加强日常管理审视	
三级	可接受	引起重视,需防范,有监控措施	
四级	不可接受	需决策、制订控制、预警措施	政府部门 工程建设参与各方
五级	拒绝接受	立即停止,整改、规避或启动应急预案	

风险接受准则（二） 表1-6

风险等级	接受准则	控制方案	应对部门
一级	可忽略	不需采取风险处理措施,实施常规管理	工程建设参与各方
二级	可接受	不需采取风险处理措施,但需注意监测	
三级	不愿接受	必须加强监测,采取风险处理措施降低风险等级,且降低风险的成本不高于风险发生后的损失	政府部门 工程建设参与各方
四级	不可接受	必须高度重视,并采取措施规避,否则必须将风险至少降低至可接受的水平	

1.2.4　常用风险评价方法分类

基于风险辨识与风险估计,把风险因素发生的概率、损失程度结合其他因素综合考虑,判定发生风险的程度以及可能性就是风险评价,它是用定性、定量的方法或是两者相结合来处理不确定性风险因素的过程。

根据评价属性的不同,可划分为定性评价方法、定量评价方法和半定量评价方法。

①定性评价方法是最常见、简单易行的一类评价方法,需要通过参与评价人员的经验、知识和智慧来进行预测,主要包括专家调查法(德尔斐法)、失效模式和后果分析法等。

②定量评价方法是根据统计、检测数据、同类系统的数据资料,应用科学方法构造数学模型进行定量化评价的一类方法,主要包括层次分析法、蒙特卡洛法、模糊数学法、神经网络法、等风险图法、主成分分析法、可靠度分析法等。

③半定量评价方法,主要包括专家信息指数法、模糊层次综合评估法、事故树法、事件树法、影响图法、风险评价矩阵法、模糊事故树分析法等。

1.3　国内外研究现状分析

1.3.1　隧道与地下工程风险管理的发展历程

风险管理是指如何在一个肯定有风险的环境里把风险减至最低的管理过程,整个过程包含风险辨识、风险评价以及风险处置等。人类历史上最早的风险问题的研究可追溯到公元前916年的共同海损制度,以及公元前400年的船货押贷制度,当时欧洲地中海沿岸各港口的海上保险揭开了人类探索风险的序幕。国际上关于地下工程风险管理的研究起始于20世纪70年代,最初主要以理念建立和定性研究为主,定量研究往往止步于可靠度的计算,对于如何进一步达到技术与经济指标的结合,所取得的成果并不多。2002年10月,国际隧协发布了《隧道工程风险管理指南》(*Guidelines for Tunnelling Risk Management*),为隧道工程的风险管理提供了一整套参照标准和方法。英国隧道协会和保险业协会于2003年9月联合发布了《英国隧道工程建设风险管理联合规范》。国际隧道工程保险集团(ITIG)于2006年1月发布了《隧道工程风险管理实践规程》。

隧道工程风险分析的代表人物是美国的Einstein,曾撰写多篇有价值的文献,主要贡献是指出了隧道工程风险分析的特点和应遵循的理念,诸如 *Geological model for a tunnel cost model*、*Risk and risk analysis in rock engineering*、*Decision Aids in Tunneling* 等。之后,众多专家学者针对风险管理模式进行了有益的探讨,并对复杂地层条件地区的海底隧道、山岭隧道的风险评估进行了相对深入的研究,提出了风险指数法、不确定分析法、贝叶斯网络等隧道风险评估方法,将其成功应用到美国西雅图地下交通线工程、波尔图地铁等事故分析中,并通过事故案例统计分析建立了隧道施工期事故案例数据库。基于Einstein的研究,剑桥大学Salazar在博士论文《隧道设计和建设中的不确定性以及经济评估的实用性研究》中,将不确定性的影响和工程造价联系起来。Reilly[3] and Brown[4]提出了"隧道工程的建设过程就是全面的风险管理和风险分担的过程",将地下隧道工程中的主要风险类型分为四类:造成人员受伤或死亡、财产和经济损失的风险,造成项目造价增加的风险,造成工期延误的风险以及造成不能满足设计、使用要求的风险。Snel,van Hasselt[5]在考虑工程投资、工期和工程质量的前提下研究了阿姆斯特丹南北地铁线路设计和施工中的风险管理问题,提出了"IPB"风险管理模式(Inventory of critical aspects;Preventive measures;Backup measures)。Clloi 等[6]提出了一种地下工程项目风险评价方法,其主要工具是风险分析软件。软件建立在以模糊理论为基础的一个不确定模型上,并提到了用于风险识别和分析的收集相关风险信息的调查表法和细节核查表法。Eskesen 等[7]、Hartford,Baecher[8]对隧道风险分析与控制方法做了总结,并对比分析了各种风险分析方法。Sousa[9]通过对世界上 204 个事故案例的统计,建立了隧道施工期事故案例数据库。Stuzk等[10]将风险分析技术应用于斯德哥尔摩环形公路隧道,得到了一些规律性的结论。Nilsen等[11]对复杂地层条件地区的海底隧道的风险进行相对深入的研究。国际隧协委员 Heinz[12]对穿越海峡的隧道、穿越阿尔卑斯山的隧道如何进行风险评估进行了探讨。Clark,Borst[13]在对美国西雅图地下交通线工程规划和初步设计阶段进行地质风险、合同风险、设计和施工风险分析时,提出了风险指数法。Sousa、Einstein[10,14]运用贝叶斯网络建立了隧道施工期间的地质判别模型和施工决策模型,并应用到波尔图地铁事故分析中。由此可知,工程风险管理也是经历了漫长的认知过程,在工程建设中发挥的作用也越来越重要。

国内隧道与地下工程风险管理研究起步较晚,现处于发展阶段。20 世纪 90 年代,同济大学、天津大学等以国内一些大型工程项目为依托,对风险管理理论及应用等方面进行了探索性研究,迈出了国内工程风险管理的第一步。1987—1996 年,天津大学"三峡工程风险研究"课题组对三峡工程进行了风险分析与评价,是国内首次对大型建设工程项目进行风险分析研究,研究成果《三峡工程经济风险及对策研究》受到国家科委的奖励。天津大学于九如教授结合三峡工程风险分析成果,撰写了《投资项目风险分析》一书,为风险分析理论在大型工程中的应用做了理论上的探讨。关于地下工程领域的风险分析研究,最早始于同济大学的丁士昭教授的一些初步性探索,丁士昭教授(1992 年)对我国广州地铁首期工程、上海地铁一号线工程等地铁建设中的风险和保险模式进行了研究。而以同济大学为主进行的沪崇通道项目的风险评估更是为这一学科的发展提供了新的贡献。整个沪崇通道的风险评估研究共提交了十七个专题报告,涉及工程建设的各个方面,包括前期选线、施工风险管理、环境保护、运营事故控制以及财务分析等,可以说是国内风险分析技术应用在隧道工程上的第一个大型项目。

20 世纪 90 年代中后期,国内学者将结构可靠度分析方法引入地下工程中,充实了工程风险管理内容,进一步补充与完善了风险管理理论。朱永全[15]提出的隧道支护结构稳定可靠性分析方法,以支护变形为依据和基础,结合荷载分析,对洞室进行位移稳定可靠性分析,量化了隧道工程计算中的不确定性。白峰青[16]将可靠性因子分析方法应用于隧道稳定性的风险决策模型中,完成了隧道工程的风险设计和风险决策。刘东升[17]视地下洞室围岩为随机不确定系统,通过引入单元屈服的可靠度判据,计算出在不同目标可靠度下的围岩概率塑性区和相应的体系可靠度。范益群[18]以可靠度理论为基础,通过计算出基坑、隧道等地下结构风险概率和定性评价风险造成的损失,提出了地下结构的抗风险设计概念和改进的层次分析方法。

21 世纪初,风险管理理论逐步细化,在风险评估模式、预测预警与控制决策等几个方面得到快速发展。中国香港的 Mcfeat-Smith[19] 提出了亚洲复杂地质条件下隧道工程的风险评估模式,根据风险发生频率的高低将风险分为五级,根据风险发生影响后果也将风险分为五级,可根据实际需要选择评估模式,提高了风险评估理论的适用性。中国台湾游步上等[20]应用多属性效用理论,从施工角度对隧道工程风险管理的决策程序做了完整的探讨。黄宏伟等开展了地铁建设和运营阶段的风险管理研究,给出了地铁不同阶段中的风险因素、风险分析和风险控制的整体思路,初步实现了风险管理的程序化和系统化[21]。陈龙[22] 计算了软土地区盾构隧道施工期主要风险事故的发生概率及四大损失风险的概率分布曲线,提出风险值与风险指标两个评价指标,并给出了计算方法和评价标准,为盾构隧道风险评估提供了依据和借鉴。

近些年来,随着风险管理理论的不断完善,土木工程风险管理的重心逐步向全局管理和动态管理过渡,地下工程领域风险管理理论研究与应用发展迅速。陈桂香等[23] 提出了地铁项目全寿命周期风险集成化管理模式,并采用风险调查的方法,对地铁项目各个建设阶段的几个风险因素进行了定性的评估,给出了风险评估矩阵。黄宏伟等[24] 采用理论分析与案例讨论相结合的方法,深入浅出地对轨道交通工程建设中可能涉及的各方面风险进行辨识、分析,并提出相应的控制措施。陈洁金[25] 以金沙洲隧道下穿广佛立交和下穿建设大道为研究对象进行风险评估,并对由下穿现有结构新增的风险控制因素进行了优化。李景龙[26] 对大型地下洞室群工程的风险评估体系进行了研究,并将风险分析研究成果应用到风险控制中,用 VB 语言开发了 Stability Risk Assessment Analysis 软件,减小了工作量,提高了风险评估效率。钱七虎等探讨了地下工程安全风险管理的现状和安全风险管理实践中的问题,并与张毅军等[27] 将 TOPSIS 方法运用到地铁工程施工风险分析及评估模型中的权重求解中,并对其进行了改进,使其更易应用于实践。

近年来,地质灾害预测、预警方法方面的研究也取得了长足的进步,一些新的预警方法和技术不断在重要工程中开始应用,主要从灾害监测、风险评价和预警角度进行风险规避,如"信息化管理平台""监测资料处理系统""地铁工程远程监控管理系统"等信息化远程监控平台与软件。地理信息系统(Grographic Information System,GIS)、动态数据交换机制(Dynamic Data Exchange,DDE)、全球定位系统(Global Positioning System,GPS)以及卫星通信等远程监控技术的应用大大提高了灾害监测的回馈实时性和预警有效性,通过对监测信息的临界阈值设置或综合信息判断,可有效指导地质灾害防治方案的灾前设计和灾后应急部署。此外,对于工程信息管理风险数据库的构建,国内外专家学者针对风险数据库包括的内容、风险数据库的构建、工程层次的划分等方面进行了细致地研究,并利用数据库系统构建了基于监测信息的动态风险数据库,从而为隧道施工动态风险管理提供基础数据支持。通过建立工程风险数据库系统,可以实现数据的及时更新,为其他工程风险管理提供信息参考,有效解决工程信息管理问题。

1.3.2 隧道地质灾害风险评估研究现状分析

地质灾害风险是指对灾害发生后造成的影响和损失的可能性进行的量化评估工作。隧道与地下工程建设过程中潜在的典型地质灾害主要包括:突水、岩爆、塌方、大变形、瓦斯突出等,其中以突水、塌方、岩爆风险最为常见。现分别就每一类地质灾害的风险评估研究现状概括如下：

(1)突水突泥灾害已成为隧道施工中主要地质灾害之一。国内外专家学者针对隧道突水突泥风险分析做了大量研究,先后提出了隧道突水突泥危险性分级体系、隧道岩溶涌水专家评判系统、岩溶突涌水地质灾害系统等,并应用层次分析法、模糊综合评价法、属性数学理论、可拓理论、属性区间评估等方法对隧道的突水突泥灾害风险进行了评价。韩行瑞[28]认为,岩溶隧道涌水是隧道与岩溶水系统在四维时空交汇的结果,基于岩溶水文地质学提出了"隧道岩溶涌水专家评判系统",系统分析了隧道岩溶涌水的机制并构建了评判模型,该模型得到了广泛应用。杜毓超等[29]以"岩溶隧道涌水专家评判系统"为依据,采用层次分析技术评判了不同岩溶水文地质条件下隧道涌水的风险性。毛邦燕等[30]通过对岩溶突水突泥机制的深入研究,提出了定性与定量评价相结合的"隧道突水突泥危险性分级体系"。匡星等[31]建立了岩溶区隧道施工期岩溶突涌水地质灾害系统,采用模糊综合评价模型对岩溶隧道突水涌泥灾害危险性进行了评价。李利平等[32]基于突水典型影响因素建立了岩溶隧道突水风险模糊层次评价模型,进行了隧道施工前勘察和设计两个阶段的突水风险预评价和施工阶段的动态评价,并基于突水风险评估与控制提出了一种隧道施工许可机制。许振浩等[33-34]基于层次分析法研究了岩溶隧道突水控制因素与因素权值,提出了岩溶隧道突水风险三阶段评估与控制方法。李术才等[35-37]、周宗青等[38-39]先后运用属性数学理论、灰色系统理论对隧道突水突泥风险进行了评价,指出了当前风险评估方法的不足之处,提出了一种可考虑地质条件复杂性的属性区间评估方法,且该方法能够实现风险的定量评价,给出评估结果的信息指数。张庆松等[40]开展了高风险岩溶隧道的突水风险评价研究,并建立了突水风险定量评价方法和灾害四色预警机制。

(2)岩爆风险评估需要给出岩爆发生的可能区域和等级,总体分为两个阶段:一是开挖前岩爆的风险评估,常采用理论推导的方法;二是开挖过程中岩爆风险的动态评估与预警,常采用现场监测、预测的方法。岩爆风险估计经验指标法可分为单因素和多因素两种。单因素经验指标法通常包括强度理论、刚度理论和能量理论。该方法通常是从强度、刚度、能量等单一方面对岩爆现象进行理论分析,其考虑因素相对单一,进而提出了各种不同的假设和判据,如抗压强度与围岩切向应力比值、抗压强度和抗拉强度比值、弹性能量指数等。多因素经验指标法是以岩爆控制的重要因素为评判因子,通过建立数学模型或评价系统实现对岩爆的风险评估,选用的数学模型通常有BP(Back Propagation)神经网络、遗传算法、支持向量机、距离判别法、数据挖掘方法、蚁群聚类算法等。王元汉等[41]采用模糊数学综合评判方法,对岩爆的发生与否及烈度大小进行了预测。姜彤等[42]建立了岩爆预测的动态权重灰色归类模型,提出了综合评判指数的概念,给出了新的评判方法。葛启发和冯夏庭[43]综合考虑了岩爆灾害发生的多种主要影响因素,构建了集成神经网络AdaBoost-ANN的岩爆等级多分类预测模型。高玮[44]首次把蚁群聚类算法引入岩爆研究领域,提出一种以工程类比的思想预测岩爆的新方法。陈海军等[45]、石豫川等[46]分别采用BP人工神经网络建立了岩爆预测模型,对岩爆的发生及其烈度进行了预测,但所选取的评价指标不同。朱宝龙等[47]、宫凤强和李夕兵[48]、刘章军等[49]均选取最大切向应力与抗压强度的比值、抗压强度与抗拉强度的比值以及弹性能量指数作为评价影响因子,分别建立了岩爆烈度分级预测的人工神经网络模型、距离判别分析模型和模糊概率模型。贾义鹏等[50]选取洞壁围岩最大切向应力、岩石单轴抗压强度、抗拉强度和弹性能量指数作为主要影响因素,提出一种基于粒子群算法和广义回归神经网络模型(PSO-GRNN模型)的岩爆预测方法。Adoko等[51,52]基于岩爆强度理论,选取170余个已发生的岩爆案例为样本,确定了以围岩的最大切向应力、岩石单轴抗压强度、岩石单轴抗拉强度和弹性应变能指数等岩爆控制指标,通过模糊数学理论和模糊神经网络理论建立了岩爆预测系统。

(3)随着隧道建设规模越来越大,施工过程中的围岩稳定性问题更加突出,导致塌方事故在隧道施工过程中时有发生,已成为隧道施工过程中的一个重要安全隐患。诸多学者对隧道塌方的风险评估进行了相应研究:李风云等[52]收集和整理了300例隧道塌方资料,分类统计研究了塌方影响因素,建立了隧道塌方原因分析树,并建立了隧道塌方的SVM预测模型。周建昆等[53]总结了隧道塌方发生的影响因素及发生机制,采用事故树理论编制了公路隧道塌方分析事故树。周峰[54]、陈洁金等[55]通过对隧道塌方资料的收集和整理分析,辨识出隧道塌方的风险影响因素,遴选出主要因素作为模糊层次评估方法的影响因子,建立了隧道塌方风险的模糊层次评估模型。王华牢等[56]明确了诱发隧道塌方的风险因素,运用层次分析法和专家调查法对隧道塌方风险等级进行了评估。王迎超等[57]研究了山岭隧道塌方机制和预防措施,建立了有效的围岩失稳风险预警模型,揭示了山岭隧道洞口塌方机制,建立了洞口塌方的时空预测模型。袁龙等[58]收集和整理了国内62座隧道洞口段的塌方资料,总结分析了洞口段塌方最具影响的七个因素,建立了隧道洞口段塌方风险模糊层次综合评价模型。李术才等[59]在综合分析塌方影响因素的基础上,基于属性数学理论建立了隧道塌方风险分级的属性识别模型,并采用超前地质预报方法对部分指标进行定量描述。周宗青等[60]采用模糊综合评价法,建立基于孕险环境的塌方风险静态评估模型和基于致险因子的动态评估模型,并采用所建立的评估模型对浅埋隧道塌方风险进行了分析,提出基于动态评估结果的风险规避方法。

1.3.3 隧道地质灾害风险评估中存在的问题

尽管国内外学者针对隧道及地下工程建设过程中的地质灾害风险评估方法及预测预警技术做了大量研究工作,但目前关于地下工程的风险研究还不太完善,仍存在以下几个问题:

(1)理论分析方法仍停留在定性或半定量分析阶段,多采用模糊数学、遗传算法、神经网络等方法,难以实现对风险影响因素的量化评价。此外,每一种方法都有其不足之处,如运用模糊数学理论进行风险评估时,会出现分类不清及结果不合理的情况,究其原因是隶属函数的选择具有一定的随意性;而层次递推模型构建得是否合理准确是层次分析法能否成功的关键。

(2)结合一些数学模型进行风险分析时,评价指标的取值往往是一个确切值,忽略了地下工程地质条件的复杂性和不确定性,而且大多数模型只能定性或半定量给出风险等级,无法给出地质灾害风险等级对应的发生概率。

(3)地质灾害的发生是孕险环境和致险因子双重作用的结果,两者的影响因素随施工动态变化。当前地质灾害风险评估仍停留在静态评估阶段,多采用工程、水文地质基本理论,分析工程区的地形地貌、地质构造、地层岩性、地应力条件、地下水赋存等环境因素,定性判断地质灾害的可能性,预测地质灾害风险等级及其覆盖区域,忽略了致险因子的作用及其动态属性,难以实现对地质灾害风险的动态评估与控制。

(4)当前地质灾害风险评估主要是针对单一地质灾害类型,而地下工程建设过程中潜在的地质灾害类型较多,单一地质灾害风险难以真实反映工程建设的施工安全风险,即地质灾害综合风险。因此,需采用地质灾害综合风险或综合风险指数来反应施工中潜在的多种地质灾害的综合效果,并明确该段综合风险评价下单一地质灾害的风险级别。

第 2 章　属性识别理论与方法

属性识别理论是程乾生教授于 20 世纪 90 年代,以属性集、属性测度空间和有序分割类等概念为基础,为解决综合评价问题所提出建立的一种新的评价方法,主要讨论和解决定性描述的度量问题和不同的定性描述之间的关系。

属性综合评价主要包括单指标属性测度分析、多指标综合属性测度分析和属性识别分析三方面内容。其中,属性识别分析采用的置信度准则是根据评价集具有有序性这一特点提出的,评价时利用给出的置信度准则,不会像模糊数学理论的最大隶属度原则那样出现分类不清或分类不合理的情况,因而可使评价结果更为可靠。

隧道与地下工程实践中的综合评价问题可归结为对定性描述的度量问题,属性识别理论恰好为解决该类问题提供了理论基础。目前,属性识别理论已成功应用于隧道与地下工程领域的地质灾害风险评价中,如隧道突水突泥风险、岩爆预测与烈度分级、岩体质量分级方法、隧道瓦斯突出危险性、采空区地基稳定性评价、岩土边坡地震稳定性等。

设 X 为评价对象空间,其评价对象 $x_i(i=1,2,\cdots,n)$ 有 m 个被评价指标 $I_{ij}(j=1,2,\cdots,m)$;对于 x_i 的第 j 个评价指标 (I_{ij}) 的测量值 t_{ij},都有 K 个评价等级 $C_k(k=1,2,\cdots,K)$。例如,根据地质灾害发生的概率及其灾害后果,可将其风险划分为 Ⅰ、Ⅱ、Ⅲ、Ⅳ、Ⅴ 共 5 个等级,并规定 $C_1=\{Ⅰ级\}=\{高危险性\}$、$C_2=\{Ⅱ级\}=\{中危险性\}$、$C_3=\{Ⅲ级\}=\{低危险性\}$、$C_4=\{Ⅳ级\}=\{微危险性\}$、$C_5=\{Ⅴ级\}=\{无危险性\}$。

将属性测度空间 F 进行有序分割,设 $F=\{风险等级\}=\{C_1,C_2,\cdots,C_K\}$ 表示一个有序分割类,F 中的每一种情况称为一个属性集。对于属性集可以进行属性运算,对不同的属性集可以给出相应的属性测度,属性测度满足可加性规则。

第 i 个评价对象的第 j 个评价指标 (I_{ij}) 的测量值 (t_{ij}) 具有等级属性 C_k 的大小,可用单指标属性测度 μ_{ijk} 表示;第 i 个评价对象具有等级属性 C_k 的大小,用综合属性测度 μ_{ik} 表示。为了便于理解属性识别理论的计算方法,下面假设仅有一个评价对象,前述所提及的 I_{ij}、t_{ij}、μ_{ijk}、μ_{ik} 也简化为 I_j、t_j、μ_{jk}、μ_k 来表示。

2.1　单指标属性测度分析

对于评价指标 (I_j) 的测量值 (t_j),具有等级属性 C_k 的属性测度 (μ_{jk}) 的确定方法是建立其单指标属性测度函数,以表示评价指标 (I_j) 的测量值 (t_j) 变化时属性测度 (μ_{jk}) 的变化情况。单指标属性测度函数计算方法如下:

表 2-1 中所列的数据是指评价对象的所有评价指标的等级划分标准,其数据形式需满足 $a_{j0} < a_{j1} < \cdots < a_{jK}$,或 $a_{j0} > a_{j1} > \cdots > a_{jK}$。令

表 2-1

评价指标等级划分标准

评价指标(I_j)	评价等级(C_k)			
	C_1	C_2	$\cdots$	C_K
I_1	$a_{10} \sim a_{11}$	$a_{11} \sim a_{12}$	$\cdots$	$a_{1(K-1)} \sim a_{1K}$
I_2	$a_{20} \sim a_{21}$	$a_{21} \sim a_{22}$	$\cdots$	$a_{2(K-1)} \sim a_{2K}$
$\vdots$			$\vdots$	
I_m	$a_{m0} \sim a_{m1}$	$a_{m1} \sim a_{m2}$	$\cdots$	$a_{m(K-1)} \sim a_{mK}$

$$b_{jk} = \frac{a_{jk-1} + a_{jk}}{2} \tag{2-1}$$

$$d_{jk} = \min\{\,|b_{jk} - a_{jk}|,\quad |b_{jk+1} - a_{jk}|\,\} \tag{2-2}$$

式(2-1)中 k 满足 $k = 1, 2, \cdots, K$;式(2-2)中 k 满足 $k = 1, 2, \cdots, K-1$。当 $a_{j0} < a_{j1} < \cdots < a_{jK}$ 时,单指标属性测度函数 $\mu_{jk}(t)$ 可由下式计算求得:

$$\mu_{j1}(t) = \begin{cases} 1 & t < a_{j1} - d_{j1} \\ \dfrac{a_{j1} + d_{j1} - t}{2d_{j1}} & a_{j1} - d_{j1} \leq t \leq a_{j1} + d_{j1} \\ 0 & t > a_{j1} + d_{j1} \end{cases} \tag{2-3}$$

$$\mu_{jk}(t) = \begin{cases} 0 & t < a_{j(k-1)} - d_{j(k-1)} \\ \dfrac{t - a_{j(k-1)} + d_{j(k-1)}}{2d_{j(k-1)}} & a_{j(k-1)} - d_{j(k-1)} \leq t \leq a_{j(k-1)} + d_{j(k-1)} \\ 1 & a_{j(k-1)} + d_{j(k-1)} < t < a_{jk} - d_{jk} \\ \dfrac{a_{jk} + d_{jk} - t}{2d_{jk}} & a_{jk} - d_{jk} \leq t \leq a_{jk} + d_{jk} \\ 0 & t > a_{jk} + d_{jk} \end{cases} \tag{2-4}$$

$$\mu_{jK}(t) = \begin{cases} 0 & t < a_{j(K-1)} - d_{j(K-1)} \\ \dfrac{t - a_{j(K-1)} + d_{j(K-1)}}{2d_{j(K-1)}} & a_{j(K-1)} - d_{j(K-1)} \leq t \leq a_{j(K-1)} + d_{j(K-1)} \\ 1 & t > a_{j(K-1)} + d_{j(K-1)} \end{cases} \tag{2-5}$$

当 $a_{j0} > a_{j1} > \cdots > a_{jK}$ 时,单指标属性测度函数 $\mu_{jk}(t)$ 可根据下式计算求得:

$$\mu_{j1}(t) = \begin{cases} 0 & t < a_{j1} - d_{j1} \\ \dfrac{t - a_{j1} + d_{j1}}{2d_{j1}} & a_{j1} - d_{j1} \leq t \leq a_{j1} + d_{j1} \\ 1 & t > a_{j1} + d_{j1} \end{cases} \tag{2-6}$$

$$\mu_{jk}(t) = \begin{cases} 0 & t < a_{jk} - d_{jk} \\[2mm] \dfrac{t - a_{jk} + d_{jk}}{2d_{jk}} & a_{jk} - d_{jk} \leqslant t \leqslant a_{jk} + d_{jk} \\[2mm] 1 & a_{jk} + d_{jk} < t < a_{j(k-1)} - d_{j(k-1)} \\[2mm] \dfrac{a_{j(k-1)} + d_{j(k-1)} - t}{2d_{j(k-1)}} & a_{j(k-1)} - d_{j(k-1)} \leqslant t \leqslant a_{j(k-1)} + d_{j(k-1)} \\[2mm] 0 & t > a_{j(k-1)} + d_{j(k-1)} \end{cases} \qquad (2-7)$$

$$\mu_{jK}(t) = \begin{cases} 1 & t < a_{j(K-1)} - d_{j(K-1)} \\[2mm] \dfrac{a_{j(K-1)} + d_{j(K-1)} - t}{2d_{j(K-1)}} & a_{j(K-1)} - d_{j(K-1)} \leqslant t \leqslant a_{j(K-1)} + d_{j(K-1)} \\[2mm] 0 & t > a_{j(K-1)} + d_{j(K-1)} \end{cases} \qquad (2-8)$$

式(2-3) ~ 式(2-8)中：$k = 1, 2, \cdots, K-1; j = 1, 2, \cdots, m$。

式(2-3) ~ 式(2-8)的图形化表示如图 2-1 所示。由式(2-2)可知，图 2-1a)中满足 $a_{j(k-1)} + d_{j(k-1)} \leqslant a_{jk} - d_{jk}$ ($k = 2, 3, 4$)，图 2-1b)中满足 $a_{j(k-1)} - d_{j(k-1)} \leqslant a_{jk} + d_{jk}$ ($k = 2, 3, 4$)。当等号成立时，其对应等级的属性测度函数图形将由梯形转变为三角形。

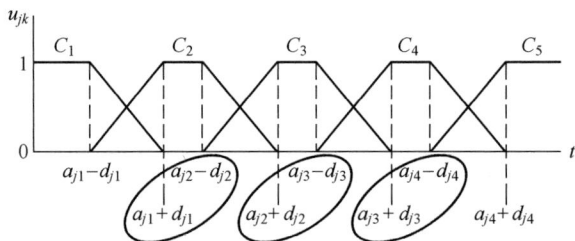

a) $a_{j0} < a_{j1} < \cdots < a_{jK}$

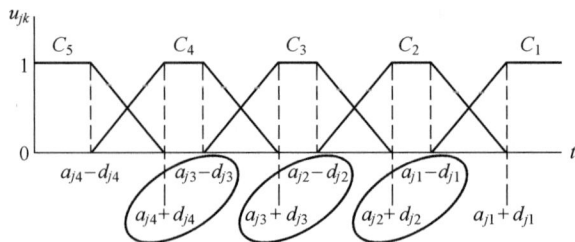

b) $a_{j0} > a_{j1} > \cdots > a_{jK}$

图 2-1 单属性测度函数图（$n = 5$）

通过式(2-3)~式(2-8)计算单指标属性测度的矩阵形式如下：

$$U_{jk} = \begin{pmatrix} \mu_{11} & \mu_{12} & \cdots & \mu_{1k} & \cdots & \mu_{1K} \\ \mu_{21} & \mu_{22} & \cdots & \mu_{2k} & \cdots & \mu_{2K} \\ \vdots & \vdots & \ddots & \vdots & \ddots & \vdots \\ \mu_{j1} & \mu_{j2} & \cdots & \mu_{jk} & \cdots & \mu_{jK} \\ \vdots & \vdots & \ddots & \vdots & \ddots & \vdots \\ \mu_{m1} & \mu_{m2} & \cdots & \mu_{mk} & \cdots & \mu_{mK} \end{pmatrix} \tag{2-9}$$

2.2　多指标综合属性测度分析

综合属性测度 μ_k 可按式(2-10)计算：

$$\mu_k = \sum_{j=1}^{m} \omega_j \mu_{jk} \tag{2-10}$$

式中：ω_j——第 j 个评价指标的权重，满足 $0 \leqslant \omega_j \leqslant 1$，$\sum_{j=1}^{m} \omega_j = 1$。

2.3　属性识别分析

属性识别的目的是由综合属性测度 μ_k 对评价对象属于哪一个评价级别 C_k 作出判断。属性综合评价中，评价集 $(C_1, C_2, \cdots, C_K)$ 通常是一个有序集，对有序评价集 $(C_1, C_2, \cdots, C_K)$ 判定评价对象属于哪一个评价级别 C_k，可采用置信度准则。

置信度准则：设 $(C_1, C_2, \cdots, C_K)$ 是属性空间 F 的一个有序评价集，λ 为置信度，且 $0.5 < \lambda \leqslant 1$，一般取 $0.6 \sim 0.7$ 之间。

当 $C_1 > C_2 > \cdots > C_K$ 时，如 $C_1 = \{$微危险性$\}$、$C_2 = \{$低危险性$\}$、$\cdots$、$C_{K-1} = \{$中危险性$\}$、$C_K = \{$高危险性$\}$，即 C_1 优于 C_2、C_2 优于 C_3、$\cdots$、C_{K-1} 优于 C_K 时。若满足

$$k_0 = \min\left\{ k : \sum_{l=1}^{k} \mu_l \geqslant \lambda, 1 \leqslant k \leqslant K \right\} \tag{2-11}$$

则认为评价对象属于 C_{k0} 级别。

当 $C_1 < C_2 < \cdots < C_K$ 时，如 $C_1 = \{$高危险性$\}$、$C_2 = \{$中危险性$\}$、$\cdots$、$C_{K-1} = \{$低危险性$\}$、$C_K = \{$微危险性$\}$，即 C_K 优于 C_{K-1}、$\cdots$、C_3 优于 C_2、C_2 优于 C_1 时。若满足

$$k_0 = \max\left\{ k : \sum_{l=k}^{K} \mu_l \geqslant \lambda, 1 \leqslant k \leqslant K \right\} \tag{2-12}$$

则认为评价对象属于 C_{k0} 级别。

第 3 章　改进属性识别理论与方法

程乾生教授提出的属性识别理论模型经过十几年的发展初具规模后,李群和宁利[61]继此提出了属性测度区间概念,建立了属性区间识别理论模型,并在自然科学学术期刊质量评价中进行了应用。实践中此法令某种属性的度量程序更好,具有较好的适用性及可信度。

然而,李群和宁利[61]所提出的属性区间识别理论模型,实质上将评价指标的等级划分标准分为两个判别矩阵,其评价指标值仍是一个值,并未将评价指标扩展为一个小范围区间。其与程乾生教授提出的属性识别理论,只是在单指标属性测度函数上有所区别,并未实现真正意义的属性区间识别。

为区别于本书所提出的属性区间评估理论与方法,将李群和宁利[61]所提出的属性区间识别理论模型,用"改进属性识别理论与方法"来表示。本章旨在简单介绍改进属性识别理论与方法,便于在第 4 章中详细介绍属性区间识别理论与方法。

3.1　单指标属性测度分析

对于李群和宁利[61]提出的改进属性识别模型,其评价指标的等级划分标准,即表 2-1 需要用表 3-1 的形式来表示,并表示为两个矩阵,见式(3-1)、式(3-2)。

评价指标等级划分标准　　　　　　　　　　　　表 3-1

评价指标(I_j)	评价等级(C_k)			
	C_1	C_2	$\cdots$	C_K
I_1	$a_{11} \sim b_{11}$	$a_{12} \sim b_{12}$	$\cdots$	$a_{1K} \sim b_{1K}$
I_2	$a_{21} \sim b_{21}$	$a_{22} \sim b_{22}$	$\cdots$	$a_{2K} \sim b_{2K}$
$\vdots$	$\vdots$	$\vdots$	$\vdots$	$\vdots$
I_m	$a_{m1} \sim b_{m1}$	$a_{m2} \sim b_{m2}$	$\cdots$	$a_{mK} \sim b_{mK}$

$$A = \begin{pmatrix} a_{11} & a_{12} & \cdots & a_{1k} & \cdots & a_{1K} \\ a_{21} & a_{22} & \cdots & a_{2k} & \cdots & a_{2K} \\ \vdots & \vdots & \ddots & \vdots & \ddots & \vdots \\ a_{j1} & a_{j2} & \cdots & a_{jk} & \cdots & a_{jK} \\ \vdots & \vdots & \ddots & \vdots & \ddots & \vdots \\ a_{m1} & a_{m2} & \cdots & a_{mk} & \cdots & a_{mK} \end{pmatrix} \tag{3-1}$$

$$\boldsymbol{B} = \begin{pmatrix} b_{11} & b_{12} & \cdots & b_{1k} & \cdots & b_{1K} \\ b_{21} & b_{22} & \cdots & b_{2k} & \cdots & b_{2K} \\ \vdots & \vdots & \ddots & \vdots & \ddots & \vdots \\ b_{j1} & b_{j2} & \cdots & b_{jk} & \cdots & b_{jK} \\ \vdots & \vdots & \ddots & \vdots & \ddots & \vdots \\ b_{m1} & b_{m2} & \cdots & b_{mk} & \cdots & b_{mK} \end{pmatrix} \tag{3-2}$$

其中, $a_{jk} < b_{jk}$ 并满足 $a_{j1} < a_{j2} < \cdots < a_{jK}, b_{j1} < b_{j2} < \cdots < b_{jK}$, 或 $a_{jk} > b_{jk}$, 并满足 $a_{j1} > a_{j2} > \cdots > a_{jK}, b_{j1} > b_{j2} > \cdots > b_{jK}$。

对于评价指标的单指标属性测度, 将不再用 μ_{jk} 表示, 而是用一个属性测度区间 $[\mu_{jk}] = [\underline{\mu}_{jk}, \overline{\mu}_{jk}]$ 来表示。

(1) 当 $a_{jk} < b_{jk}$ 且 $a_{j1} < a_{j2} < \cdots < a_{jK}, b_{j1} < b_{j2} < \cdots < b_{jK}$ 时, 单指标属性测度计算方法如下:

当 $t_j \leqslant a_{j1}$ 时, 取

$$\underline{\mu}_{j1} = 1, \underline{\mu}_{j2} = \cdots = \underline{\mu}_{jK} = 0 \tag{3-3}$$

当 $t_j \leqslant b_{j1}$ 时, 取

$$\overline{\mu}_{j1} = 1, \overline{\mu}_{j2} = \cdots = \overline{\mu}_{jK} = 0 \tag{3-4}$$

当 $t_j \geqslant a_{jK}$ 时, 取

$$\underline{\mu}_{jK} = 1, \underline{\mu}_{j1} = \cdots = \underline{\mu}_{jK-1} = 0 \tag{3-5}$$

当 $t_j \geqslant b_{jK}$ 时, 取

$$\overline{\mu}_{jK} = 1, \overline{\mu}_{j1} = \cdots = \overline{\mu}_{jK-1} = 0 \tag{3-6}$$

当 $a_{jk} \leqslant t_j \leqslant a_{jk+1}$ 时, 取

$$\underline{\mu}_{jk} = \frac{|t_j - a_{jk+1}|}{|a_{jk} - a_{jk+1}|}, \underline{\mu}_{jk+1} = \frac{|t_j - a_{jk}|}{|a_{jk} - a_{jk+1}|}, \underline{\mu}_{jl} = 0 \tag{3-7}$$

其中, $l < k$ 或 $l > k+1$。

当 $b_{jk} \leqslant t_j \leqslant b_{jk+1}$ 时, 取

$$\overline{\mu}_{jk} = \frac{|t_j - b_{jk+1}|}{|b_{jk} - b_{jk+1}|}, \overline{\mu}_{jk+1} = \frac{|t_j - b_{jk}|}{|b_{jk} - b_{jk+1}|}, \overline{\mu}_{jl} = 0 \tag{3-8}$$

其中, $l < k$ 或 $l > k+1$。

(2) 当 $a_{jk} > b_{jk}$ 且 $a_{j1} > a_{j2} > \cdots > a_{jK}, b_{j1} > b_{j2} > \cdots > b_{jK}$ 时, 单指标属性测度计算方法如下:

当 $t_j \geqslant a_{j1}$ 时, 取

$$\overline{\mu}_{j1} = 1, \overline{\mu}_{j2} = \cdots = \overline{\mu}_{jK} = 0 \tag{3-9}$$

当 $t_j \geqslant b_{j1}$ 时, 取

$$\underline{\mu}_{j1} = 1, \underline{\mu}_{j2} = \cdots = \underline{\mu}_{jK} = 0 \tag{3-10}$$

当 $t_j \leqslant a_{jK}$ 时, 取

$$\overline{\mu}_{jK} = 1, \overline{\mu}_{j1} = \cdots = \overline{\mu}_{jK-1} = 0 \tag{3-11}$$

当 $t_j \leqslant b_{jK}$ 时, 取

$$\underline{\mu}_{jK} = 1, \underline{\mu}_{j1} = \cdots = \underline{\mu}_{jK-1} = 0 \tag{3-12}$$

当 $a_{jk} \geqslant t_j \geqslant a_{jk+1}$ 时,取

$$\overline{\mu}_{jk} = \frac{|t_j - a_{jk+1}|}{|a_{jk} - a_{jk+1}|}, \overline{\mu}_{jk+1} = \frac{|t_j - a_{jk}|}{|a_{jk} - a_{jk+1}|}, \overline{\mu}_{jl} = 0 \tag{3-13}$$

其中,$l < k$ 或 $l > k+1$。

当 $b_{jk} \geqslant t_j \geqslant b_{jk+1}$ 时,取

$$\underline{\mu}_{jk} = \frac{|t_j - b_{jk+1}|}{|b_{jk} - b_{jk+1}|}, \quad \underline{\mu}_{jk+1} = \frac{|t_j - b_{jk}|}{|b_{jk} - b_{jk+1}|}, \quad \underline{\mu}_{jl} = 0 \tag{3-14}$$

其中,$l < k$ 或 $l > k+1$。

通过式(3-3)~式(3-14)计算单指标属性测度区间$[\mu_{jk}] = [\underline{\mu}_{jk}, \overline{\mu}_{jk}]$,可以得到两个单指标属性测度矩阵:

$$\underline{U}_{jk} = \begin{pmatrix} \underline{\mu}_{11} & \underline{\mu}_{12} & \cdots & \underline{\mu}_{1k} & \cdots & \underline{\mu}_{1K} \\ \underline{\mu}_{21} & \underline{\mu}_{22} & \cdots & \underline{\mu}_{2k} & \cdots & \underline{\mu}_{2K} \\ \vdots & \vdots & \ddots & \vdots & \ddots & \vdots \\ \underline{\mu}_{j1} & \underline{\mu}_{j2} & \cdots & \underline{\mu}_{jk} & \cdots & \underline{\mu}_{jK} \\ \vdots & \vdots & \ddots & \vdots & \ddots & \vdots \\ \underline{\mu}_{m1} & \underline{\mu}_{m2} & \cdots & \underline{\mu}_{mk} & \cdots & \underline{\mu}_{mK} \end{pmatrix} \tag{3-15}$$

$$\overline{U}_{jk} = \begin{pmatrix} \overline{\mu}_{11} & \overline{\mu}_{12} & \cdots & \overline{\mu}_{1k} & \cdots & \overline{\mu}_{1K} \\ \overline{\mu}_{21} & \overline{\mu}_{22} & \cdots & \overline{\mu}_{2k} & \cdots & \overline{\mu}_{2K} \\ \vdots & \vdots & \ddots & \vdots & \ddots & \vdots \\ \overline{\mu}_{j1} & \overline{\mu}_{j2} & \cdots & \overline{\mu}_{jk} & \cdots & \overline{\mu}_{jK} \\ \vdots & \vdots & \ddots & \vdots & \ddots & \vdots \\ \overline{\mu}_{m1} & \overline{\mu}_{m2} & \cdots & \overline{\mu}_{mk} & \cdots & \overline{\mu}_{mK} \end{pmatrix} \tag{3-16}$$

3.2 多指标综合属性测度分析

属性识别理论与方法中只能得到一个属性测度矩阵,而改进属性识别理论与方法可以得到两个属性测度矩阵。相对的,可以得到两个综合属性测度$[\underline{\mu}_k, \overline{\mu}_k]$,计算方法如下:

$$\underline{\mu}_k = \sum_{j=1}^{m} \omega_j \underline{\mu}_{jk}, \overline{\mu}_k = \sum_{j=1}^{m} \omega_j \overline{\mu}_{jk} \tag{3-17}$$

式中:ω_j——第 j 个评价指标的权重,满足

$$0 \leqslant \omega_j \leqslant 1, \sum_{j=1}^{m} \omega_j = 1 \tag{3-18}$$

3.3 属性识别分析

属性识别分析时,首先进行均质化计算。

$$\mu_k = \frac{\underline{\mu_k} + \overline{\mu_k}}{2} \tag{3-19}$$

然后,基于 μ_k 根据置信度准则判别评价对象的风险等级。置信度准则与 2.3 节的方法一致,在此不再赘述。

如果有多个评价对象,可采用评分准则,计算 q_x,并根据 q_x 的大小对评价对象进行比较和排序,具体方法可参考文献[62]。

$$q_x = \sum_{i=1}^{K} n_i \mu_x(C_i) \tag{3-20}$$

第4章　属性区间评估理论与方法

第 2 章所述的属性识别模型与第 3 章所述的改进属性识别理论模型,其评价指标值是一个值,而改进属性识别理论模型只是将评价指标的等级划分标准分为两个判别矩阵,并未实现真正意义的属性区间识别。为此,本章考虑地下工程地质条件的复杂性和不确定性,将评价指标的取值扩展为一个小范围区间,用区间 $[t_{jx}, t_{jy}]$ 来表示评价指标的测量值,使其更接近真实情况,并提出了两类属性区间识别理论与方法,该方法不仅可以给出地质灾害的风险等级,而且可以给出灾害风险等级对应的概率。第一类方法主要是基于属性识别模型提出的,第二类方法主要是基于改进属性识别理论模型提出的。两者均由单指标属性测度分析、综合属性测度分析和属性识别分析三部分构成,其区别主要在于单指标属性测度函数计算的不同,及其后续综合属性测度分析和属性识别分析方法的差异。

4.1　属性区间评估理论与方法 I

4.1.1　单指标属性测度分析

单指标属性测度分析方法与属性识别模型的分析方法一致,指标数据、等级划分、测度函数的计算方法可参考第 2 章节中的内容,此处不再赘述。只是由于属性评估理论与方法中评价指标的取值是一个区间 $[t_{jx}, t_{jy}]$,需要分别进行单指标属性测度分析。

属性识别理论与方法获得的单指标属性测度矩阵如式(4-1)所示。

$$\boldsymbol{U}_{jk} = \begin{pmatrix} \mu_{11} & \mu_{12} & \cdots & \mu_{1k} & \cdots & \mu_{1K} \\ \mu_{21} & \mu_{22} & \cdots & \mu_{2k} & \cdots & \mu_{2K} \\ \vdots & \vdots & \ddots & \vdots & \ddots & \vdots \\ \mu_{j1} & \mu_{j2} & \cdots & \mu_{jk} & \cdots & \mu_{jK} \\ \vdots & \vdots & \ddots & \vdots & \ddots & \vdots \\ \mu_{m1} & \mu_{m2} & \cdots & \mu_{mk} & \cdots & \mu_{mK} \end{pmatrix} \tag{4-1}$$

属性区间评估方法将获得两个单指标属性测度矩阵,如式(4-2)、式(4-3)所示:

$$\boldsymbol{U}_{jxk} = \begin{pmatrix} \mu_{1x1} & \mu_{1x2} & \cdots & \mu_{1xk} & \cdots & \mu_{1xK} \\ \mu_{2x1} & \mu_{2x2} & \cdots & \mu_{2xk} & \cdots & \mu_{2xK} \\ \vdots & \vdots & \ddots & \vdots & \ddots & \vdots \\ \mu_{jx1} & \mu_{jx2} & \cdots & \mu_{jxk} & \cdots & \mu_{jxK} \\ \vdots & \vdots & \ddots & \vdots & \ddots & \vdots \\ \mu_{mx1} & \mu_{mx2} & \cdots & \mu_{mxk} & \cdots & \mu_{mxK} \end{pmatrix} \tag{4-2}$$

$$\boldsymbol{U}_{jyk} = \begin{pmatrix} \mu_{1y1} & \mu_{1y2} & \cdots & \mu_{1yk} & \cdots & \mu_{1yK} \\ \mu_{2y1} & \mu_{2y2} & \cdots & \mu_{2yk} & \cdots & \mu_{2yK} \\ \vdots & \vdots & \ddots & \vdots & \ddots & \vdots \\ \mu_{jy1} & \mu_{jy2} & \cdots & \mu_{jyk} & \cdots & \mu_{jyK} \\ \vdots & \vdots & \ddots & \vdots & \ddots & \vdots \\ \mu_{my1} & \mu_{my2} & \cdots & \mu_{myk} & \cdots & \mu_{myK} \end{pmatrix} \qquad (4\text{-}3)$$

4.1.2　多指标综合属性测度分析

对于属性评估理论与方法,其综合属性测度可由式(4-4)计算:

$$\mu_{xk} = \sum_{j=1}^{m} \omega_j \mu_{jxk}, \mu_{yk} = \sum_{j=1}^{m} \omega_j \mu_{jyk} \qquad (4\text{-}4)$$

式中:ω_j——第 j 个指标的权重,满足

$$0 \leqslant \omega_j \leqslant 1, \sum_{j=1}^{m} \omega_j = 1 \qquad (4\text{-}5)$$

4.1.3　属性识别分析

属性区间评估理论中仍然采用置信度准则,本节提出了两种识别方法。

4.1.3.1　定性分析

首先,进行均质化计算。

$$\mu_k = \frac{\mu_{xk} + \mu_{yk}}{2} \qquad (4\text{-}6)$$

然后,基于式(4-6)计算得到的 μ_k 根据置信度准则判别评价对象的风险。

4.1.3.2　概率计算

定义向量如下:

$$\begin{cases} \boldsymbol{\mu}_{jxk} = \left[\mu_{jx1}, \mu_{jx2}, \cdots, \mu_{jxK} \right] \\ \boldsymbol{\mu}_{jyk} = \left[\mu_{jy1}, \mu_{jy2}, \cdots, \mu_{jyK} \right] \end{cases} \qquad (4\text{-}7)$$

式中:$\boldsymbol{\mu}_{jxk}$、$\boldsymbol{\mu}_{jyk}$——评价对象第 j 个评价指标测量值 t_{jx}、t_{jy} 计算得到的两个单指标属性测度向量。

此时,式(4-2)、式(4-3)可表示为:

$$\boldsymbol{U}_{jxk} = \begin{pmatrix} \mu_{1xk} \\ \mu_{2xk} \\ \vdots \\ \mu_{jxk} \\ \vdots \\ \mu_{mxk} \end{pmatrix}, \boldsymbol{U}_{jyk} = \begin{pmatrix} \mu_{1yk} \\ \mu_{2yk} \\ \vdots \\ \mu_{jyk} \\ \vdots \\ \mu_{myk} \end{pmatrix} \qquad (4\text{-}8)$$

通过 $\boldsymbol{\mu}_{jxk}$ 和 $\boldsymbol{\mu}_{jyk}$ 按序排列组合构建一个 $m \times K$ 阶矩阵 $\boldsymbol{U}_{jk}$,按序排列组合是指评价对象第 j 个指标的单指标属性测度组成的向量作为 $\boldsymbol{U}_{jk}$ 的第 j 行。通过上述方法构建可以得到 2^m 个 $\boldsymbol{U}_{jk}$。

$$U_{jk} = \begin{bmatrix} C_2^1 (\mu_{1xk}, & \mu_{1yk}) \\ C_2^1 (\mu_{2xk}, & \mu_{2yk}) \\ \vdots \\ C_2^1 (\mu_{jxk}, & \mu_{jyk}) \\ \vdots \\ C_2^1 (\mu_{mxk}, & \mu_{myk}) \end{bmatrix} \qquad (4\text{-}9)$$

式中：$C_2^1 (\mu_{jxk}, \mu_{jyk})$——指从 μ_{jxk} 和 μ_{jyk} 中任选一个。

设 $\boldsymbol{\mu}'_{jk}$ 是 U_{jk} 的第 k 列（$k=1,2,\cdots,K$），是一个 m 维列向量，则 U_{jk} 可以表示为：

$$U_{jk} = [\boldsymbol{\mu}'_{j1}, \boldsymbol{\mu}'_{j2}, \cdots, \boldsymbol{\mu}'_{jk}, \cdots, \boldsymbol{\mu}'_{jK}] \qquad (4\text{-}10)$$

$$\boldsymbol{\mu}'_{jk} = [\mu_{1k}, \mu_{2k}, \cdots, \mu_{jk}, \cdots, \mu_{mk}]^T \qquad (4\text{-}11)$$

则 U_{jk} 对应的综合属性测度可通过式（4-12）计算：

$$\boldsymbol{\mu}_k = \boldsymbol{\omega}_j \boldsymbol{\mu}'_{jk} = [\omega_1, \omega_2, \cdots, \omega_m][\mu_{1k}, \mu_{2k}, \cdots, \mu_{jk}, \cdots, \mu_{mk}]^T \qquad (4\text{-}12)$$

式中：ω_j——权重向量，可看作为 $1 \times m$ 阶矩阵；

$\boldsymbol{\mu}'_{jk}$——可看作为 $m \times 1$ 阶矩阵。

最后，基于 μ_k 根据置信度准则判别评价对象的风险等级。

由于 U_{jk} 总共有 2^m 个，基于式（4-12）计算得到的综合属性测度也有 2^m 种，对于这 2^m 个 μ_k，如果分别计算这 2^m 个 U_{jk} 的综合属性测度，求其平均值式（4-13），再利用置信度准则进行风险等级评判。实质上，利用式（4-13）计算得到的结果和识别分析方法一的结果是完全一致的，而识别方法一更为简单明，所以实际计算中没有必要再去汇总各个 U_{jk} 对应的综合属性测度，求其平均值。

$$\boldsymbol{\mu}_k = \left[\frac{\sum\limits_1^{2^m} \mu_1}{2^m}, \frac{\sum\limits_1^{2^m} \mu_2}{2^m}, \cdots, \frac{\sum\limits_1^{2^m} \mu_K}{2^m} \right] \qquad (4\text{-}13)$$

此处提出的识别方法二，是针对计算得到的每一个 U_{jk}，采用置信度准则进行风险等级评判。每一个 U_{jk} 都对应着一个风险等级 C_{k0}，同理可得到 2^m 个 k_0 值；然后，统计 k_0 分别取 1，2，$\cdots$，K 时各有多少种情况，并计算其所占的比例。

例如，假设共有 $m=7$ 个评价指标，将得到 $2^m=128$ 种 U_{jk} 和 128 个 k_0 值，如果共有 32 个 U_{jk} 的 k_0 取 1，64 个 U_{jk} 的 k_0 取 2，32 个 U_{jk} 的 k_0 取 3，那么可以认为评价对象的风险等级为有 25% 的概率发生 C_1 级灾害，50% 的概率发生 C_2 级灾害，25% 的概率发生 C_3 级灾害。也可以认为：灾害风险等级为 C_2 级，但只有 50% 的可靠度或者信心指数。

4.2 属性区间评估理论与方法Ⅱ

4.2.1 单指标属性测度分析

单指标属性测度的计算采用李群和宁利[61]提出的计算方法［式（3-3）～式（3-14）］，但由于评价对象的第 j 个指标 I_j 的测量值为 $[t_{jx}, t_{jy}]$，计算时需要分别计算。

对于 t_{jx}，计算得到两个单指标属性测度矩阵如下：

$$\underline{U}_{jxk} = \begin{pmatrix} \underline{\mu}_{1x1} & \underline{\mu}_{1x2} & \cdots & \underline{\mu}_{1xk} & \cdots & \underline{\mu}_{1xK} \\ \underline{\mu}_{2x1} & \underline{\mu}_{2x2} & \cdots & \underline{\mu}_{2xk} & \cdots & \underline{\mu}_{2xK} \\ \vdots & \vdots & \ddots & \vdots & \ddots & \vdots \\ \underline{\mu}_{jx1} & \underline{\mu}_{jx2} & \cdots & \underline{\mu}_{jxk} & \cdots & \underline{\mu}_{jxK} \\ \vdots & \vdots & \ddots & \vdots & \ddots & \vdots \\ \underline{\mu}_{mx1} & \underline{\mu}_{mx2} & \cdots & \underline{\mu}_{mxk} & \cdots & \underline{\mu}_{mxK} \end{pmatrix} \tag{4-14}$$

$$\overline{U}_{jxk} = \begin{pmatrix} \overline{\mu}_{1x1} & \overline{\mu}_{1x2} & \cdots & \overline{\mu}_{1xk} & \cdots & \overline{\mu}_{1xK} \\ \overline{\mu}_{2x1} & \overline{\mu}_{2x2} & \cdots & \overline{\mu}_{2xk} & \cdots & \overline{\mu}_{2xK} \\ \vdots & \vdots & \ddots & \vdots & \ddots & \vdots \\ \overline{\mu}_{jx1} & \overline{\mu}_{jx2} & \cdots & \overline{\mu}_{jxk} & \cdots & \overline{\mu}_{jxK} \\ \vdots & \vdots & \ddots & \vdots & \ddots & \vdots \\ \overline{\mu}_{mx1} & \overline{\mu}_{mx2} & \cdots & \overline{\mu}_{mxk} & \cdots & \overline{\mu}_{mxK} \end{pmatrix} \tag{4-15}$$

对于 t_{jy}，计算得到两个单指标属性测度矩阵如下：

$$\underline{U}_{jyk} = \begin{pmatrix} \underline{\mu}_{1y1} & \underline{\mu}_{1y2} & \cdots & \underline{\mu}_{1yk} & \cdots & \underline{\mu}_{1yK} \\ \underline{\mu}_{2y1} & \underline{\mu}_{2y2} & \cdots & \underline{\mu}_{2yk} & \cdots & \underline{\mu}_{2yK} \\ \vdots & \vdots & \ddots & \vdots & \ddots & \vdots \\ \underline{\mu}_{jy1} & \underline{\mu}_{jy2} & \cdots & \underline{\mu}_{jyk} & \cdots & \underline{\mu}_{jyK} \\ \vdots & \vdots & \ddots & \vdots & \ddots & \vdots \\ \underline{\mu}_{my1} & \underline{\mu}_{my2} & \cdots & \underline{\mu}_{myk} & \cdots & \underline{\mu}_{myK} \end{pmatrix} \tag{4-16}$$

$$\overline{U}_{jyk} = \begin{pmatrix} \overline{\mu}_{1y1} & \overline{\mu}_{1y2} & \cdots & \overline{\mu}_{1yk} & \cdots & \overline{\mu}_{1yK} \\ \overline{\mu}_{2y1} & \overline{\mu}_{2y2} & \cdots & \overline{\mu}_{2yk} & \cdots & \overline{\mu}_{2yK} \\ \vdots & \vdots & \ddots & \vdots & \ddots & \vdots \\ \overline{\mu}_{jy1} & \overline{\mu}_{jy2} & \cdots & \overline{\mu}_{jyk} & \cdots & \overline{\mu}_{jyK} \\ \vdots & \vdots & \ddots & \vdots & \ddots & \vdots \\ \overline{\mu}_{my1} & \overline{\mu}_{my2} & \cdots & \overline{\mu}_{myk} & \cdots & \overline{\mu}_{myK} \end{pmatrix} \tag{4-17}$$

4.2.2　多指标综合属性测度分析

对于式(3-21)～式(3-24)计算得到的单指标属性测度矩阵,相应地可以得到四个综合属性测度,计算如下：

$$\underline{\mu}_{xk} = \sum_{j=1}^{m} \omega_j \underline{\mu}_{jxk}, \overline{\mu}_{xk} = \sum_{j=1}^{m} \omega_j \overline{\mu}_{jxk}; \underline{\mu}_{yk} = \sum_{j=1}^{m} \omega_j \underline{\mu}_{jyk}, \overline{\mu}_{yk} = \sum_{j=1}^{m} \omega_j \overline{\mu}_{jyk} \tag{4-18}$$

式中:ω_j——第 j 个评价指标的权重,满足

$$0 \leq \omega_j \leq 1, \sum_{j=1}^{m} \omega_j = 1 \tag{4-19}$$

4.2.3 属性识别分析

基于式(4-18)计算得到的综合属性测度,本节提出了三种识别方法。

4.2.3.1 定性分析

首先,进行均质化计算。

$$\mu_k = \frac{\underline{\mu}_{xk} + \overline{\mu}_{xk} + \underline{\mu}_{yk} + \overline{\mu}_{yk}}{4} \tag{4-20}$$

然后,基于式(4-20)计算得到的 μ_k 根据置信度准则判别评价对象的风险。

4.2.3.2 概率计算

定义向量如下:

$$\begin{cases} \underline{\boldsymbol{\mu}}_{jxk} = \left[\underline{\mu}_{jx1}, \underline{\mu}_{jx2}, \cdots, \underline{\mu}_{jxK} \right], \overline{\boldsymbol{\mu}}_{jxk} = \left[\overline{\mu}_{jx1}, \overline{\mu}_{jx2}, \cdots, \overline{\mu}_{jxK} \right] \\ \underline{\boldsymbol{\mu}}_{jyk} = \left[\underline{\mu}_{jy1}, \underline{\mu}_{jy2}, \cdots, \underline{\mu}_{jyK} \right], \overline{\boldsymbol{\mu}}_{jyk} = \left[\overline{\mu}_{jy1}, \overline{\mu}_{jy2}, \cdots, \overline{\mu}_{jyK} \right] \end{cases} \tag{4-21}$$

此时,式(4-14)~式(4-17)可表示为:

$$\underline{\boldsymbol{U}}_{jxk} = \begin{pmatrix} \underline{\mu}_{1xk} \\ \underline{\mu}_{2xk} \\ \vdots \\ \underline{\mu}_{jxk} \\ \vdots \\ \underline{\mu}_{mxk} \end{pmatrix}, \overline{\boldsymbol{U}}_{jxk} = \begin{pmatrix} \overline{\mu}_{1xk} \\ \overline{\mu}_{2xk} \\ \vdots \\ \overline{\mu}_{jxk} \\ \vdots \\ \overline{\mu}_{mxk} \end{pmatrix}, \underline{\boldsymbol{U}}_{jyk} = \begin{pmatrix} \underline{\mu}_{1yk} \\ \underline{\mu}_{2yk} \\ \vdots \\ \underline{\mu}_{jyk} \\ \vdots \\ \underline{\mu}_{myk} \end{pmatrix}, \overline{\boldsymbol{U}}_{jyk} = \begin{pmatrix} \overline{\mu}_{1yk} \\ \overline{\mu}_{2yk} \\ \vdots \\ \overline{\mu}_{jyk} \\ \vdots \\ \overline{\mu}_{myk} \end{pmatrix} \tag{4-22}$$

式中:$\underline{\boldsymbol{\mu}}_{jxk}$、$\overline{\boldsymbol{\mu}}_{jxk}$——评价对象第 j 个评价指标测量值 t_{jx} 计算得到的两个单指标属性测度向量;

$\underline{\boldsymbol{\mu}}_{jyk}$、$\overline{\boldsymbol{\mu}}_{jyk}$——评价对象第 j 个评价指标测量值 t_{jy} 计算得到的两个单指标属性测度向量。

首先,分别对 $\underline{\boldsymbol{\mu}}_{jxk}$、$\overline{\boldsymbol{\mu}}_{jxk}$ 和 $\underline{\boldsymbol{\mu}}_{jyk}$、$\overline{\boldsymbol{\mu}}_{jyk}$ 进行均质化计算。

$$\boldsymbol{\mu}_{jxk} = \frac{\underline{\mu}_{jxk} + \overline{\mu}_{jxk}}{2}, \boldsymbol{\mu}_{jyk} = \frac{\underline{\mu}_{jyk} + \overline{\mu}_{jyk}}{2} \tag{4-23}$$

得到两个单指标属性测度矩阵。

$$\boldsymbol{U}_{jxk} = \begin{pmatrix} \mu_{1xk} \\ \mu_{2xk} \\ \vdots \\ \mu_{jxk} \\ \vdots \\ \mu_{mxk} \end{pmatrix}, \boldsymbol{U}_{jyk} = \begin{pmatrix} \mu_{1yk} \\ \mu_{2yk} \\ \vdots \\ \mu_{jyk} \\ \vdots \\ \mu_{myk} \end{pmatrix} \tag{4-24}$$

$$\boldsymbol{\mu}_{jxk} = [\mu_{jx1}, \mu_{jx2}, \cdots, \mu_{jxK}], \boldsymbol{\mu}_{jyk} = [\mu_{jy1}, \mu_{jy2}, \cdots, \mu_{jyK}] \tag{4-25}$$

通过 $\boldsymbol{\mu}_{jxk}$ 和 $\boldsymbol{\mu}_{jyk}$ 按序排列组合构建一个 $m \times K$ 阶矩阵 $\boldsymbol{U}_{jk}$，按序排列组合是指评价对象第 j 个指标的单指标属性测度组成的向量作为 $\boldsymbol{U}_{jk}$ 的第 j 行。通过上述方法构建可以得到 2^m 个 $\boldsymbol{U}_{jk}$。

$$\boldsymbol{U}_{jk} = \begin{bmatrix} C_2^1(\mu_{1xk}, \mu_{1yk}) \\ C_2^1(\mu_{2xk}, \mu_{2yk}) \\ \vdots \\ C_2^1(\mu_{jxk}, \mu_{jyk}) \\ \vdots \\ C_2^1(\mu_{mxk}, \mu_{myk}) \end{bmatrix} \tag{4-26}$$

式中：$C_2^1(\mu_{jxk}, \mu_{jyk})$——指从 μ_{jxk} 和 μ_{jyk} 中任选一个。

$\boldsymbol{U}_{jk}$ 可以表达如下：

$$\boldsymbol{U}_{jk} = [\boldsymbol{\mu}'_{j1}, \boldsymbol{\mu}'_{j2}, \cdots, \boldsymbol{\mu}'_{jk}, \cdots, \boldsymbol{\mu}'_{jK}] \tag{4-27}$$

$$\boldsymbol{\mu}'_{jk} = [\mu_{1k}, \mu_{2k}, \cdots, \mu_{jk}, \cdots, \mu_{mk}]^T \tag{4-28}$$

式中：$\boldsymbol{\mu}'_{jk}$——$\boldsymbol{U}_{jk}$ 的第 k 列，是一个 m 维列向量。

则 $\boldsymbol{U}_{jk}$ 对应的综合属性测度可通过下式计算：

$$\mu_k = \omega_j \boldsymbol{\mu}'_{jk} = [\omega_1, \omega_2, \cdots, \omega_m][\mu_{1k}, \mu_{2k}, \cdots, \mu_{jk}, \cdots, \mu_{mk}]^T \tag{4-29}$$

最后，针对计算得到的每一个 $\boldsymbol{U}_{jk}$，采用置信度准则进行风险等级评判。每一个 $\boldsymbol{U}_{jk}$ 都对应着一个风险等级 C_{k0}，同理可得到 2^m 个 k_0 值；然后，统计 k_0 分别取 $1, 2, \cdots, K$ 时各有多少种情况，并计算其所占的比例。

实际上，从式(4-24)开始，识别分析的方法和过程和第一类属性区间评估理论与方法中的概率计算、可靠度计算过程是完全一致的。两者的区别主要是在于 $\boldsymbol{U}_{jxk}$ 和 $\boldsymbol{U}_{jyk}$ 两个获取方法的不同。

4.2.3.3 上下限对比分析

识别方法二（概率计算）是首先对 $\boldsymbol{\mu}_{\underline{jxk}}$、$\overline{\boldsymbol{\mu}}_{jxk}$ 和 $\boldsymbol{\mu}_{\underline{jyk}}$、$\overline{\boldsymbol{\mu}}_{jyk}$ 进行了均质化计算，得到 $\boldsymbol{\mu}_{jxk}$ 和 $\boldsymbol{\mu}_{jyk}$ 后，再对其进行按序排列组合。本小节介绍的识别方法三，是对 $\boldsymbol{\mu}_{\underline{jxk}}$、$\overline{\boldsymbol{\mu}}_{jxk}$ 或对 $\boldsymbol{\mu}_{\underline{jyk}}$、$\overline{\boldsymbol{\mu}}_{jyk}$ 分别进行按序排列组合，判定评价对象的风险等级。

（1）$\boldsymbol{\mu}_{\underline{jxk}}$、$\overline{\boldsymbol{\mu}}_{jxk}$ 按序排列组合

通过对 $\boldsymbol{\mu}_{\underline{jxk}}$、$\overline{\boldsymbol{\mu}}_{jxk}$ 进行按序排列组合，同样可以得到 2^m 个 $m \times K$ 阶矩阵 $\boldsymbol{U}_{jk}^x$。

$$U_{jk}^x = \begin{bmatrix} C_2^1(\underline{\mu}_{1xk}, \overline{\mu}_{1xk}) \\ C_2^1(\underline{\mu}_{2xk}, \overline{\mu}_{2xk}) \\ \vdots \\ C_2^1(\underline{\mu}_{jxk}, \overline{\mu}_{jxk}) \\ \vdots \\ C_2^1(\underline{\mu}_{mxk}, \overline{\mu}_{mxk}) \end{bmatrix} \tag{4-30}$$

式中：$C_2^1(\underline{\mu}_{jxk}, \overline{\mu}_{jxk})$——指从 $\underline{\mu}_{jxk}$ 和 $\overline{\mu}_{jxk}$ 中任选一个。

U_{jk}^x 可以表达如下：

$$U_{jk}^x = [\mu_{j1}'^x, \mu_{j2}'^x, \cdots, \mu_{jk}'^x, \cdots, \mu_{jK}'^x] \tag{4-31}$$

$$\boldsymbol{\mu}_{jk}'^x = [\mu_{1k}^x, \mu_{2k}^x, \cdots, \mu_{jk}^x, \cdots, \mu_{mk}^x]^T \tag{4-32}$$

式中：$\boldsymbol{\mu}_{jk}'^x$——U_{jk}^x 的第 k 列，是一个 m 维列向量。

U_{jk}^x 对应的综合属性测度可通过下式计算：

$$\mu_k^x = \omega \mu_{jk}'^x = [\omega_1, \omega_2, \cdots, \omega_m][\mu_{1k}^x, \mu_{2k}^x, \cdots, \mu_{jk}^x, \cdots, \mu_{mk}^x]^T \tag{4-33}$$

（2）$\underline{\boldsymbol{\mu}}_{jyk}$、$\overline{\boldsymbol{\mu}}_{jyk}$ 按序排列组合

通过对 $\underline{\boldsymbol{\mu}}_{jyk}$、$\overline{\boldsymbol{\mu}}_{jyk}$ 进行按序排列组合，同样可以得到 2^m 个 $m \times K$ 阶矩阵 U_{jk}^y：

$$U_{jk}^y = \begin{bmatrix} C_2^1(\underline{\mu}_{1yk}, \overline{\mu}_{1yk}) \\ C_2^1(\underline{\mu}_{2yk}, \overline{\mu}_{2yk}) \\ \vdots \\ C_2^1(\underline{\mu}_{jyk}, \overline{\mu}_{jyk}) \\ \vdots \\ C_2^1(\underline{\mu}_{myk}, \overline{\mu}_{myk}) \end{bmatrix} \tag{4-34}$$

式中：$C_2^1(\underline{\mu}_{jyk}, \overline{\mu}_{jyk})$——指从 $\underline{\mu}_{jyk}$ 和 $\overline{\mu}_{jyk}$ 中任选一个。

U_{jk}^y 可以表达如下：

$$U_{jk}^y = [\mu_{j1}'^y, \mu_{j2}'^y, \cdots, \mu_{jk}'^y, \cdots, \mu_{jK}'^y] \tag{4-35}$$

$$\boldsymbol{\mu}_{jk}'^y = [\mu_{1k}^y, \mu_{2k}^y, \cdots, \mu_{jk}^y, \cdots, \mu_{mk}^y]^T \tag{4-36}$$

式中：$\boldsymbol{\mu}_{jk}'^y$——U_{jk}^y 的第 k 列，是一个 m 维列向量。

U_{jk}^{y} 对应的综合属性测度可通过式(4-37)计算：

$$\mu_k^Y = \omega_j \mu_{jk}'^Y = [\omega_1, \omega_2, \cdots, \omega_m][\mu_{1k}^Y, \mu_{2k}^Y, \cdots, \mu_{jk}^Y, \cdots, \mu_{mk}^Y]^{\mathrm{T}} \tag{4-37}$$

$\underline{\mu}_{jxk}$、$\overline{\mu}_{jxk}$ 按序排列组合方式得到的评估结果与 $\underline{\mu}_{jyk}$、$\overline{\mu}_{jyk}$ 按序排列组合方式得到的评估结果会有所差别,有时差一个风险等级。这主要是由于 $\underline{\mu}_{jxk}$、$\overline{\mu}_{jxk}$ 是基于矩阵 $\boldsymbol{A}$ 计算得到的结果,$\underline{\mu}_{jyk}$、$\overline{\mu}_{jyk}$ 是基于矩阵 $\boldsymbol{B}$ 计算得到的结果,而矩阵 $\boldsymbol{A}$ 和矩阵 $\boldsymbol{B}$ 是基于评价指标等级划分标准衍生出来的,矩阵 $\boldsymbol{A}$、$\boldsymbol{B}$ 分别对应等级划分区间的上、下限,意味着两个等级划分标准本身就存在一个等级差,所以会出现上述差别。

因此,建议识别方法三所获得的评价指标风险等级仅作为参考,作为对识别方法一和二的补充,不作为单独的识别方法进行风险等级评判。

为便于读者理解,下面举例进一步说明。

设评价对象有两个评价指标($m=2$; $j=1,2$),划分为三个风险等级($K=3$; $k=1,2,3$),两个评价指标的取值范围分别为 $[t_{1x},t_{1y}]$, $[t_{2x},t_{2y}]$ 。

(1)对于 I 类属性区间评估理论与方法,计算得到单指标属性测度向量:

$$\begin{cases} \boldsymbol{\mu}_{1xk} = [\mu_{1x1}, \mu_{1x2}, \mu_{1x3}] \\ \boldsymbol{\mu}_{1yk} = [\mu_{1y1}, \mu_{1y2}, \mu_{1y3}] \\ \boldsymbol{\mu}_{2xk} = [\mu_{2x1}, \mu_{2x2}, \mu_{2x3}] \\ \boldsymbol{\mu}_{2yk} = [\mu_{2y1}, \mu_{2y2}, \mu_{2y3}] \end{cases} \tag{4-38}$$

通过按序排列组合可以得到两个单指标属性测度矩阵:

$$\boldsymbol{U}_{jxk} = \begin{pmatrix} \mu_{1x1}, \mu_{1x2}, \mu_{1x3} \\ \mu_{2x1}, \mu_{2x2}, \mu_{2x3} \end{pmatrix}, \quad \boldsymbol{U}_{jyk} = \begin{pmatrix} \mu_{1y1}, \mu_{1y2}, \mu_{1y3} \\ \mu_{2y1}, \mu_{2y2}, \mu_{2y3} \end{pmatrix} \tag{4-39}$$

①若采用识别方法一(定性分析),对于两个单指标属性测度矩阵,可计算得到两个综合属性测度。

$$\begin{cases} \mu_{xk} = \omega_1 \cdot \mu_{1xk} + \omega_2 \cdot \mu_{2xk} \\ \mu_{yk} = \omega_1 \cdot \mu_{1yk} + \omega_2 \cdot \mu_{2yk} \end{cases} \tag{4-40}$$

式中: $k=1,2,3$ 。

然后,进行均质化计算。

$$\begin{cases} \mu_1 = \dfrac{\mu_{x1} + \mu_{y1}}{2} \\ \mu_2 = \dfrac{\mu_{x2} + \mu_{y2}}{2} \\ \mu_3 = \dfrac{\mu_{x3} + \mu_{y3}}{2} \end{cases} \tag{4-41}$$

最后,采用置信度准则判定评价对象的风险等级。

②若采用识别方法二(概率计算),通过按序排列组合可以得到 $2^m = 4$ 个 $\boldsymbol{U}_{jk}$ 。

$$\begin{cases} \boldsymbol{U}_{jk}^1 = \begin{bmatrix} \mu_{1xk} \\ \mu_{2xk} \end{bmatrix} = \begin{bmatrix} \mu_{1x1}, \mu_{1x2}, \mu_{1x3} \\ \mu_{2x1}, \mu_{2x2}, \mu_{2x3} \end{bmatrix} \\ \mu_k^1 = [\omega_1 \cdot \mu_{1x1} + \omega_2 \cdot \mu_{2x1}, \omega_1 \cdot \mu_{1x2} + \omega_2 \cdot \mu_{2x2}, \omega_1 \cdot \mu_{1x3} + \omega_2 \cdot \mu_{2x3}] \end{cases} \tag{4-42}$$

$$\begin{cases} U_{jk}^2 = \begin{bmatrix} \mu_{1xk} \\ \mu_{2yk} \end{bmatrix} = \begin{bmatrix} \mu_{1x1}, \mu_{1x2}, \mu_{1x3} \\ \mu_{2y1}, \mu_{2y2}, \mu_{2y3} \end{bmatrix} \\ \mu_k^2 = \begin{bmatrix} \omega_1 \cdot \mu_{1x1} + \omega_2 \cdot \mu_{2y1}, \omega_1 \cdot \mu_{1x2} + \omega_2 \cdot \mu_{2y2}, \omega_1 \cdot \mu_{1x3} + \omega_2 \cdot \mu_{2y3} \end{bmatrix} \end{cases} \tag{4-43}$$

$$\begin{cases} U_{jk}^3 = \begin{bmatrix} \mu_{1yk} \\ \mu_{2xk} \end{bmatrix} = \begin{bmatrix} \mu_{1y1}, \mu_{1y2}, \mu_{1y3} \\ \mu_{2x1}, \mu_{2x2}, \mu_{2x3} \end{bmatrix} \\ \mu_k^3 = \begin{bmatrix} \omega_1 \cdot \mu_{1y1} + \omega_2 \cdot \mu_{2x1}, \omega_1 \cdot \mu_{1y2} + \omega_2 \cdot \mu_{2x2}, \omega_1 \cdot \mu_{1y3} + \omega_2 \cdot \mu_{2x3} \end{bmatrix} \end{cases} \tag{4-44}$$

$$\begin{cases} U_{jk}^4 = \begin{bmatrix} \mu_{1yk} \\ \mu_{2yk} \end{bmatrix} = \begin{bmatrix} \mu_{1y1}, \mu_{1y2}, \mu_{1y3} \\ \mu_{2y1}, \mu_{2y2}, \mu_{2y3} \end{bmatrix} \\ \mu_k^4 = \begin{bmatrix} \omega_1 \cdot \mu_{1y1} + \omega_2 \cdot \mu_{2y1}, \omega_1 \cdot \mu_{1y2} + \omega_2 \cdot \mu_{2y2}, \omega_1 \cdot \mu_{1y3} + \omega_2 \cdot \mu_{2y3} \end{bmatrix} \end{cases} \tag{4-45}$$

基于 μ_k^1、μ_k^2、μ_k^3 和 μ_k^4，采用置信度准则判定风险等级与概率。

（2）对于Ⅱ类属性区间评估理论与方法，计算得到单指标属性测度向量：

$$\begin{cases} \underline{\mu}_{1xk} = \begin{bmatrix} \underline{\mu}_{1x1}, \underline{\mu}_{1x2}, \underline{\mu}_{1x3} \end{bmatrix}, \overline{\mu}_{1xk} = \begin{bmatrix} \overline{\mu}_{1x1}, \overline{\mu}_{1x2}, \overline{\mu}_{1x3} \end{bmatrix} \\ \underline{\mu}_{1yk} = \begin{bmatrix} \underline{\mu}_{1y1}, \underline{\mu}_{1y2}, \underline{\mu}_{1y3} \end{bmatrix}, \overline{\mu}_{1yk} = \begin{bmatrix} \overline{\mu}_{1y1}, \overline{\mu}_{1y2}, \overline{\mu}_{1y3} \end{bmatrix} \\ \underline{\mu}_{2xk} = \begin{bmatrix} \underline{\mu}_{2x1}, \underline{\mu}_{2x2}, \underline{\mu}_{2x3} \end{bmatrix}, \overline{\mu}_{2xk} = \begin{bmatrix} \overline{\mu}_{2x1}, \overline{\mu}_{2x2}, \overline{\mu}_{2x3} \end{bmatrix} \\ \underline{\mu}_{2yk} = \begin{bmatrix} \underline{\mu}_{2y1}, \underline{\mu}_{2y2}, \underline{\mu}_{2y3} \end{bmatrix}, \overline{\mu}_{2yk} = \begin{bmatrix} \overline{\mu}_{2y1}, \overline{\mu}_{2y2}, \overline{\mu}_{2y3} \end{bmatrix} \end{cases} \tag{4-46}$$

同时得到四个单指标属性测度矩阵：

$$\begin{cases} \underline{U}_{jxk} = \begin{Bmatrix} \underline{\mu}_{1xk} \\ \underline{\mu}_{2xk} \end{Bmatrix} = \begin{pmatrix} \underline{\mu}_{1x1}, & \underline{\mu}_{1x2}, & \underline{\mu}_{1x3} \\ \underline{\mu}_{2x1}, & \underline{\mu}_{2x2}, & \underline{\mu}_{2x3} \end{pmatrix}, \overline{U}_{jxk} = \begin{Bmatrix} \overline{\mu}_{1xk} \\ \overline{\mu}_{2xk} \end{Bmatrix} = \begin{pmatrix} \overline{\mu}_{1x1}, & \overline{\mu}_{1x2}, & \overline{\mu}_{1x3} \\ \overline{\mu}_{2x1}, & \overline{\mu}_{2x2}, & \overline{\mu}_{2x3} \end{pmatrix} \\ \underline{U}_{jyk} = \begin{Bmatrix} \underline{\mu}_{1yk} \\ \underline{\mu}_{2yk} \end{Bmatrix} = \begin{pmatrix} \underline{\mu}_{1y1}, & \underline{\mu}_{1y2}, & \underline{\mu}_{1y3} \\ \underline{\mu}_{2y1}, & \underline{\mu}_{2y2}, & \underline{\mu}_{2y3} \end{pmatrix}, \overline{U}_{jyk} = \begin{Bmatrix} \overline{\mu}_{1yk} \\ \overline{\mu}_{2yk} \end{Bmatrix} = \begin{pmatrix} \overline{\mu}_{1y1}, & \overline{\mu}_{1y2}, & \overline{\mu}_{1y3} \\ \overline{\mu}_{2y1}, & \overline{\mu}_{2y2}, & \overline{\mu}_{2y3} \end{pmatrix} \end{cases} \tag{4-47}$$

①若采用识别方法一（定性分析），对于四个单指标属性测度矩阵，可计算得到四个综合属性测度：

$$\begin{cases} \underline{\mu}_{xk} = \omega_1 \cdot \underline{\mu}_{1xk} + \omega_2 \cdot \underline{\mu}_{2xk} + \omega_3 \cdot \underline{\mu}_{3xk} \\ \overline{\mu}_{xk} = \omega_1 \cdot \overline{\mu}_{1xk} + \omega_2 \cdot \overline{\mu}_{2xk} + \omega_3 \cdot \overline{\mu}_{3xk} \\ \underline{\mu}_{yk} = \omega_1 \cdot \underline{\mu}_{1yk} + \omega_2 \cdot \underline{\mu}_{2yk} + \omega_3 \cdot \underline{\mu}_{3yk} \\ \overline{\mu}_{yk} = \omega_1 \cdot \overline{\mu}_{1yk} + \omega_2 \cdot \overline{\mu}_{2yk} + \omega_3 \cdot \overline{\mu}_{3yk} \end{cases} \tag{4-48}$$

式中：$k = 1, 2, 3$。

然后，进行均质化计算。

$$\begin{cases} \mu_1 = \dfrac{\underline{\mu}_{x1} + \overline{\mu}_{x1} + \underline{\mu}_{y1} + \overline{\mu}_{y1}}{4} \\[3mm] \mu_2 = \dfrac{\underline{\mu}_{x2} + \overline{\mu}_{x2} + \underline{\mu}_{y2} + \overline{\mu}_{y2}}{4} \\[3mm] \mu_3 = \dfrac{\underline{\mu}_{x3} + \overline{\mu}_{x3} + \underline{\mu}_{y3} + \overline{\mu}_{y3}}{4} \end{cases} \tag{4-49}$$

最后,采用置信度准则判定评价对象的风险等级。

②若采用识别方法二(概率计算),首先对 $\underline{\mu}_{jxk}$、$\overline{\mu}_{jxk}$ 和 $\underline{\mu}_{jyk}$、$\overline{\mu}_{jyk}$ 分别进行均质化计算。

$$\begin{cases} \mu_{1xk} = \left[\dfrac{\underline{\mu}_{1x1} + \overline{\mu}_{1x1}}{2}, \dfrac{\underline{\mu}_{1x2} + \overline{\mu}_{1x2}}{2}, \dfrac{\underline{\mu}_{1x3} + \overline{\mu}_{1x3}}{2}\right] \\[3mm] \mu_{1yk} = \left[\dfrac{\underline{\mu}_{1y1} + \overline{\mu}_{1y1}}{2}, \dfrac{\underline{\mu}_{1y2} + \overline{\mu}_{1y2}}{2}, \dfrac{\underline{\mu}_{1y3} + \overline{\mu}_{1y3}}{2}\right] \\[3mm] \mu_{2xk} = \left[\dfrac{\underline{\mu}_{2x1} + \overline{\mu}_{2x1}}{2}, \dfrac{\underline{\mu}_{2x2} + \overline{\mu}_{2x2}}{2}, \dfrac{\underline{\mu}_{2x3} + \overline{\mu}_{2x3}}{2}\right] \\[3mm] \mu_{2yk} = \left[\dfrac{\underline{\mu}_{2y1} + \overline{\mu}_{2y1}}{2}, \dfrac{\underline{\mu}_{2y2} + \overline{\mu}_{2y2}}{2}, \dfrac{\underline{\mu}_{2y3} + \overline{\mu}_{2y3}}{2}\right] \end{cases} \tag{4-50}$$

从而可以得到两个单指标属性测度矩阵。

$$U_{jxk} = \begin{pmatrix} \boldsymbol{\mu}_{1xk} \\ \boldsymbol{\mu}_{2xk} \end{pmatrix} = \begin{pmatrix} \mu_{1x1}, \mu_{1x2}, \mu_{1x3} \\ \mu_{2x1}, \mu_{2x2}, \mu_{2x3} \end{pmatrix}, \quad U_{jyk} = \begin{pmatrix} \boldsymbol{\mu}_{1yk} \\ \boldsymbol{\mu}_{2yk} \end{pmatrix} = \begin{pmatrix} \mu_{1y1}, \mu_{1y2}, \mu_{1y3} \\ \mu_{2y1}, \mu_{2y2}, \mu_{2y3} \end{pmatrix} \tag{4-51}$$

通过 $\boldsymbol{\mu}_{jxk}$ 和 $\boldsymbol{\mu}_{jyk}$ 按序排列组合构建一 2×3 阶矩阵 U_{jk},通过上述方法可以得到 $2^m = 4$ 个 U_{jk},同式(4-42)~式(4-45)。

最后,基于 μ_k^1、μ_k^2、μ_k^3 和 μ_k^4,采用置信度准则判定评价对象的风险等级。

③若采用识别方法三(上下限对比分析),分别对 $\boldsymbol{\mu}_{jxk}$、$\overline{\boldsymbol{\mu}}_{jxk}$ 或对 $\underline{\boldsymbol{\mu}}_{jyk}$、$\overline{\boldsymbol{\mu}}_{jyk}$ 进行按序排列组合。

对 $\underline{\boldsymbol{\mu}}_{jxk}$、$\overline{\boldsymbol{\mu}}_{jxk}$ 按序排列组合构建 2×3 阶矩阵 U_{jk}^x,可以得到 $2^m = 4$ 个 U_{jk}^x:

$$\begin{cases} U_{jk}^{1x} = \begin{bmatrix} \underline{\boldsymbol{\mu}}_{1xk} \\ \underline{\boldsymbol{\mu}}_{2xk} \end{bmatrix} = \begin{bmatrix} \underline{\mu}_{1x1}, \underline{\mu}_{1x2}, \underline{\mu}_{1x3} \\ \underline{\mu}_{2x1}, \underline{\mu}_{2x2}, \underline{\mu}_{2x3} \end{bmatrix} \\[4mm] \mu_k^{1x} = \left[\omega_1 \cdot \underline{\mu}_{1x1} + \omega_2 \cdot \underline{\mu}_{2x1}, \omega_1 \cdot \underline{\mu}_{1x2} + \omega_2 \cdot \underline{\mu}_{2x2}, \omega_1 \cdot \underline{\mu}_{1x3} + \omega_2 \cdot \underline{\mu}_{2x3}\right] \end{cases} \tag{4-52}$$

$$\begin{cases} U_{jk}^{2x} = \begin{bmatrix} \underline{\boldsymbol{\mu}}_{1xk} \\ \overline{\boldsymbol{\mu}}_{2xk} \end{bmatrix} = \begin{bmatrix} \underline{\mu}_{1x1}, \underline{\mu}_{1x2}, \underline{\mu}_{1x3} \\ \overline{\mu}_{2x1}, \overline{\mu}_{2x2}, \overline{\mu}_{2x3} \end{bmatrix} \\[4mm] \mu_k^{2x} = \left[\omega_1 \cdot \underline{\mu}_{1x1} + \omega_2 \cdot \overline{\mu}_{2x1}, \omega_1 \cdot \underline{\mu}_{1x2} + \omega_2 \cdot \overline{\mu}_{2x2}, \omega_1 \cdot \underline{\mu}_{1x3} + \omega_2 \cdot \overline{\mu}_{2x3}\right] \end{cases} \tag{4-53}$$

$$\begin{cases} U_{jk}^{3x} = \begin{bmatrix} \overline{\boldsymbol{\mu}}_{1xk} \\ \underline{\boldsymbol{\mu}}_{2xk} \end{bmatrix} = \begin{bmatrix} \overline{\mu}_{1x1}, \overline{\mu}_{1x2}, \overline{\mu}_{1x3} \\ \underline{\mu}_{2x1}, \underline{\mu}_{2x2}, \underline{\mu}_{2x3} \end{bmatrix} \\[4mm] \mu_k^{3x} = \left[\omega_1 \cdot \overline{\mu}_{1x1} + \omega_2 \cdot \underline{\mu}_{2x1}, \omega_1 \cdot \overline{\mu}_{1x2} + \omega_2 \cdot \underline{\mu}_{2x2}, \omega_1 \cdot \overline{\mu}_{1x3} + \omega_2 \cdot \underline{\mu}_{2x3}\right] \end{cases} \tag{4-54}$$

$$\begin{cases} U_{jk}^{4x} = \begin{bmatrix} \overline{\mu}_{1xk} \\ \overline{\mu}_{2xk} \end{bmatrix} = \begin{bmatrix} \overline{\mu}_{1x1}, \overline{\mu}_{1x2}, \overline{\mu}_{1x3} \\ \overline{\mu}_{2x1}, \overline{\mu}_{2x2}, \overline{\mu}_{2x3} \end{bmatrix} \\ \mu_k^{4x} = \begin{bmatrix} \omega_1 \cdot \overline{\mu}_{1x1} + \omega_2 \cdot \overline{\mu}_{2x1}, \omega_1 \cdot \overline{\mu}_{1x2} + \omega_2 \cdot \overline{\mu}_{2x2}, \omega_1 \cdot \overline{\mu}_{1x3} + \omega_2 \cdot \overline{\mu}_{2x3} \end{bmatrix} \end{cases} \tag{4-55}$$

基于 μ_k^{1x}、μ_k^{2x}、μ_k^{3x} 和 μ_k^{4x}，采用置信度准则判定评价对象的风险等级。

对 $\underline{\boldsymbol{\mu}}_{jyk}$、$\overline{\boldsymbol{\mu}}_{jyk}$ 按序排列组合可以得到 $2^m = 4$ 个 U_{jk}^y：

$$\begin{cases} U_{jk}^{1y} = \begin{bmatrix} \underline{\mu}_{1yk} \\ \underline{\mu}_{2yk} \end{bmatrix} = \begin{bmatrix} \underline{\mu}_{1y1}, \underline{\mu}_{1y2}, \underline{\mu}_{1y3} \\ \underline{\mu}_{2y1}, \underline{\mu}_{2yx2}, \underline{\mu}_{2y3} \end{bmatrix} \\ \mu_k^{1y} = \begin{bmatrix} \omega_1 \cdot \underline{\mu}_{1y1} + \omega_2 \cdot \underline{\mu}_{2y1}, \omega_1 \cdot \underline{\mu}_{1y2} + \omega_2 \cdot \underline{\mu}_{2y2}, \omega_1 \cdot \underline{\mu}_{1y3} + \omega_2 \cdot \underline{\mu}_{2y3} \end{bmatrix} \end{cases} \tag{4-56}$$

$$\begin{cases} U_{jk}^{2y} = \begin{bmatrix} \underline{\mu}_{1yk} \\ \overline{\mu}_{2yk} \end{bmatrix} = \begin{bmatrix} \underline{\mu}_{1y1}, \underline{\mu}_{1y2}, \underline{\mu}_{1y3} \\ \overline{\mu}_{2y1}, \overline{\mu}_{2y2}, \overline{\mu}_{2y3} \end{bmatrix} \\ \mu_k^{2y} = \begin{bmatrix} \omega_1 \cdot \underline{\mu}_{1y1} + \omega_2 \cdot \overline{\mu}_{2y1}, \omega_1 \cdot \underline{\mu}_{1y2} + \omega_2 \cdot \overline{\mu}_{2y2}, \omega_1 \cdot \underline{\mu}_{1y3} + \omega_2 \cdot \overline{\mu}_{2y3} \end{bmatrix} \end{cases} \tag{4-57}$$

$$\begin{cases} U_{jk}^{3y} = \begin{bmatrix} \overline{\mu}_{1yk} \\ \underline{\mu}_{2yk} \end{bmatrix} = \begin{bmatrix} \overline{\mu}_{1y1}, \overline{\mu}_{1y2}, \overline{\mu}_{1y3} \\ \underline{\mu}_{2y1}, \underline{\mu}_{2y2}, \underline{\mu}_{2y3} \end{bmatrix} \\ \mu_k^{3y} = \begin{bmatrix} \omega_1 \cdot \overline{\mu}_{1y1} + \omega_2 \cdot \underline{\mu}_{2y1}, \omega_1 \cdot \overline{\mu}_{1y2} + \omega_2 \cdot \underline{\mu}_{2y2}, \omega_1 \cdot \overline{\mu}_{1y3} + \omega_2 \cdot \underline{\mu}_{2y3} \end{bmatrix} \end{cases} \tag{4-58}$$

$$\begin{cases} U_{jk}^{4y} = \begin{bmatrix} \overline{\mu}_{1yk} \\ \overline{\mu}_{2yk} \end{bmatrix} = \begin{bmatrix} \overline{\mu}_{1y1}, \overline{\mu}_{1y2}, \overline{\mu}_{1y3} \\ \overline{\mu}_{2y1}, \overline{\mu}_{2y2}, \overline{\mu}_{2y3} \end{bmatrix} \\ \mu_k^{4y} = \begin{bmatrix} \omega_1 \cdot \overline{\mu}_{1y1} + \omega_2 \cdot \overline{\mu}_{2y1}, \omega_1 \cdot \overline{\mu}_{1y2} + \omega_2 \cdot \overline{\mu}_{2y2}, \omega_1 \cdot \overline{\mu}_{1y3} + \omega_2 \cdot \overline{\mu}_{2y3} \end{bmatrix} \end{cases} \tag{4-59}$$

基于 μ_k^{1y}、μ_k^{2y}、μ_k^{3y} 和 μ_k^{4y}，采用置信度准则判定评价对象的风险等级。

第 5 章　属性区间评估程序与软件

本书所提出的属性区间评估理论与方法,通过按需排列组合可以得到 2^m 个矩阵,由此导致计算过程较为复杂、计算量大。为解决这一难题,基于 MATLAB 平台自主编写了两套属性区间评估计算程序(简称 AIET),便于更好地应用属性区间评估理论与方法对隧道及地下工程中的突水、岩爆、塌方、瓦斯突出以及底板透水等地质灾害进行风险定量评估。

5.1　第一类属性区间评估计算程序

AIET 程序的登录界面如图 5-1 所示,菜单界面如图 5-2 所示。菜单界面主要包括风险评价指标体系的分级标准、指标取值、权值分配和风险等级的属性区间识别四个模块。

图 5-1　AIET 登录界面

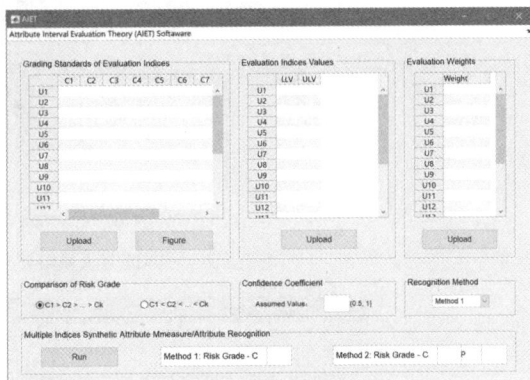

图 5-2　AIET 菜单界面

(1)指标分级标准模块

该模块(图 5-2 中"Grading Standards of Evaluation Indices")的主要功能是:通过 Excel 文件导入或直接输入所评估对象风险评价指标的分级标准,并依据公式计算、绘制单指标属性测度函数。具体步骤如下:

①点击"Upload"按钮,选择评价指标分级标准的 Excel 存储文件,数据将显示在空格中。以隧道突水灾害为例,其风险评价指标分级标准如图 5-3 所示。

②点击"Figure"按钮,自动计算绘制评价指标的单指标属性测度函数。图 5-4 所示为隧道突水风险评价指标的单指标属性测度函数。

(2)指标取值模块

该模块(图 5-2 中"Evaluation Indices Values")的主要功能是:点击"Upload"按钮,通过 Excel 文件导入或直接输入所评估对象的风险评价指标取值。与其他的风险评估方法不同,

AIET 方法中评价指标的取值为一个区间,区间的上限将显示在 ULV 一列,下限将显示在 LLV 一列。图 5-5 所示为隧道突水风险评价指标的取值区间。

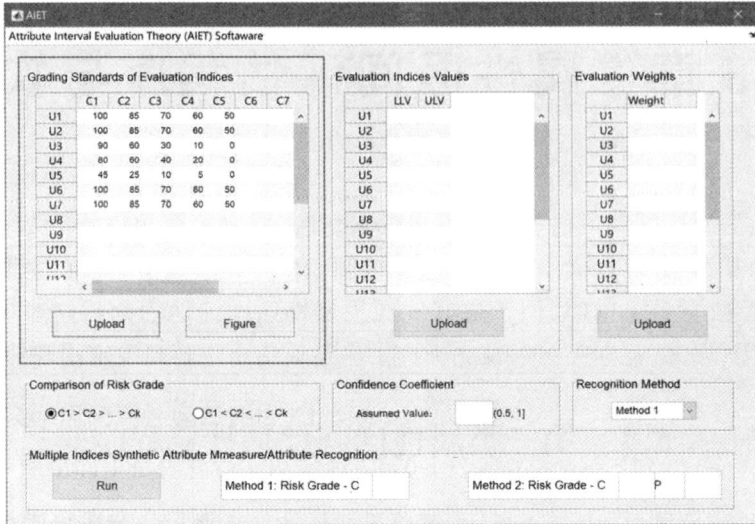

图 5-3　导入隧道突水风险评价指标分级标准后的 AIET 菜单界面

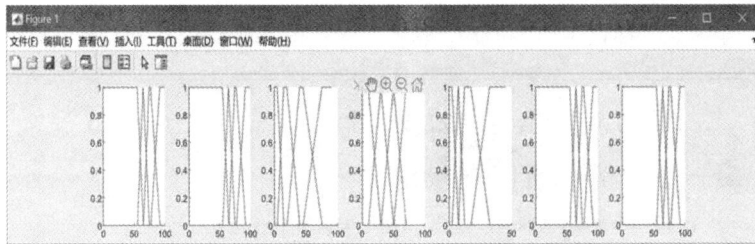

图 5-4　隧道突水风险评价指标的单指标属性测度函数

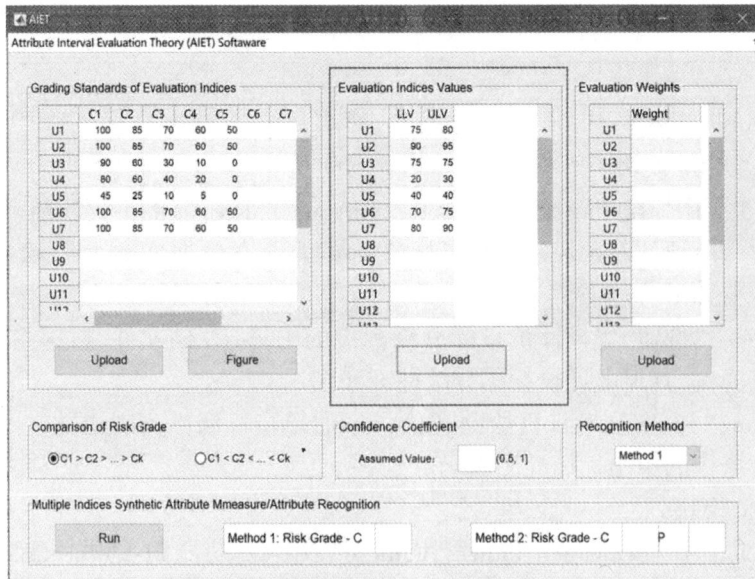

图 5-5　导入隧道突水风险评价指标取值区间后的 AIET 菜单界面

（3）指标权值分配模块

该模块（图 5-2 中"Evaluation Weights"）的主要功能是：点击"Upload"按钮，通过 Excel 文件导入或直接输入风险评价指标的权值。图 5-6 所示为隧道突水风险评价指标的权值分配。

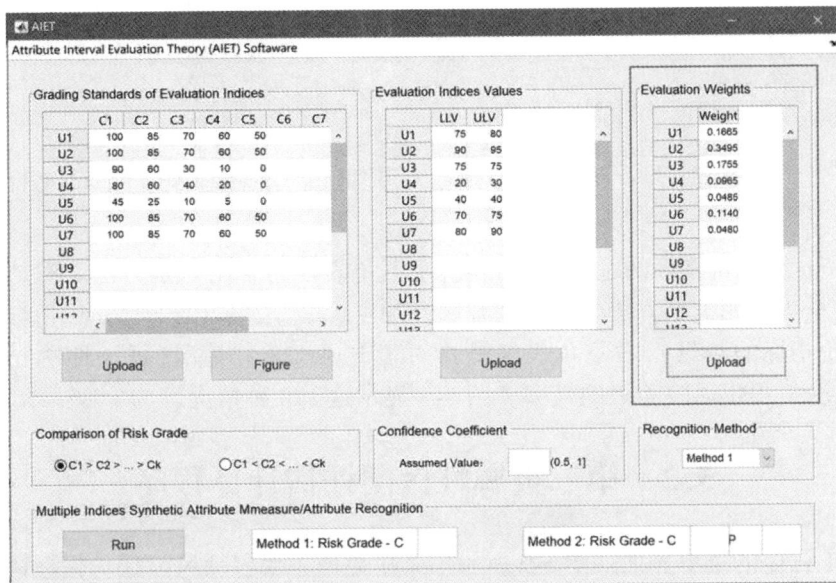

图 5-6 导入隧道突水风险评价指标权值后的 AIET 菜单界面

（4）风险等级属性区间识别模块

该模块主要包括四个子模块："Comparison of Risk Grade""Confidence Coefficient""Recognition Method"和"Multiple Indices Synthetic Attribute Measure/Attribute Recognition"。

"Comparison of Risk Grade"子模块主要是对比 C_1、C_2、$\cdots$、C_k 所对应的灾害风险的严重性。如果 C_1 对应的灾害后果最轻，C_k 对应的灾害后果最严重，则选择 $C_1 > C_2 > \cdots > C_k$。否则，选择 $C_1 < C_2 < \cdots < C_k$。

"Confidence Coefficient"子模块主要是输入用于风险等级属性识别的置信系数，一般取值为 0.60～0.70。

"Recognition Method"子模块主要用于选择风险等级属性区间识别的方法。本程序提供了两种计算方法。

"Multiple Indices Synthetic Attribute Measure/Attribute Recognition"子模块主要是对评价指标的单指标属性测度、综合属性测度进行计算，并判定评价对象的风险等级。点击"Run"按钮，风险评估结果将显示在空格中。采用识别方法一时，可显示出灾害的风险等级；当采用识别方法二时，可显示出灾害的风险等级及其概率。此外，风险评估中一些重要的信息将会自动显示在弹出窗口中，如图 5-7 和图 5-8 所示。图 5-7 所示为隧道突水灾害风险评价指标取值区间上下限的单指标属性测度，左侧表格为区间下限的单指标属性测度，右侧表格为区间上限的单指标属性测度。

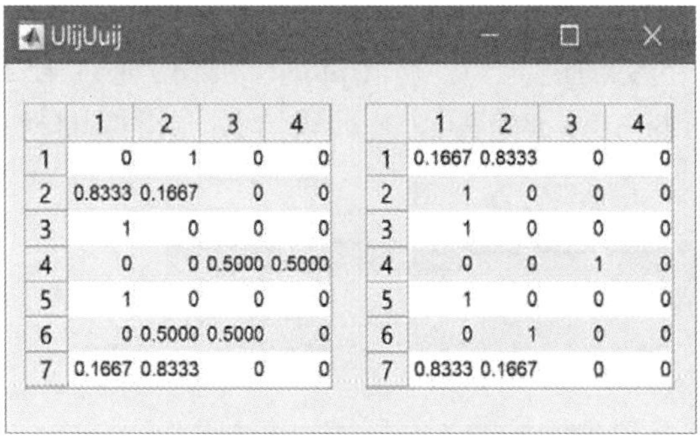

图 5-7　评价指标取值区间上下限的单指标
属性测度（ U_{ij}^l 和 U_{ij}^u ）

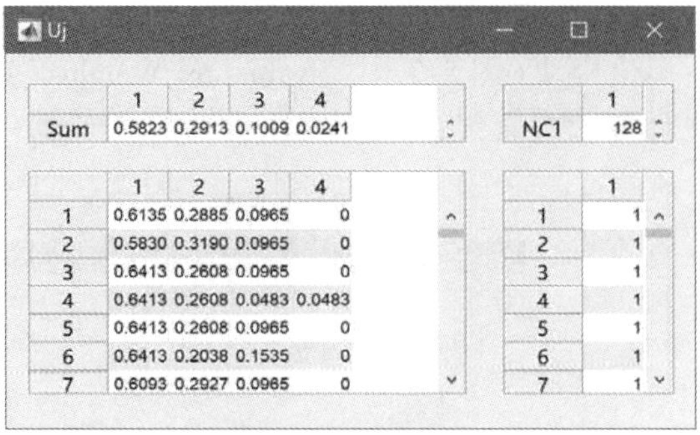

图 5-8　综合属性测度 $\bar{u}_j$ 和风险等级概率 $N_{k=j}$

图 5-8 所示为评价指标的综合属性测度,左上角表格为采用识别方法一时的综合属性测度,左下角表格为采用识别方法二时的综合属性测度(一共 $2^7=128$ 种情况,指数 7 是指隧道突水风险评价指标的数量),右下角表格是指对于上述 128 种情况,每一种情况下的风险等级,然后统计分析得出风险等级的概率。图 5-8 显示这 128 种情况均为 C_1 级风险。

5.2　第二类属性区间评估计算程序

NewAIET 程序的菜单界面如图 5-9 所示。菜单界面主要包括风险评价指标体系的分级标准、指标取值、权值分配和风险等级的属性区间识别四个模块。

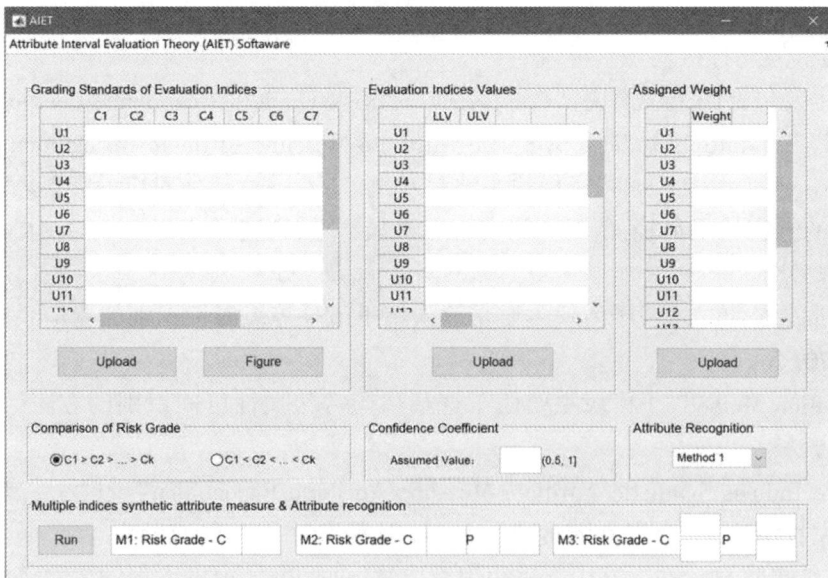

图 5-9　New AIET 菜单界面

（1）指标分级标准模块

该模块(图 5-9 中"Grading Standards of Evaluation Indices")的主要功能是:通过 Excel 文件导入或直接输入所评估对象风险评价指标的分级标准,并依据公式计算、绘制单指标属性测度函数。具体步骤如下：

①点击"Upload"按钮，选择评价指标分级标准的 Excel 存储文件，数据将显示在空格中。以隧道岩爆灾害为例，其风险评价指标分级标准如图 5-10 所示。

②点击"Figure"按钮，自动计算绘制评价指标的单指标属性测度函数。图 5-11 所示为隧道岩爆风险评价指标的单指标属性测度函数。

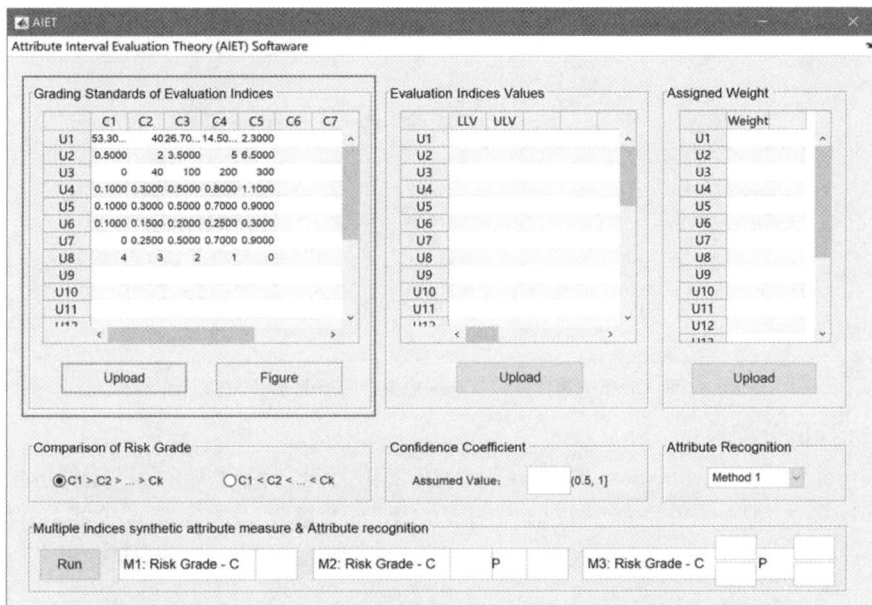

图 5-10　导入隧道岩爆风险评价指标分级标准后的 New AIET 菜单界面

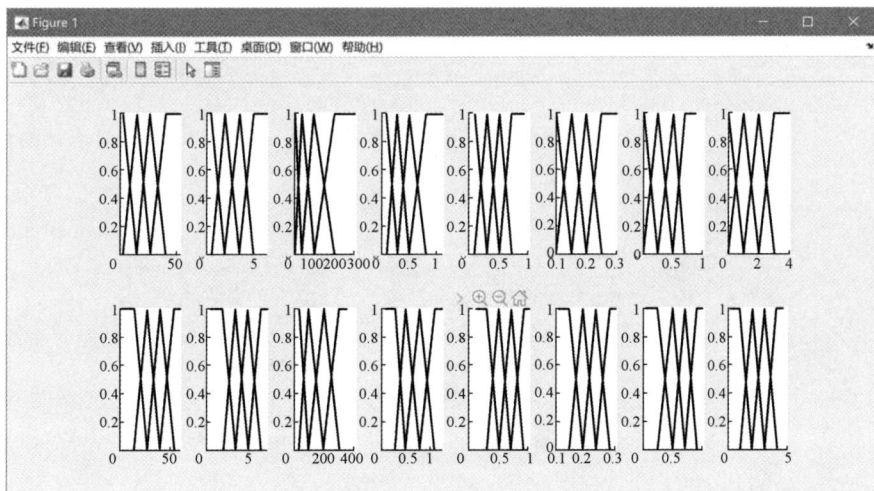

图 5-11　隧道岩爆风险评价指标的单指标属性测度函数

（2）指标取值模块

该模块（图 5-9 中"Evaluation Indices Values"）的主要功能是：点击"Upload"按钮，通过 Excel 文件导入或直接输入所评估对象的风险评价指标取值。与其他的风险评估方法不同，New AIET 方法中评价指标的取值为一个区间，区间的上限将显示在 ULV 一列，下限将显示在

LLV 一列。图 5-12 所示为隧道岩爆风险评价指标的取值区间。

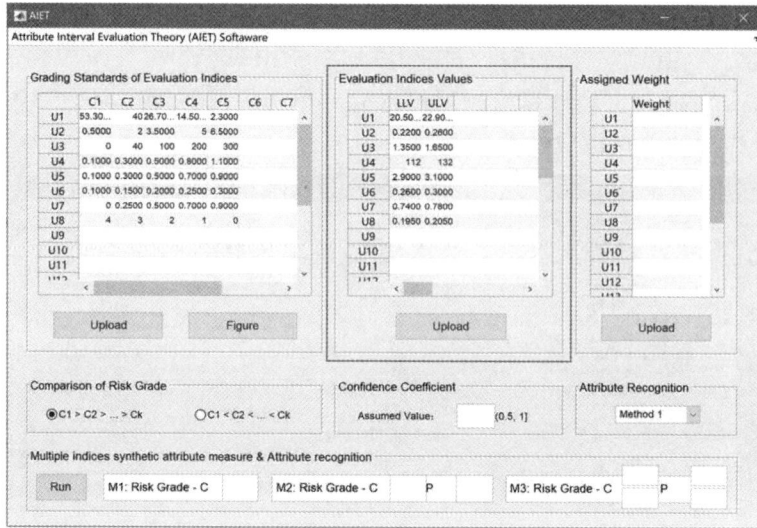

图 5-12　导入隧道岩爆风险评价指标取值区间后的 New AIET 菜单界面

（3）指标权值分配模块

该模块（图 5-9 中"Evaluation Weights"）的主要功能是：点击"Upload"按钮，通过 Excel 文件导入或直接输入风险评价指标的权值。图 5-13 所示为隧道岩爆风险评价指标的权值分配。

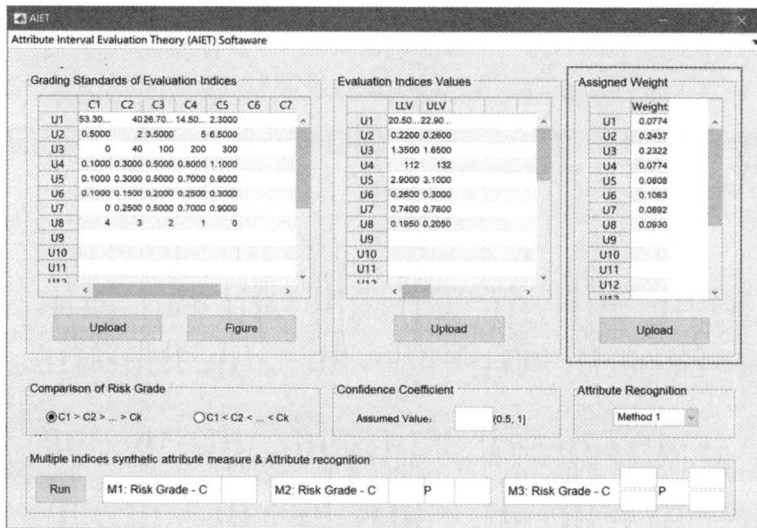

图 5-13　导入隧道岩爆风险评价指标权值后的 New AIET 菜单界面

（4）风险等级属性区间识别模块

该模块主要包括四个子模块："Comparison of Risk Grade""Confidence Coefficient""Recognition Method""Multiple Indices Synthetic Attribute Measure/Attribute Recognition"。

"Comparison of Risk Grade"子模块主要是对比 C_1、C_2、$\cdots$、C_k 所对应的灾害风险的严重性。如果 C_1 对应的灾害后果最轻，C_k 对应的灾害后果最严重，则选择 $C_1 > C_2 > \cdots > C_k$。否则，选择 $C_1 < C_2 < \cdots < C_k$。

　　"Confidence Coefficient"子模块主要是输入用于风险等级属性识别的置信系数,一般取值为 0.60 ~ 0.70。

　　"Recognition Method"子模块主要用于选择风险等级属性区间识别的方法。本程序提供了三种计算方法。

　　"Multiple Indices Synthetic Attribute Measure/Attribute Recognition"子模块主要是对评价指标的单指标属性测度、综合属性测度进行计算,并判定评价对象的风险等级。点击"Run"按钮,风险评估结果将显示在空格中。

　　采用识别方法一时,可定性分析灾害的风险等级;当采用识别方法二时,可显示出灾害的风险等级及其概率;当采用识别方法三时,可对比分析上限、下限评估结果的差异性。此外,风险评估中一些重要的信息将会自动显示在弹出窗口中,如图 5-14 和图 5-15 所示。图 5-14 所示为隧道岩爆灾害风险评价指标取值区间上下限的单指标属性测度。图 5-15 所示为评价指标的综合属性测度及风险等级。

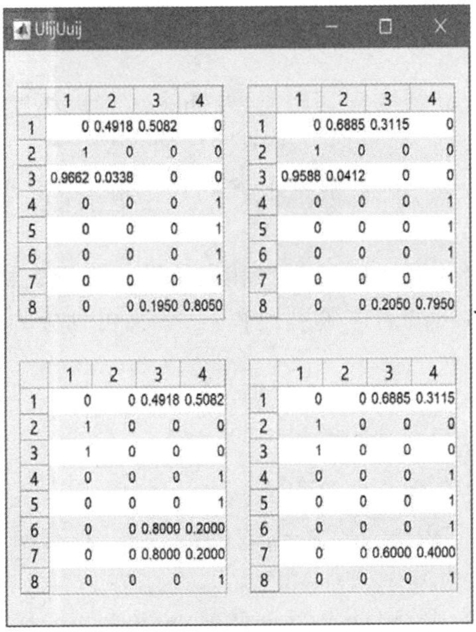

图 5-14　评价指标取值区间的单指标属性测度

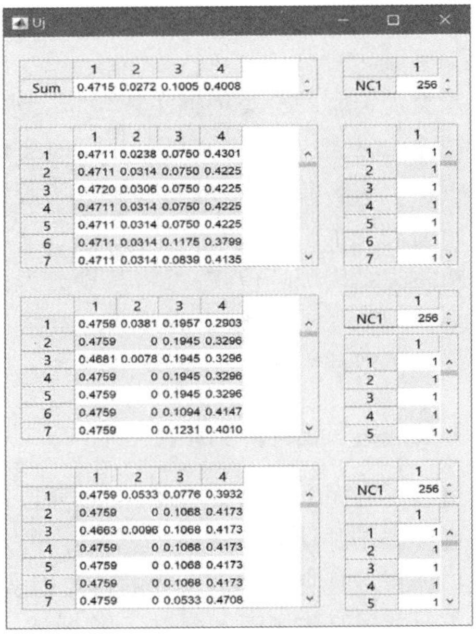

图 5-15　综合属性测度和风险等级概率

第6章 隧道突水突泥风险属性区间评估

6.1 隧道突水突泥灾害

6.1.1 突水突泥定义与分类

突水突泥灾害是指隧道及地下工程施工过程中大量的水体或泥水混合物沿岩体节理、断层等结构面以及岩溶管道、地下暗河等不良地质构造瞬时涌入隧道内的一种地质灾害现象。

突水突泥灾害的分类依据主要包括突水量大小、突水灾害源类型、防突结构破坏模式等。

①按突水量大小,可将其划分为瞬时突水型、稳定涌水型及季节性突涌水型。

②按突水灾害源类型,可将其划分为裂隙型突水、断层型突水、溶洞(溶腔)型突水、管道及地下暗河型突水。

③按防突结构破坏模式,可将其划分为裂隙岩体渐进破裂突水和充填结构渗透失稳突水。前者主要体现为强动力扰动、强卸荷和高渗压条件下的岩体破裂过程;后者又可划分为局部渗透失稳和整体滑移失稳两个亚类。

6.1.2 灾变条件与演化过程

隧道突水突泥灾害由灾害源、突水通道与防突结构三部分组成:

①灾害源是源动力,即由一定空间内的水体、堆积体及空腔构成的混合体,具有明显的储能特征。灾害源是突水灾害发生的首要因素。

②突水通道是灾害源的优势运移通道,即地下水、泥沙等混合体耦合演化的运移途径场所。突水通道是突水灾害发生的必要条件。

③防突结构是灾害源与隧道临空面之间具有防突水能力的岩土体,可分为裂隙岩体和充填结构两类。

(1)裂隙岩体渐进破裂突水实质上是裂隙岩体中的原生节理或地质结构弱面在爆破动力扰动、强开挖卸荷和高渗透水压力等共同作用下产生新裂纹,并逐步扩展、最终导致裂隙贯通直至岩体破坏的渐进过程。突水灾害源与掌子面之间的岩体可分为:爆炸裂隙区(或扰动裂隙区、损伤裂隙区)、原生裂隙区和含水裂隙区三部分,如图6-1a)所示。

首先,爆破开挖瞬间会产生巨大的能量,其产生的爆生气体使得周边岩体发生破坏、损伤;隧道开挖会引起地应力释放和应力场重分布,使得岩体内部裂纹尖端处应力状态发生改变,导致裂纹发生起裂、扩展、贯通。在两者共同作用下将产生一个爆炸裂隙区,主要由岩体沿着结构面发生压剪破坏或沿炮孔径向发生拉伸破坏形成,对深埋隧洞而言,岩体更容易沿结构弱面发生压剪破坏。

此外,爆破产生的应力波荷载传递到前方含水裂纹处,相当于增大了裂纹处的孔隙水压力,使得裂纹处有效应力和应力状态(应力场重分布同样起作用)发生改变,导致含水裂纹的起裂、扩展和贯通,并影响含水裂纹的扩展模式。裂纹扩展、贯通形成过水通道后,贯通裂纹内的孔隙水压力将发生改变,一般情况下水压力将在一定程度上减小,但当含低压孔隙水的裂纹与含高压孔隙水的裂纹贯通时,低压孔隙水裂纹中的水压力可能会出现瞬时增大的现象,从而进一步影响后续裂纹面上的应力状态及其扩展模式。

原生裂隙区是指爆炸应力波对岩体的影响较小,裂隙的分布特征保持原有状态,尚未发生启裂、扩展的区域。含水裂隙区是指近与突水灾害源相连通的、裂隙内部充满着高压水的岩体区域。

随着爆破开挖的推进,一部分原生裂隙区逐步转化为爆炸裂隙区,爆炸裂隙区逐渐前移;而原生裂隙区与含水裂隙区交界处的裂隙或结构弱面,由于爆炸应力波、地应力和高渗透压力的共同作用,发生开裂、扩展,并演变成含水裂隙区的一部分,从而导致含水裂隙区逐渐增大。当原生裂隙区完全转变为爆炸裂隙区和含水裂隙区时,也就是说,当爆炸裂隙区与含水裂隙区贯通时,裂隙岩体破裂突水灾害即可发生,如图6-1b)所示。裂隙岩体渐进破裂突水过程中,爆破动力扰动、应力场重分布和高孔隙水压力的相互作用关系如图6-2所示。

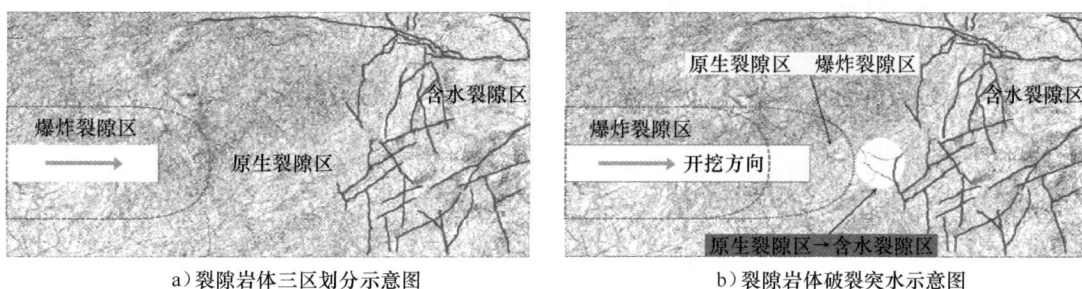

a)裂隙岩体三区划分示意图　　　　　b)裂隙岩体破裂突水示意图

图6-1　裂隙岩体渐进破裂突水示意图

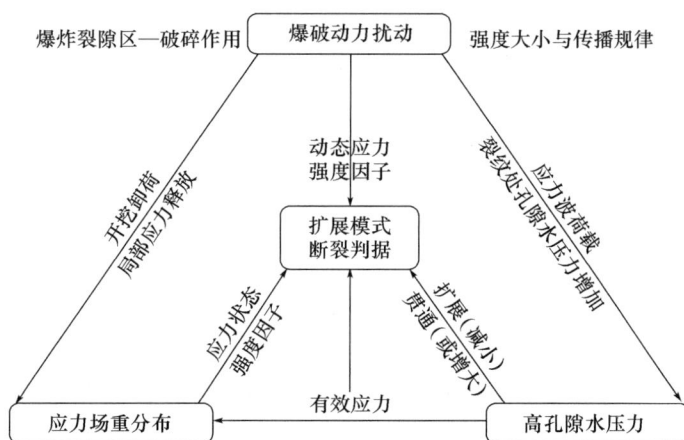

图6-2　三因素相互作用示意图

（2）充填结构渗透失稳突水的实质是，断层、岩溶管道等不良地质构造内部充填的黏土、泥砂、断层泥等充填状态在高渗透压力作用下发生失稳破坏。由于宽大裂隙、断层破碎带以及岩溶管道等地质构造形成过程中的多期次构造运动导致内部结构与空间分布具有强烈的各向异性，其工程水文地质条件、构造发育特征及胶结充填情况十分复杂，使得充填介质的失稳突水机理和演化过程极为复杂。以断层破碎带为例，首先，由于断裂属性可能为张性或压性断裂，也可能为扭性断裂，导致断裂区域内的地应力分布特征各不相同。其次，断层破碎带内部往往被大量介质所充填，其充填介质可能为黏土、细砂或砾石，也可能为断层泥等混合物，且具有不同的胶结特性和渗透特性。

当充填介质胶结强度大、渗透系数低，具有阻水能力时，高压水将沿着充填介质和周边岩体的边壁发生渗流，使得边壁发生弱化，最终导致充填物整体沿着边壁滑移，导致滑移失稳突水灾害的发生。当充填介质胶结强度较小、渗透性高时，高压水不仅会沿着边壁发生渗流，也会在充填介质内部发生渗流，导致充填介质内部的黏土或细小颗粒流失，整个充填介质体的稳定性降低，发生渗透失稳突水灾害。

实际上，充填型致灾构造突水灾变演化全过程应包括两部分：一是致灾构造内部充填介质的渗透失稳过程；二是致灾构造与掌子面之间防突岩体的破裂过程，也就是裂隙岩体破裂突水与充填介质渗透失稳突水过程的组合式突水。

6.2 隧道突水突泥灾害风险评价指标体系

隧道突水突泥灾害实质上是地下水运移网络或储存条件受外界干扰发生的动力失稳现象，影响因素多且复杂，但总体上可概括为地质因素和工程因素。本章节主要针对地质因素对隧道突水危险性进行评价，而工程因素对突水危险性的影响不予考虑。

隧道突水危险性评价为一个综合评价系统，该系统通过分析突水危险性影响因素，对隧道的突水危险性进行判别或预测。结合已有的研究成果，选取地层岩性、不良地质、地下水位、地形地貌、岩层产状、可溶岩与非可溶岩接触带及层面与层间裂隙七个突涌水主要影响因素作为评价指标，并将突水风险划分为 C_1（高危险性）、C_2（中等危险性）、C_3（低危险性）、C_4（微危险性或基本无危险）四个等级。

（1）地层岩性 I_1

岩性是控制岩溶发育的物质基础，也是控制岩溶发育的主要因素。可溶岩地层是地下水赋存和运移的场所，由于不同的可溶岩具有不同的矿物成分、结构特征等，地层岩性表现出不同的可溶性，导致含导水构造具有不同的赋存特征。根据地层岩性的可溶性，可将其划分为强、中等、弱可溶岩和非可溶岩四个水平。

地层岩性既可以通过专家打分法给出，也可以根据预测段内地层岩性的可溶性及可溶岩所占比例 B_j 将突涌水危险性分为 Ⅳ、Ⅲ、Ⅱ、Ⅰ 四个级别，自 Ⅳ 级至 Ⅰ 级突涌水风险及其危害逐渐增大，并定义测量值 $t = \sum A_i B_j$（A_i 为权重），以测量值 t 作为属性评价指标进行突水危险性评价见表 6-1。

地层岩性等级划分表 表6-1

可 溶 性	权 重 A_i	可溶岩所占比例 B_j（%）			
		0～20	20～40	40～60	＞60
弱	$A_1 = 0.105$	Ⅳ	Ⅳ	Ⅲ	Ⅲ
中	$A_2 = 0.259$	Ⅲ	Ⅲ	Ⅱ	Ⅱ
强	$A_3 = 0.636$	Ⅱ	Ⅱ	Ⅰ	Ⅰ

（2）不良地质 I_2

不良地质构造通常是指隧道附近潜在的突水通道或突水水源，不良地质构造的富水性、导水性及其空间位置关系在很大程度上决定突水风险的大小。本书从突水水源及突水通道两方面评价隧道突涌水危险性。突水水源主要考虑含水体的水量、水压、补给条件及其与隧道的近接距离等特征，以含水构造的致灾危险性 I_{2-1} 和岩溶水系统类型 I_{2-2}（补给面积）作为评价指标；突水通道主要考虑溶隙、断层破碎带宽度 I_{2-3}。根据断层破碎带与突涌水危险性之间的关系，确定评价指标 I_{2-3} 的分级标准，见表6-2。

含水构造致灾危险性分级标准 表6-2

等级划分	含水构造致灾危险性等级具体描述	岩溶水系统补给面积 S（km²）
Ⅰ	隧道附近底板上方有大型含导水构造，或隧道附近有大型承压含导水构造	$S > 10$
Ⅱ	隧道附近底板下方有大型含导水构造，或隧道附近有中型承压含导水构造，或隧道附近底板上方有中型含水构造	$7.5 < S \leqslant 10$
Ⅲ	隧道附近底板下方有中型含导水构造，或隧道附近有小型承压含导水构造，或隧道附近底板上方有小型含水构造	$5 < S \leqslant 7.5$
Ⅳ	隧道附近底板下方有小型含导水构造	$S \leqslant 5$

（3）不良地质 I_3

地下水是岩溶突涌水决定性因素之一，岩溶地区地下水处于不同岩溶水垂直动力分带时，具有不同的致灾性：季节变化带内水的物理和化学活性最强，是岩溶作用较强的岩溶化带，具有较强的致灾能力；浅饱水带常年有水循环，水的溶蚀能力及侵蚀能力较强，致灾能力也较强；深部饱水带一般也是深部缓循环带，地下水活动强度较低，存在形式以孔隙水和裂隙水为主，突水概率相对较小，但由于地下水位高、水压大，一旦发生突水，其危害更大。

由于不同高程的隧道处于不同的岩溶水垂直动力分带，因此选取地下水位与隧道底板间的高程差 h 作为突涌水危险性的评价指标。根据历年突水实例统计资料，基于高程差 h 将地下水位划分为四个水平：$h < 10\text{m}$，$10\text{m} \leqslant h < 30\text{m}$，$30\text{m} \leqslant h \leqslant 60\text{m}$ 以及 $h > 60\text{m}$。

（4）地形地貌 I_4

地表岩溶形态（岩溶洼地、降水漏斗、落水洞等）作为地下岩溶系统与地表岩溶、大气降雨等外部环境的主要联络通道，其汇水面积在很大程度上决定着地下岩溶系统的补给水量，直接影响和反映地下岩溶不良地质和岩溶水的发育和赋存特征。根据地形汇水能力和岩溶发育程度将地表负地形划分为四个水平等级，并根据统计资料得出了各水平等级的突水发生频率，但只能作为定性评价指标;对地表负地形因素进行量化,采用地表出露封闭负地形面积比作为突水危险性的定量评价指标之一。本书进行隧道突涌水危险性评价时采用地表封闭负地形面积比作为评价指标。

(5)岩层产状 I_5

岩层产状是岩溶发育和地下水流动的重要影响因素之一,地下岩层的渗透性具有各向异性,沿层面的渗透系数远大于垂直层面的渗透系数。同时,地下水的补给、径流、排泄、入渗条件及岩溶发育程度也受岩层产状影响。据统计资料分析,认为最有利于岩溶发育的岩层产状是倾角为 25°~65° 的向斜或背斜翼部,并将岩层倾角划分为四个水平。为满足属性数学理论的应用条件,即评价指标的数据要满足表 2-1 中的形式要求,对岩层倾角进行修正,见表 6-3。

岩层倾角修正方法 表 6-3

危险性等级	岩层倾角	修 正 t'	修正后 φ'_1	修正后 φ'_2
IV	$0° \leqslant \varphi < 10°$	$\varphi' = \varphi$	$0° \leqslant \varphi'_2 < 10°$	
III	$80° < \varphi \leqslant 90°$	$\varphi' = (90° - \varphi)$		$0° \leqslant \varphi'_2 < 10°$
II	$10° \leqslant \varphi < 25°$	$\varphi' = \varphi$		
	$65° < \varphi \leqslant 80°$	$\varphi' = 10° + (80° - \varphi)$	$10° \leqslant \varphi'_1 < 25°$	$10° \leqslant \varphi'_2 < 25°$
I	$25° \leqslant \varphi \leqslant 45°$	$\varphi' = \varphi$		
	$45° < \varphi \leqslant 65°$	$\varphi' = 25° + (65° - \varphi)$	$25° \leqslant \varphi'_1 \leqslant 45°$	$25° \leqslant \varphi'_2 \leqslant 45°$

(6)可溶岩与非可溶岩接触带 I_6

岩层组合是指可溶性岩与非可溶性岩在空间上的组合关系。可溶岩是一个孔隙、裂隙与管道的三重介质系统,而非可溶岩是一个孔隙和裂隙的双重介质系统,可溶岩层中的地下水活跃程度及岩溶发育程度远强于非可溶岩层。非可溶岩与可溶岩接触带内若存在来自非可溶地层的外源水补给,会对可溶岩造成侵蚀作用,有利于岩溶发育,形成大型洞穴系统。

(7)层面与层间裂隙 I_7

地下水的活跃程度与渗流条件、岩溶发育形态均受层面与层间裂隙发育程度的影响。分析岩溶发育正向反馈环可知:裂隙发育带渗透性强,地下水较活跃,促使裂隙不断扩张,裂隙的扩张反过来进一步加速水循环,从而导致岩溶发育程度较强,反之,裂隙弱发育带的岩溶发育程度相对较低。

根据可溶岩与非可溶岩接触带、层面与层间裂隙对岩溶发育的影响程度,将其划分为强有利于岩溶发育、中等有利于岩溶发育、弱有利于岩溶发育和微有利于岩溶发育四个等级。

基于上述分析,隧道突涌水危险性评价指标的量化分级标准见表 6-4。对于不良地质、可溶岩与非可溶岩接触带、层面与层间裂隙三个评价指标,可采用专家打分法进行量化分级,分数越高,突涌水的风险越大。

岩溶隧道突涌水危险性评价指标和分级标准 表 6-4

影 响 因 素	评价指标	C_1	C_2	C_3	C_4
地层岩性	岩层可溶性 t	>0.254	0.104~0.254	0.042~0.104	0~0.042
	专家评分值 S	>85	70~85	60~70	<60
不良地质	专家评分值 S	>85	70~85	60~70	<60

续上表

影 响 因 素	评价指标	C_1	C_2	C_3	C_4
地下水位	水位高差 $h(\mathrm{m})$	$h>60$	$30 \leqslant h<60$	$10 \leqslant h<30$	$h<10$
地形地貌	负地形面积比	$>60\%$	$40\% \sim 60\%$	$20\% \sim 40\%$	$<20\%$
岩层产状	修正后倾角 φ'	$25° \leqslant \varphi' \leqslant 45°$	$10° \leqslant \varphi' < 25°$	$0° \leqslant \varphi'_2 < 10°$	$0° \leqslant \varphi'_1 < 10°$
可溶岩与非可溶岩接触带	专家评分值 S	>85	$70 \sim 85$	$60 \sim 70$	<60
层面与层间裂隙	专家评分值 S	>85	$70 \sim 85$	$60 \sim 70$	<60

6.3　隧道突水突泥灾害属性区间评估模型

6.3.1　隧道突水风险评估单指标测度函数

（1）第 I 类属性区间评估模型

基于表 6-4 中隧道突水风险评价指标的量化分级标准，通过式（2-1）~式（2-8）构建第 I 类属性区间评估模型的单指标属性测度函数，见图 6-3。其中，评价指标 I_2、I_6、I_7 的属性测度函数一致 [图 6-3b)]。

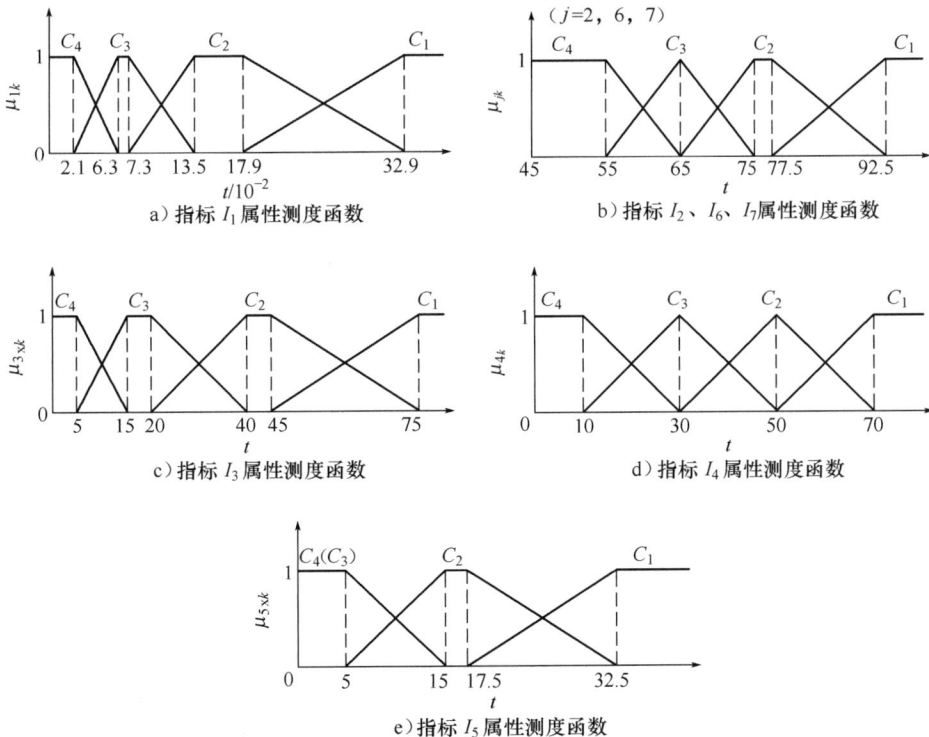

a）指标 I_1 属性测度函数

b）指标 I_2、I_6、I_7 属性测度函数

c）指标 I_3 属性测度函数

d）指标 I_4 属性测度函数

e）指标 I_5 属性测度函数

图 6-3　突水风险评价指标属性测度函数（I 类）

（2）第Ⅱ类属性区间评估模型

基于表 6-4 中隧道突水风险评价指标的量化分级标准,通过式(3-3)~式(3-14)构建第Ⅱ类属性区间评估模型的单指标属性测度函数,如图 6-4 所示。其中,评价指标 I_1 采用岩层可溶性 t 这一分级标准。其中,I_2、I_6、I_7 专家评分的属性测度函数一致[图 6-4b)]。

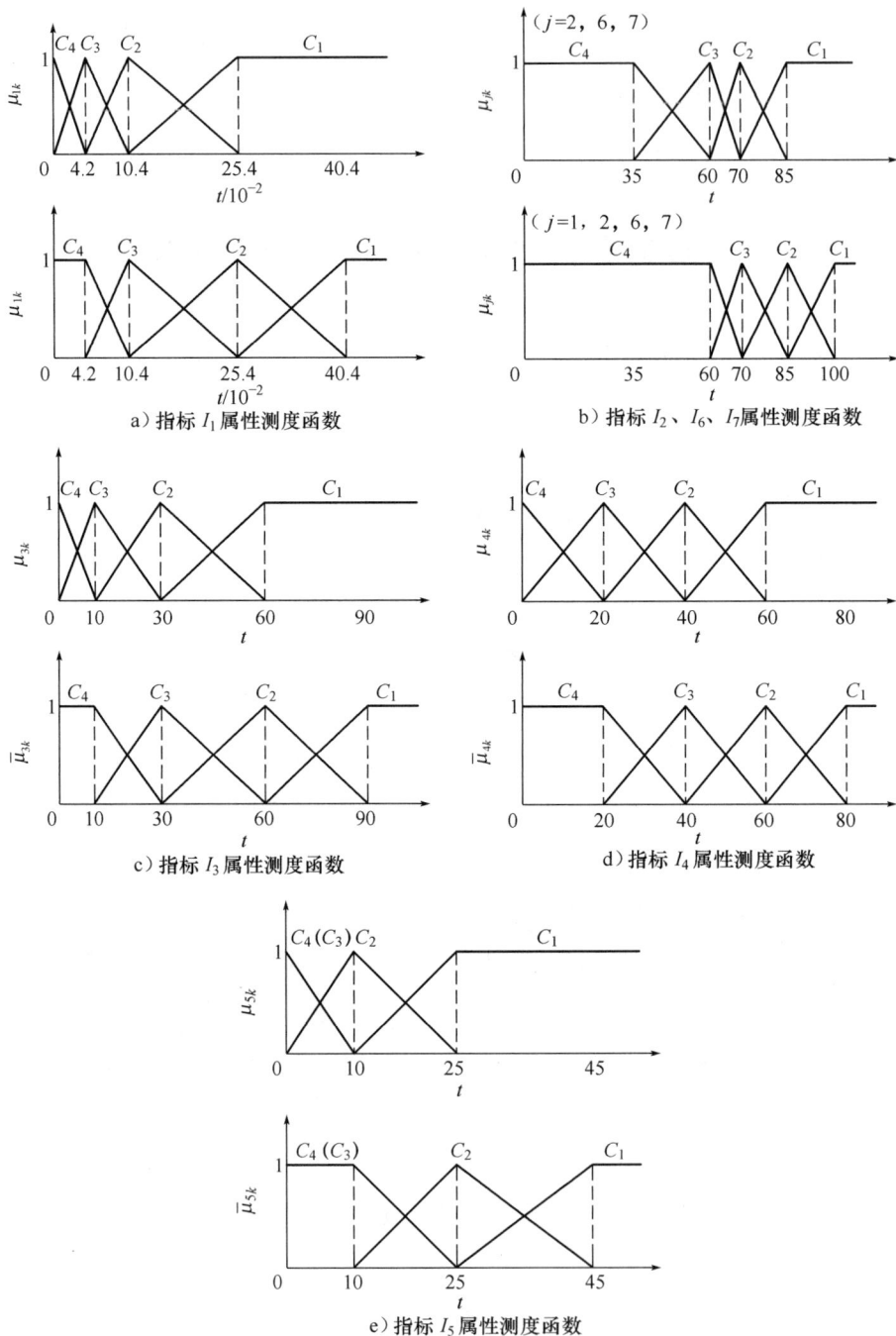

a) 指标 I_1 属性测度函数

b) 指标 I_2、I_6、I_7 属性测度函数

c) 指标 I_3 属性测度函数

d) 指标 I_4 属性测度函数

e) 指标 I_5 属性测度函数

图 6-4　突水风险评价指标属性测度函数(Ⅱ类)

6.3.2　隧道突水风险评价指标权重分析

风险评价时指标权数的大小反映了其对评价目标的重要程度,鉴于综合赋权法既可以考虑历史数据因素,又可以根据现场实际情况对评价指标进行动态调整的优势,本书采用频数统计法和层次分析法相结合的综合赋权法来确定,由客观权重和主观权重加权求和而得:

$$\begin{cases} \boldsymbol{\omega}_j = \boldsymbol{\omega}_{j1}\psi_1 + \boldsymbol{\omega}_{j2}\psi_2 \\ \psi_1 + \psi_2 = 1 \end{cases} \tag{6-1}$$

式中:$\boldsymbol{\omega}_{j1}$——采用频数统计法得到的客观权向量;

$\boldsymbol{\omega}_{j2}$——采用层次分析法得到的主观权向量;

ψ_1、ψ_2——分别为客观权重与主观权重的分配权值,由专家根据现场情况确定。

(1)客观权重

通过对国内逾百例岩溶突水工程实例资料的系统收集与整理分析,遴选出突水的典型影响因素作为评价指标,采用频数统计法分析各因素与突水概率和突水次数之间的表征关系,得出评价指标的客观权重依次为:地层岩性 $\omega_{11} = 0.155$;不良地质 $\omega_{21} = 0.349$;地下水位 $\omega_{31} = 0.173$;地形地貌 $\omega_{41} = 0.095$;岩层产状 $\omega_{51} = 0.039$。可溶岩与非可溶岩接触带 $\omega_{61} = 0.130$;层面与层间裂隙 $\omega_{71} = 0.058$。客观权向量可表示为:

$$\boldsymbol{\omega}_{j1} = \begin{bmatrix} 0.155, & 0.349, & 0.173, & 0.095, & 0.039, & 0.130, & 0.058 \end{bmatrix} \tag{6-2}$$

(2)主观权重

主观权重可通过层次分析法,利用 Saaty 建议的 1~9 标度方法构造判断矩阵,用根植法计算因素权向量。构造的评估模型判断矩阵见表6-5。

主观权重判断矩阵　　　　表6-5

指标	I_1	I_2	I_3	I_4	I_5	I_6	I_7	ω_{j2}
I_1	1	1/2	1	2	3	2	4	0.178
I_2	2	1	2	4	6	4	7	0.350
I_3	1	1/2	1	2	3	2	4	0.178
I_4	1/2	1/4	1/2	1	2	1	3	0.098
I_5	1/3	1/6	1/3	1/2	1	1/2	2	0.058
I_6	1/2	1/4	1/2	1	2	1	3	0.098
I_7	1/4	1/7	1/4	1/3	1/2	1/3	1	0.038

注:$\lambda_{\max} = 7.052$;$C_I = 0.009$;$C_I/R_I = 0.007 < 0.1$。符合一致性要求。

计算得到指标主观权重依次为:地层岩性 $\omega_{12} = 0.178$;不良地质 $\omega_{22} = 0.350$;地下水位 $\omega_{32} = 0.178$;地形地貌 $\omega_{42} = 0.098$;岩层产状 $\omega_{52} = 0.058$。可溶岩与非可溶岩接触带 $\omega_{62} = 0.098$;层面与层间裂隙 $\omega_{72} = 0.038$。主观权向量可表示为:

$$\boldsymbol{\omega}_{j2} = \begin{bmatrix} 0.178, & 0.350, & 0.178, & 0.098, & 0.058, & 0.098, & 0.038 \end{bmatrix} \tag{6-3}$$

6.4 典型案例分析与验证

6.4.1 湖北省三峡翻坝高速公路鸡公岭隧道突水风险评估

三峡大坝位于我国重庆市市区到湖北省宜昌市之间的长江干流上,是世界上规模最大的水电站,也是我国有史以来建设的最大型的工程项目。三峡工程蓄水后,库区航道条件极大改善,双线五级船闸成为客货船舶过坝的主要通道,但用时较长,平均为三个半小时。为保证巨大的客货流快速过坝,保障世界上最大的水利枢纽运行安全,国家决定兴建三峡翻坝高速公路。

三峡翻坝高速公路位于湖北较为典型的岩溶地区,高速公路沿线属长江流域地质灾害易发区、岩溶发育区,主要发育于中—上寒武统和震旦系灯影组碳酸盐岩地层分布区。线路通过的多条特长隧道面临较大的岩溶地质灾害,其中三条特长岩溶隧道(季家坡隧道、鸡公岭隧道和天鹅岭隧道)最为突出。

鸡公岭隧道是全线控制性工程之一,左线长约为4505m,右线长约为4540m,最大埋深约为338m,属特长深埋隧道。隧道穿越石龙洞组强岩溶含水层与覃家庙弱—中等岩溶水层,地下水丰富,岩溶十分发育,极易发生大型突水、突泥等地质灾害。

本小节采用属性识别理论、属性区间评估理论对鸡公岭隧道 ZK19 + 509 ~ ZK19 + 539 段突涌水危险性进行评价。图 6-5 为隧道地质剖面示意图,隧址区岩层产状为(130° ~ 150°)∠(10° ~ 16°),地表发育有涨水坪、南冲子湾等岩溶洼地。

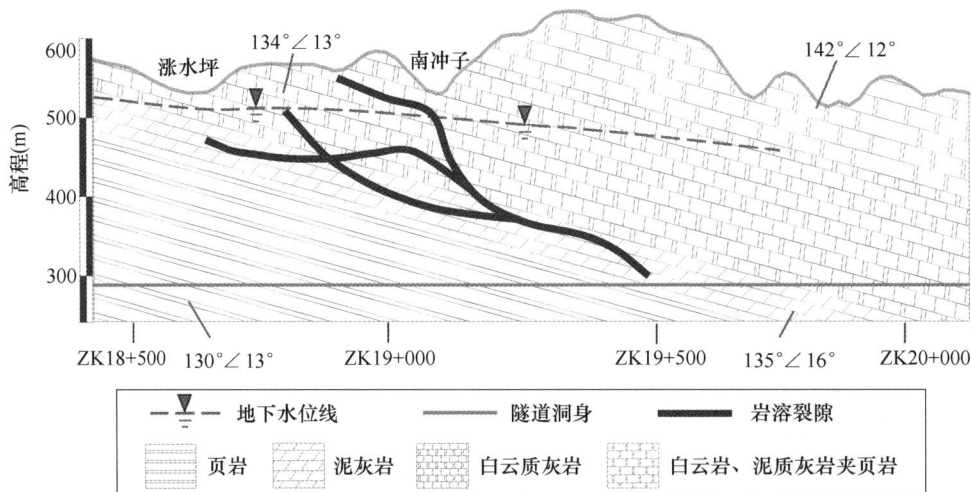

图 6-5 鸡公岭隧道地质剖面示意图

6.4.1.1 评价指标取值区间

(1)地形岩性

隧道揭露掌子面中下部为寒武系石牌组微风化泥质页岩夹薄层灰岩,属非可溶岩;页岩质地较软,强度较低,遇水软化;灰岩强度较高,质地坚硬。顶部为薄层状泥质灰岩夹钙质页岩,强度较高,属寒武系天河板组地层,属弱岩溶含水层。

根据地质剖面图可知,随着掌子面向大里程方向推进,天河板组地层所占面积逐渐增大,石牌组地层所占面积逐渐减小,岩层产状约为 $135°∠16°$,两侧页岩及白云质灰岩岩层产状分别为 $130°∠13°$、$134°∠13°$。设岩层倾角为 $13°$,则可知前方预测段弱可溶岩约占 67%,非可溶岩占 33%,计算得到 $t = \sum A_i B_j = 0.105 \times 0.67 = 0.070$。考虑前方岩层倾角变化,$t$ 取值区间为 $0.067 \sim 0.075$。

（2）不良地质

在掌子面 ZK19+509 处施作了激发极化（IP）超前探测,探测范围为 ZK19+509～ZK19+539,探测结果如图 6-6 所示。在 ZK19+513～ZK19+517 范围内的偏右上方位置存在低阻体（电阻率低于 $40\Omega \cdot m$）,推断该处为充水溶腔或裂隙（图 6-6 中①所示）;在 ZK19+521～ZK19+527 范围内电阻率较低（低于 $100\Omega \cdot m$,局部低于 $40\Omega \cdot m$）,推断该段围岩破碎,为夹泥富水带（图 6-6 中②所示）。根据激发极化探测结果,认为含水构造致灾性为中等偏强。

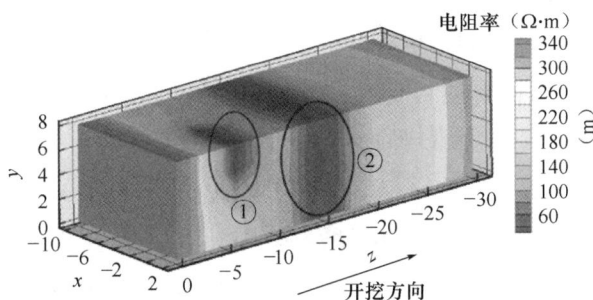

图 6-6　掌子面前方三维电阻率反演成像结果

图 6-5 中 ZK18+500～ZK19+500 段隧道顶部地形为大型负地形,发育有涨水坪、南冲子等岩溶洼地（发育于寒武系覃家庙组白云岩中）,且该段岩溶裂隙发育。掌子面揭露围岩层理清晰,层间结合差,岩溶较发育,掌子面右拱肩附近发育一溶隙,位于两条裂隙交汇处,宽为 $5\sim15cm$,沿溶隙溶蚀强烈,隙壁附有钙化。岩体内主要发育两组裂隙:一组裂隙间距为 $0.3\sim0.5m$,可见延伸长 $3\sim6m$,张开 $2\sim3mm$,充填方解石,隙面平直、光滑,结合差;另一组裂隙间距为 $0.2\sim0.3m$,可见延伸长 $2\sim5m$,微张,多无充填,隙面平直且光滑,结合差。两条裂隙间即为构造破碎带,从下至上破碎带由宽变窄（洞底附近宽约为 $1.2m$,洞顶附近有尖灭趋势）。结合隧址区水文地质条件、预测段内岩溶裂隙的发育程度及地形地貌特征、岩溶裂隙及构造破碎带的发育特征,评价指标 I_2 取值为 $80\sim85$。

（3）地下水位 I_3

ZK19+509～ZK19+539 段地下水位与隧道底板间的高程差约 $200m$。

（4）地形地貌 I_4

隧道顶部为岩溶洼地,发育于寒武系覃家庙组白云岩中,洼地大致呈圆形,底部充填碎石质粉质黏土。四周溶沟槽发育,雨季有水流汇集。综合考虑 ZK18+500～ZK19+500 段地形的影响,地表出露封闭负地形面积比取值 $37\%\sim42\%$。

（5）岩层产状 I_5

隧址区鸡公岭一带岩层倾角约为 $13°$,预测段内泥灰岩岩层产状为 $135°∠16°$,而两侧页岩及白云质灰岩岩层产状分别为 $130°∠13°$、$134°∠13°$,因此,属性评价时取值 $\varphi = 13°\sim16°$,

并按照表 6-3 中的修正方法进行修正。

（6）评价指标 I_6、I_7

该段正好处于弱可溶岩与非可溶岩接触带上，且附近岩溶裂隙发育，地下水相对较活跃，属性评价时，认为接触带弱有利于（偏中等有利于）岩溶发育，层面与层间裂隙中等有利于岩溶发育。

根据对工程地质条件的描述及各指标参数的取值，再分析后确定风险评价指标的取值区间 $[t_{jx},t_{jy}]$，见表 6-6。

评价指标取值区间 　　　　　　　　表 6-6

指　　标	I_1	I_2	I_3	I_4	$I_5(°)$	I_6	I_7
t_{jx}	0.067	80	>75	0.37	13	65	75
t_{jy}	0.075	85	>75	0.42	16	70	80

6.4.1.2 突水风险属性区间评估（Ⅰ类）

利用 6.3.1 构建的单指标属性测度函数（图 6-1），计算表 6-6 中 t_{jx}，t_{jy} 值对应的属性测度，计算结果以向量 $\boldsymbol{\mu}_{jxk}$、$\boldsymbol{\mu}_{jyk}$ 表示，结果如下：

$$\boldsymbol{U}_{jxk}=\begin{pmatrix}\boldsymbol{\mu}_{1xk}\\\boldsymbol{\mu}_{2xk}\\\vdots\\\boldsymbol{\mu}_{jxk}\\\vdots\\\boldsymbol{\mu}_{mxk}\end{pmatrix}=\begin{bmatrix}0.000 & 0.000 & 1.000 & 0.000\\0.167 & 0.833 & 0.000 & 0.000\\1.000 & 0.000 & 0.000 & 0.000\\0.000 & 0.350 & 0.650 & 0.000\\0.000 & 0.800 & 0.000 & 0.200\\0.000 & 0.000 & 1.000 & 0.000\\0.000 & 1.000 & 0.000 & 0.000\end{bmatrix} \tag{6-4}$$

$$\boldsymbol{U}_{jyk}=\begin{pmatrix}\boldsymbol{\mu}_{1yk}\\\boldsymbol{\mu}_{2yk}\\\vdots\\\boldsymbol{\mu}_{jyk}\\\vdots\\\boldsymbol{\mu}_{myk}\end{pmatrix}=\begin{bmatrix}0.000 & 0.032 & 0.968 & 0.000\\0.500 & 0.500 & 0.000 & 0.000\\1.000 & 0.000 & 0.000 & 0.000\\0.000 & 0.600 & 0.400 & 0.000\\0.000 & 1.000 & 0.000 & 0.000\\0.000 & 0.500 & 0.500 & 0.000\\0.167 & 0.833 & 0.000 & 0.000\end{bmatrix} \tag{6-5}$$

（1）定性分析

将 $\boldsymbol{\mu}_{jxk}$、$\boldsymbol{\mu}_{jyk}$ 计算结果和评价指标的权重代入式（4-4），隧道突水风险评价指标的客观权重 ψ_1 与主观权重 ψ_2 的权值均取 0.5。根据式（4-6）可计算得到综合属性测度向量：

$$\boldsymbol{\mu}_k=[0.297,0.398,0.300,0.005] \tag{6-6}$$

按照置信度准则式（2-12）~式（2-13）进行识别分析，计算时取 $\lambda=0.65$，可知 $k_0=2$，即该段突涌水危险性等级为 C_2 级，具有中等危险性，计算结果与传统属性数学模型的结果一致。

（2）概率计算

根据 4.1.3 节所述方法，对 $\boldsymbol{\mu}_{jxk}$ 和 $\boldsymbol{\mu}_{jyk}$ 进行按序排列组合，构建 $m \times K$ 阶矩阵 $\boldsymbol{U}_{jk}$，可以得到 $2^7 = 128$ 个矩阵 $\boldsymbol{U}_{jk}$。对于每一个矩阵 $\boldsymbol{U}_{jk}$，分别计算其综合属性测度，然后运用属性识别准则进行风险等级评判，计算结果见表 6-7。

所构建的 128 个矩阵 $\boldsymbol{U}_{jk}$ 的综合属性测度 　　　　表 6-7

矩阵序号	μ_1	μ_2	μ_3	μ_4	k_0 取 值
1	0.234	0.413	0.344	0.010	2
2	0.242	0.405	0.344	0.010	2
3	0.234	0.470	0.287	0.010	2
4	0.242	0.462	0.287	0.010	2
5	0.234	0.423	0.344	0.000	2
6	0.242	0.414	0.344	0.000	2
7	0.234	0.480	0.287	0.000	2
8	0.242	0.471	0.287	0.000	2
9	0.234	0.437	0.320	0.010	2
10	0.242	0.429	0.320	0.010	2
11	0.234	0.494	0.263	0.010	2
12	0.242	0.486	0.263	0.010	2
13	0.234	0.447	0.320	0.000	2
14	0.242	0.439	0.320	0.000	2
15	0.234	0.504	0.263	0.000	2
16	0.242	0.496	0.263	0.000	2
17	0.234	0.413	0.344	0.010	2
18	0.242	0.405	0.344	0.010	2
19	0.234	0.470	0.287	0.010	2
20	0.242	0.462	0.287	0.010	2
21	0.234	0.423	0.344	0.000	2
22	0.242	0.414	0.344	0.000	2
23	0.234	0.480	0.287	0.000	2
24	0.242	0.471	0.287	0.000	2
25	0.234	0.437	0.320	0.010	2
26	0.242	0.429	0.320	0.010	2
27	0.234	0.494	0.263	0.010	2
28	0.242	0.486	0.263	0.010	2
29	0.234	0.447	0.320	0.000	2
30	0.242	0.439	0.320	0.000	2
31	0.234	0.504	0.263	0.000	2

矩阵序号	μ_1	μ_2	μ_3	μ_4	k_0 取值
32	0.242	0.496	0.263	0.000	2
33	0.350	0.296	0.344	0.010	1/2
34	0.358	0.288	0.344	0.010	1/2
35	0.350	0.353	0.287	0.010	1/2
36	0.358	0.345	0.287	0.010	1/2
37	0.350	0.306	0.344	0.000	1/2
38	0.358	0.298	0.344	0.000	1/2
39	0.350	0.363	0.287	0.000	1/2
40	0.358	0.355	0.287	0.000	1/2
41	0.350	0.320	0.320	0.010	1/2
42	0.358	0.312	0.320	0.010	1/2
43	0.350	0.377	0.263	0.010	1/2
44	0.358	0.369	0.263	0.010	1/2
45	0.350	0.330	0.320	0.000	1/2
46	0.358	0.322	0.320	0.000	1/2
47	0.350	0.387	0.263	0.000	1/2
48	0.358	0.379	0.263	0.000	1/2
49	0.350	0.296	0.344	0.010	1/2
50	0.358	0.288	0.344	0.010	1/2
51	0.350	0.353	0.287	0.010	1/2
52	0.358	0.345	0.287	0.010	1/2
53	0.350	0.306	0.344	0.000	1/2
54	0.358	0.298	0.344	0.000	1/2
55	0.350	0.363	0.287	0.000	1/2
56	0.358	0.355	0.287	0.000	1/2
57	0.350	0.320	0.320	0.010	1/2
58	0.358	0.312	0.320	0.010	1/2
59	0.350	0.377	0.263	0.010	1/2
60	0.358	0.369	0.263	0.010	1/2
61	0.350	0.330	0.320	0.000	1/2
62	0.358	0.322	0.320	0.000	1/2
63	0.350	0.387	0.263	0.000	1/2
64	0.358	0.379	0.263	0.000	1/2
65	0.234	0.418	0.339	0.010	2
66	0.242	0.410	0.339	0.010	2

矩 阵 序 号	μ_1	μ_2	μ_3	μ_4	k_0 取 值
67	0.234	0.475	0.282	0.010	2
68	0.242	0.467	0.282	0.010	2
69	0.234	0.428	0.339	0.000	2
70	0.242	0.420	0.339	0.000	2
71	0.234	0.485	0.282	0.000	2
72	0.242	0.477	0.282	0.000	2
73	0.234	0.442	0.314	0.010	2
74	0.242	0.434	0.314	0.010	2
75	0.234	0.499	0.257	0.010	2
76	0.242	0.491	0.257	0.010	2
77	0.234	0.452	0.314	0.000	2
78	0.242	0.444	0.314	0.000	2
79	0.234	0.509	0.257	0.000	2
80	0.242	0.501	0.257	0.000	2
81	0.234	0.418	0.339	0.010	2
82	0.242	0.410	0.339	0.010	2
83	0.234	0.475	0.282	0.010	2
84	0.242	0.467	0.282	0.010	2
85	0.234	0.428	0.339	0.000	2
86	0.242	0.420	0.339	0.000	2
87	0.234	0.485	0.282	0.000	2
88	0.242	0.477	0.282	0.000	2
89	0.234	0.442	0.314	0.010	2
90	0.242	0.434	0.314	0.010	2
91	0.234	0.499	0.257	0.010	2
92	0.242	0.491	0.257	0.010	2
93	0.234	0.452	0.314	0.000	2
94	0.242	0.444	0.314	0.000	2
95	0.234	0.509	0.257	0.000	2
96	0.242	0.501	0.257	0.000	2
97	0.350	0.301	0.339	0.010	1/2
98	0.358	0.293	0.339	0.010	1/2
99	0.350	0.358	0.282	0.010	1/2
100	0.358	0.350	0.282	0.010	1/2
101	0.350	0.311	0.339	0.000	1/2

续上表

矩阵序号	μ_1	μ_2	μ_3	μ_4	k_0 取值
102	0.358	0.303	0.339	0.000	1/2
103	0.350	0.368	0.282	0.000	1/2
104	0.358	0.360	0.282	0.000	1/2
105	0.350	0.326	0.314	0.010	1/2
106	0.358	0.318	0.314	0.010	1/2
107	0.350	0.383	0.257	0.010	1/2
108	0.358	0.375	0.257	0.010	1/2
109	0.350	0.336	0.314	0.000	1/2
110	0.358	0.328	0.314	0.000	1/2
111	0.350	0.393	0.257	0.000	1/2
112	0.358	0.385	0.257	0.000	1/2
113	0.350	0.301	0.339	0.010	1/2
114	0.358	0.293	0.339	0.010	1/2
115	0.350	0.358	0.282	0.010	1/2
116	0.358	0.350	0.282	0.010	1/2
117	0.350	0.311	0.339	0.000	1/2
118	0.358	0.303	0.339	0.000	1/2
119	0.350	0.368	0.282	0.000	1/2
120	0.358	0.360	0.282	0.000	1/2
121	0.350	0.326	0.314	0.010	1/2
122	0.358	0.318	0.314	0.010	1/2
123	0.350	0.383	0.257	0.010	1/2
124	0.358	0.375	0.257	0.010	1/2
125	0.350	0.336	0.314	0.000	1/2
126	0.358	0.328	0.314	0.000	1/2
127	0.350	0.393	0.257	0.000	1/2
128	0.358	0.385	0.257	0.000	1/2

表 6-7 所示的 128 种组合中,有 64 种组合 $k_0 = 2$,对应风险为 C_2 级;有 64 种组合出现了分类不清的情况:综合属性测度 $\mu_1 = 0.350$ 和 $\mu_1 = 0.358$ 的情况各有 32 种组合,难以确定 k_0 的取值。因此,可以认为该段发生 C_2 级突水的可能性为 50%,另有 50% 的可能性发生 $C_1 \sim C_2$ 级突水。

若将此处指标 I_7 的取值区间改为 $[75,85]$,计算结果则为 128 种组合中,有 64 种组合 $k_0 = 2$,32 种组合 $k_0 = 1$ 及 32 种组合出现分类不清的情况;若将实例中指标 I_2 的取值区间改为 $[80,90]$,则 128 种组合中,有 64 种组合 $k_0 = 1$ 及 64 种组合 $k_0 = 2$。这也验证了 4.3 节中所述的指标取值区间 $[t_{jx},t_{jy}]$ 灰度属性区间评估结果产生影响。所以,风险评估时,要根据地质条件及已有物探、钻探等勘察资料进行合理取值。

6.4.1.3　突水风险属性区间评估（Ⅱ类）

利用 6.3.1 节构建的第二类属性区间评估模型的单指标属性测度函数（图 6-2），计算表 6-6 中 t_{jx}，t_{jy} 值对应的单指标属性测度，以向量 $\underline{\boldsymbol{\mu}}_{jxk}$ $\overline{\boldsymbol{\mu}}_{jxk}$ $\underline{\boldsymbol{\mu}}_{jyk}$ $\overline{\boldsymbol{\mu}}_{jyk}$ 表示，计算结果如下：

$$\overline{U}_{jxk}=\begin{pmatrix}\underline{\boldsymbol{\mu}}_{1xk}\\\underline{\boldsymbol{\mu}}_{2xk}\\\vdots\\\underline{\boldsymbol{\mu}}_{jxk}\\\vdots\\\underline{\boldsymbol{\mu}}_{mxk}\end{pmatrix}=\begin{bmatrix}0.000&0.403&0.597&0.000\\0.667&0.333&0.000&0.000\\1.000&0.000&0.000&0.000\\0.000&0.850&0.150&0.000\\0.200&0.800&0.000&0.000\\0.000&0.500&0.500&0.000\\0.333&0.667&0.000&0.000\end{bmatrix} \tag{6-7}$$

$$\overline{U}_{jxk}=\begin{pmatrix}\overline{\boldsymbol{\mu}}_{1xk}\\\overline{\boldsymbol{\mu}}_{2xk}\\\vdots\\\overline{\boldsymbol{\mu}}_{jxk}\\\vdots\\\overline{\boldsymbol{\mu}}_{mxk}\end{pmatrix}=\begin{bmatrix}0.000&0.000&0.403&0.597\\0.000&0.677&0.333&0.000\\0.677&0.333&0.000&0.000\\0.000&0.000&0.850&0.150\\0.000&0.200&0.800&0.000\\0.000&0.000&0.500&0.500\\0.000&0.333&0.667&0.000\end{bmatrix} \tag{6-8}$$

$$\underline{U}_{jyk}=\begin{pmatrix}\underline{\boldsymbol{\mu}}_{1yk}\\\underline{\boldsymbol{\mu}}_{2yk}\\\vdots\\\underline{\boldsymbol{\mu}}_{jyk}\\\vdots\\\underline{\boldsymbol{\mu}}_{myk}\end{pmatrix}=\begin{bmatrix}0.000&0.532&0.468&0.000\\1.000&0.000&0.000&0.000\\1.000&0.000&0.000&0.000\\0.100&0.900&0.000&0.000\\0.400&0.600&0.000&0.000\\0.000&1.000&0.000&0.000\\0.667&0.333&0.000&0.000\end{bmatrix} \tag{6-9}$$

$$\overline{U}_{jyk}=\begin{pmatrix}\overline{\boldsymbol{\mu}}_{1yk}\\\overline{\boldsymbol{\mu}}_{2yk}\\\vdots\\\overline{\boldsymbol{\mu}}_{jyk}\\\vdots\\\overline{\boldsymbol{\mu}}_{myk}\end{pmatrix}=\begin{bmatrix}0.000&0.000&0.532&0.468\\0.000&1.000&0.000&0.000\\0.833&0.167&0.000&0.000\\0.000&0.100&0.900&0.000\\0.000&0.400&0.600&0.000\\0.000&0.000&1.000&0.000\\0.000&0.667&0.333&0.000\end{bmatrix} \tag{6-10}$$

（1）定性分析

将 $\underline{\boldsymbol{\mu}}_{jxk}$、$\overline{\boldsymbol{\mu}}_{jxk}$、$\underline{\boldsymbol{\mu}}_{jyk}$、$\overline{\boldsymbol{\mu}}_{jyk}$ 计算结果和评价指标的权重代入式（4-18），隧道突水风险评价指标的客观权重 ψ_1 与主观权重 ψ_2 的权值均取 0.5。根据式（4-20）可计算得到综合属性测度向量为：

$$\boldsymbol{\mu}_k = [0.321, \quad 0.372, \quad 0.245, 0.062] \tag{6-11}$$

按照置信度准则式（2-12）~式（2-13）进行识别分析，计算时取 $\lambda = 0.65$，可知 $k_0 = 2$，即该段突水危险性等级为 C_2 级，具有中等危险性，计算结果与传统属性数学模型和第一类属性区间评估模型的结果一致。

（2）概率计算

根据 4.2.3 节所述方法，首先依据式（4-23）分别对 $\underline{\boldsymbol{\mu}}_{jxk}$、$\overline{\boldsymbol{\mu}}_{jxk}$ 和 $\underline{\boldsymbol{\mu}}_{jyk}$、$\overline{\boldsymbol{\mu}}_{jyk}$ 进行均质化计算，得到两个单指标属性测度矩阵。

$$\boldsymbol{U}_{jxk} = \begin{pmatrix} \boldsymbol{\mu}_{1xk} \\ \boldsymbol{\mu}_{2xk} \\ \vdots \\ \boldsymbol{\mu}_{jxk} \\ \vdots \\ \boldsymbol{\mu}_{mxk} \end{pmatrix} = \begin{bmatrix} 0.000 & 0.2015 & 0.500 & 0.2985 \\ 0.3335 & 0.5000 & 0.1665 & 0.000 \\ 0.8335 & 0.1665 & 0.000 & 0.000 \\ 0.000 & 0.425 & 0.500 & 0.075 \\ 0.100 & 0.500 & 0.400 & 0.000 \\ 0.000 & 0.250 & 0.500 & 0.250 \\ 0.1665 & 0.500 & 0.3335 & 0.000 \end{bmatrix} \tag{6-12}$$

$$\boldsymbol{U}_{jyk} = \begin{pmatrix} \boldsymbol{\mu}_{1yk} \\ \boldsymbol{\mu}_{2yk} \\ \vdots \\ \boldsymbol{\mu}_{jyk} \\ \vdots \\ \boldsymbol{\mu}_{myk} \end{pmatrix} = \begin{bmatrix} 0.000 & 0.266 & 0.500 & 0.234 \\ 0.500 & 0.500 & 0.000 & 0.000 \\ 0.9165 & 0.0835 & 0.000 & 0.000 \\ 0.050 & 0.500 & 0.450 & 0.000 \\ 0.200 & 0.500 & 0.300 & 0.000 \\ 0.000 & 0.500 & 0.500 & 0.000 \\ 0.3335 & 0.500 & 0.1665 & 0.000 \end{bmatrix} \tag{6-13}$$

然后，对 $\boldsymbol{\mu}_{jxk}$ 和 $\boldsymbol{\mu}_{jyk}$ 进行按序排列组合，构建 $m \times K$ 阶矩阵 $\boldsymbol{U}_{jk}$，可以得到 $2^7 = 128$ 个矩阵 $\boldsymbol{U}_{jk}$。对于每一个矩阵 $\boldsymbol{U}_{jk}$，分别计算其综合属性测度，然后运用属性识别准则进行风险等级评判，计算结果见表 6-8。

表 6-8 所示的 128 种组合中，有 84 种组合 $k_0 = 2$，对应风险为 C_2 级；有 20 种组合 $k_0 = 1$，对应风险为 C_1 级；有 24 种组合出现了分类不清的情况，综合属性测度 $\mu_1 = 0.345 \sim 0.355$，难以准确对其进行归类。因此，可以认为该段发生 C_1 级突水的概率为 15.625%，发生 C_2 级突水的概率为 62.625%，另有 18.75% 的可能性发生 $C_1 \sim C_2$ 级突水。

所构建的 128 个矩阵 U_{jk} 的综合属性测度 表6-8

矩 阵 序 号	μ_1	μ_2	μ_3	μ_4	k_0 取 值
1	0.276	0.356	0.283	0.086	2
2	0.284	0.356	0.275	0.086	2
3	0.276	0.385	0.283	0.057	2
4	0.284	0.385	0.275	0.057	2
5	0.281	0.356	0.278	0.086	2
6	0.289	0.356	0.270	0.086	2
7	0.281	0.385	0.278	0.057	2
8	0.289	0.385	0.270	0.057	2
9	0.281	0.363	0.278	0.078	2
10	0.289	0.363	0.270	0.078	2
11	0.281	0.392	0.278	0.050	2
12	0.289	0.392	0.270	0.050	2
13	0.286	0.363	0.273	0.078	2
14	0.294	0.363	0.265	0.078	2
15	0.286	0.392	0.273	0.050	2
16	0.294	0.392	0.265	0.050	2
17	0.291	0.342	0.283	0.086	2
18	0.299	0.342	0.275	0.086	2
19	0.291	0.370	0.283	0.057	2
20	0.299	0.370	0.275	0.057	2
21	0.296	0.342	0.278	0.086	2
22	0.304	0.342	0.270	0.086	2
23	0.296	0.370	0.278	0.057	2
24	0.304	0.342	0.270	0.086	2
25	0.296	0.349	0.278	0.078	2
26	0.304	0.349	0.270	0.078	2
27	0.296	0.377	0.278	0.050	2
28	0.304	0.349	0.270	0.078	2
29	0.301	0.349	0.273	0.078	2
30	0.309	0.349	0.265	0.078	2
31	0.301	0.377	0.273	0.050	2
32	0.309	0.377	0.265	0.050	2
33	0.335	0.356	0.225	0.086	2
34	0.343	0.356	0.217	0.086	2
35	0.335	0.385	0.225	0.057	2

续上表

矩阵序号	μ_1	μ_2	μ_3	μ_4	k_0 取值
36	0.343	0.385	0.217	0.057	2
37	0.339	0.356	0.220	0.086	2
38	0.347	0.356	0.212	0.086	1/2
39	0.339	0.385	0.220	0.057	2
40	0.347	0.385	0.212	0.057	1/2
41	0.339	0.363	0.220	0.078	2
42	0.347	0.363	0.212	0.078	1/2
43	0.339	0.392	0.220	0.050	2
44	0.347	0.392	0.212	0.050	1/2
45	0.344	0.363	0.215	0.078	2
46	0.352	0.363	0.207	0.078	1/2
47	0.344	0.392	0.215	0.050	2
48	0.352	0.392	0.207	0.050	1/2
49	0.349	0.342	0.225	0.086	1/2
50	0.357	0.342	0.217	0.086	1
51	0.349	0.370	0.225	0.057	1/2
52	0.357	0.370	0.217	0.057	1
53	0.354	0.342	0.220	0.086	1/2
54	0.362	0.342	0.212	0.086	1
55	0.354	0.370	0.220	0.057	1/2
56	0.362	0.370	0.212	0.057	1
57	0.354	0.349	0.220	0.078	1/2
58	0.362	0.349	0.212	0.078	1
59	0.354	0.377	0.220	0.050	1/2
60	0.362	0.377	0.212	0.050	1
61	0.359	0.349	0.215	0.078	1
62	0.367	0.349	0.207	0.078	1
63	0.359	0.377	0.215	0.050	1
64	0.367	0.377	0.207	0.050	1
65	0.276	0.367	0.283	0.075	2
66	0.284	0.367	0.275	0.075	2
67	0.276	0.396	0.283	0.046	2
68	0.284	0.396	0.275	0.046	2
69	0.281	0.367	0.278	0.075	2
70	0.289	0.367	0.270	0.075	2

续上表

矩阵序号	μ_1	μ_2	μ_3	μ_4	k_0 取 值
71	0.281	0.396	0.278	0.046	2
72	0.289	0.396	0.270	0.046	2
73	0.281	0.374	0.278	0.068	2
74	0.289	0.374	0.270	0.068	2
75	0.281	0.403	0.278	0.039	2
76	0.289	0.403	0.270	0.039	2
77	0.286	0.374	0.273	0.068	2
78	0.294	0.374	0.265	0.068	2
79	0.286	0.403	0.273	0.039	2
80	0.294	0.403	0.265	0.039	2
81	0.291	0.352	0.283	0.075	2
82	0.299	0.352	0.275	0.075	2
83	0.291	0.381	0.283	0.046	2
84	0.299	0.381	0.275	0.046	2
85	0.296	0.352	0.278	0.075	2
86	0.304	0.352	0.270	0.075	2
87	0.296	0.381	0.278	0.046	2
88	0.304	0.352	0.270	0.075	2
89	0.296	0.360	0.278	0.068	2
90	0.304	0.360	0.270	0.068	2
91	0.296	0.388	0.278	0.039	2
92	0.304	0.360	0.270	0.068	2
93	0.301	0.360	0.273	0.068	2
94	0.309	0.360	0.265	0.068	2
95	0.301	0.388	0.273	0.039	2
96	0.309	0.388	0.265	0.039	2
97	0.335	0.367	0.225	0.075	2
98	0.343	0.367	0.217	0.075	2
99	0.335	0.396	0.225	0.046	2
100	0.343	0.396	0.217	0.046	2
101	0.339	0.367	0.220	0.075	2
102	0.347	0.367	0.212	0.075	1/2
103	0.339	0.396	0.220	0.046	2
104	0.347	0.396	0.212	0.046	1/2
105	0.339	0.374	0.220	0.068	2

续上表

矩阵序号	μ_1	μ_2	μ_3	μ_4	k_0 取值
106	0.347	0.374	0.212	0.068	1/2
107	0.339	0.403	0.220	0.039	2
108	0.347	0.403	0.212	0.039	1/2
109	0.344	0.374	0.215	0.068	2
110	0.352	0.374	0.207	0.068	1/2
111	0.344	0.403	0.215	0.039	2
112	0.352	0.403	0.207	0.039	1/2
113	0.349	0.352	0.225	0.075	1/2
114	0.357	0.352	0.217	0.075	1
115	0.349	0.381	0.225	0.046	1/2
116	0.357	0.381	0.217	0.046	1
117	0.354	0.352	0.220	0.075	1/2
118	0.362	0.352	0.212	0.075	1
119	0.354	0.381	0.220	0.046	1/2
120	0.362	0.381	0.212	0.046	1
121	0.354	0.360	0.220	0.068	1/2
122	0.362	0.360	0.212	0.068	1
123	0.354	0.388	0.220	0.039	1/2
124	0.362	0.388	0.212	0.039	1
125	0.359	0.360	0.215	0.068	1
126	0.367	0.360	0.207	0.068	1
127	0.359	0.388	0.215	0.039	1
128	0.367	0.388	0.207	0.039	1

（3）上下限对比分析

根据 4.2.3.3 节所述方法，对 $\underline{\boldsymbol{\mu}}_{jxk}$、$\overline{\boldsymbol{\mu}}_{jxk}$ 或对 $\underline{\boldsymbol{\mu}}_{jyk}$、$\overline{\boldsymbol{\mu}}_{jyk}$ 分别进行按序排列组合，判定评价对象的风险等级。这样，$\underline{\boldsymbol{\mu}}_{jxk}$、$\overline{\boldsymbol{\mu}}_{jxk}$ 按序排列组合可得到 $2^7 = 128$ 个矩阵 U_{jk}，$\underline{\boldsymbol{\mu}}_{jyk}$、$\overline{\boldsymbol{\mu}}_{jyk}$ 按序排列组合可得到 $2^7 = 128$ 个矩阵 U_{jk}。分别计算其综合属性测度、进行属性识别分析，计算结果表明：

① $\underline{\boldsymbol{\mu}}_{jxk}$、$\overline{\boldsymbol{\mu}}_{jxk}$ 按序排列组合中，有 64 种组合 $k_0 = 2$，对应风险为 C_2 级；有 56 种组合 $k_0 = 1$，对应风险为 C_1 级；有 8 种组合出现了分类模糊的情况：综合属性测度 $\mu_1 = 0.3507$ 这类在分级界限上的情况共有 8 种，难以准确对其进行归类。故可认为该隧道段有 50% 的可能性发生 C_2 级突水，发生 C_1 级突水的可能性有 43.75%，另有 6.25% 的可能性发生 $C_1 \sim C_2$ 级突水。

② $\underline{\boldsymbol{\mu}}_{jyk}$、$\overline{\boldsymbol{\mu}}_{jyk}$ 按序排列组合中，有 64 种组合 $k_0 = 2$，对应风险为 C_2 级；另有 64 种组合 $k_0 = 1$，对应风险为 C_1 级。因此，可认为发生 C_1 级突水的概率为 50%，发生 C_2 级突水的概率为 50%。

图6-7为利用不同属性识别分析方法时,评价结果的统计分析图。运用属性区间评价理论评价的结果认为该处发生突水灾害有50%的概率为C_2级,另有50%的概率为C_1级,现场开挖情况定为中等危险性。与之相比,方法二结果更为合理,而方法三所得到的结果中有50%的概率为C_1级风险,由此可判断方法三偏保守。

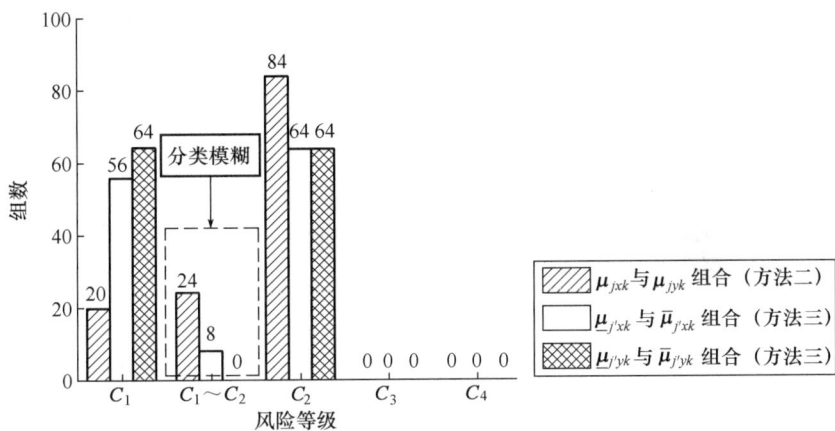

图6-7 风险评价结果统计分析图

6.4.1.4 现场开挖结果对比验证

隧道施工至 ZK19+507 时,掌子面出现明显渗水;施工至 ZK19+509 时,掌子面顶部(距拱顶约1m处)施作超前探孔时,钻孔出现股状涌水,突水射距约3m,超前探孔周边炮孔有地下水涌出,水呈黄色,且携带有泥沙物质,具有一定压力,总涌水量约200m³/h,施工单位立即进行排水。隧道开挖结果如图6-8所示。

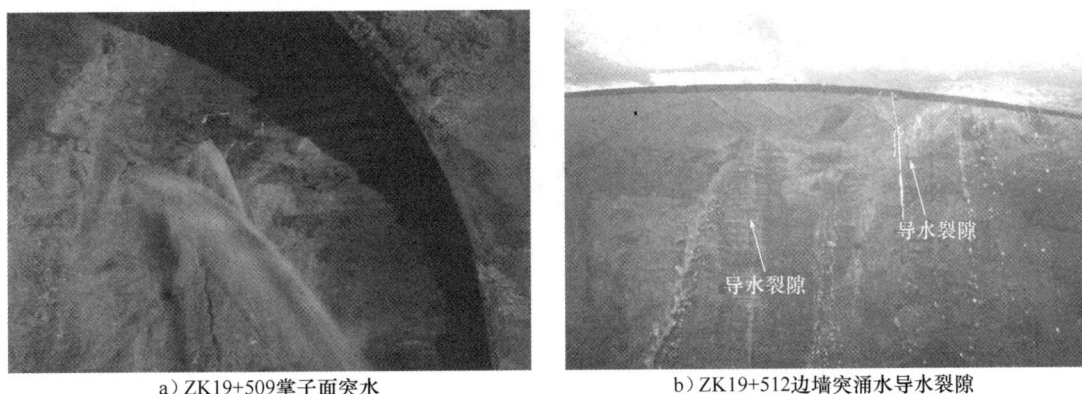

a) ZK19+509掌子面突水　　　b) ZK19+512边墙突涌水导水裂隙

图6-8 开挖验证结果

属性评价结果与现场开挖情况吻合较好,因而验证了应用属性数学理论评价岩溶隧道突涌水危险性的合理性及可行性。

6.4.2 湖北省宜昌—巴东高速公路峡口隧道突水风险评估

峡口隧道为宜巴高速公路穿越一近 SN 走向山岭而建设,隧道进口位于兴山县峡口镇之高岚河北西岸,出口位于峡口镇泗湘溪河李家沟境内。隧道采用分幅式,左右幅总长分别 6456m、6487m,隧道最大埋深约 1500m,属深埋特长隧道。

隧道左线设置斜井一座,斜井倾角为 24.5°,总长 780.95m。平面投影总长 715m,起讫桩号 XJK0 +000 ~ XJK0 +715。斜井底部位于左线隧道 ZK108 +459 右侧 97.77m(洞室中心距离),出口位于左线隧道 ZK109 +187 右侧 181.65 m(洞室中心距离)。图 6-9 为峡口隧道右线工程地质剖面图。图 6-8 为斜井与峡口隧道的平面示意图,其中编号①、②、③、④、⑤的隧道里程桩号依次为 ZK108 +450、YK108 +475、ZK108 +550、XJK0 +101、XJK0 +715。本书应用提出的属性区间评价理论与方法对斜井 XJK0 +110 ~ XJK0 +060 段突水风险进行评价。

6.4.2.1 评价指标取值区间

(1)地层岩性

隧道区山体由寒武系-三叠系碳酸盐岩夹碎屑岩地层构成,以坚硬碳酸盐岩砂岩为主、夹半坚硬泥页岩。其中碳酸盐岩属可溶岩,岩溶主要发育于左线 ZK106 +400 ~ ZK108 +900、右线 YK106 +400 ~ YK108 +850 段二叠系灰岩、燧石结核灰岩、三叠系大冶组、嘉陵江组分布区,地表岩溶洼地、漏斗及落水洞等岩溶形态组合发育,岩溶水文地质条件较复杂。根据隧道的工程地质条件(图 6-9)及其与斜井的空间位置关系(图 6-10)可知,峡口右线 YK108 + 585 ~ YK108 +535(斜井 XJK0 +110 ~ XJK0 +060 段)地层岩性主要为三叠系大冶组中厚层灰岩,夹泥质条带灰岩,属于中等可溶岩。

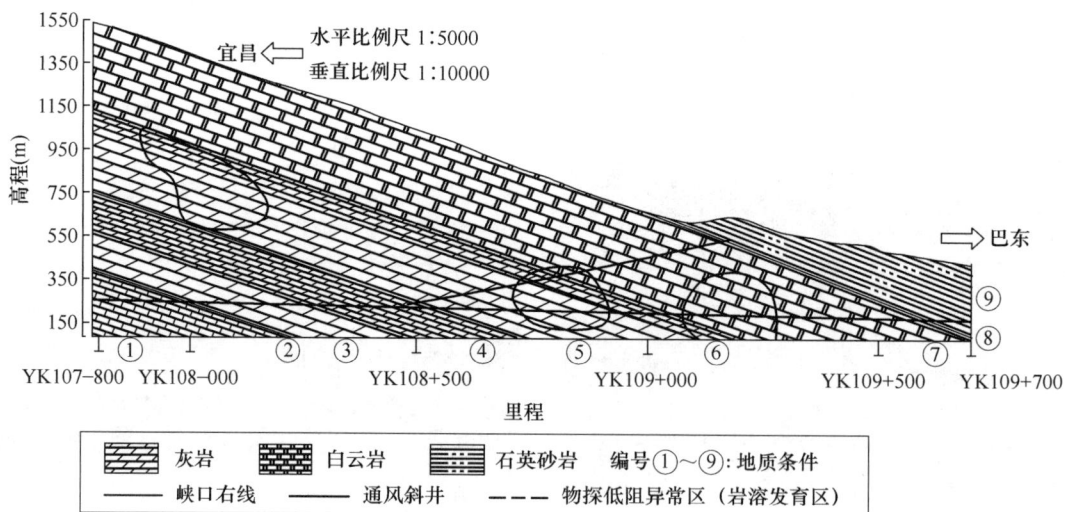

图 6-9 峡口隧道工程地质剖面图

①二叠系栖霞组(P_1q)含碳质沥青质灰岩、燧石灰岩夹碳质页岩;②二叠系茅口组(P_1m)底部硅锰质页岩、炭质页岩;③二叠系茅口组(P_1m)微风化灰色块状灰岩及燧石条带灰岩;④三叠系大冶组下段(T_1d^1)微风化薄层灰岩偶夹页岩;⑤三叠系大冶组中段(T_1d^2)微风化中厚层灰岩、薄-中厚层灰岩;⑥三叠系大冶组上段(T_1d^3)微风化薄层状泥质条带灰岩;⑦三叠系嘉陵江组($T_{1-2}j$)板状白云岩、白云质溶崩角砾岩、灰色块状灰岩、中厚层状泥质条带灰岩;⑧三叠系巴东组下段(T_2b^1)页岩夹细砂岩、紫红色粉砂岩夹页岩;⑨三叠系沙溪庙组(T_3s)薄层状粉砂岩、黏土岩夹炭质页岩和煤层

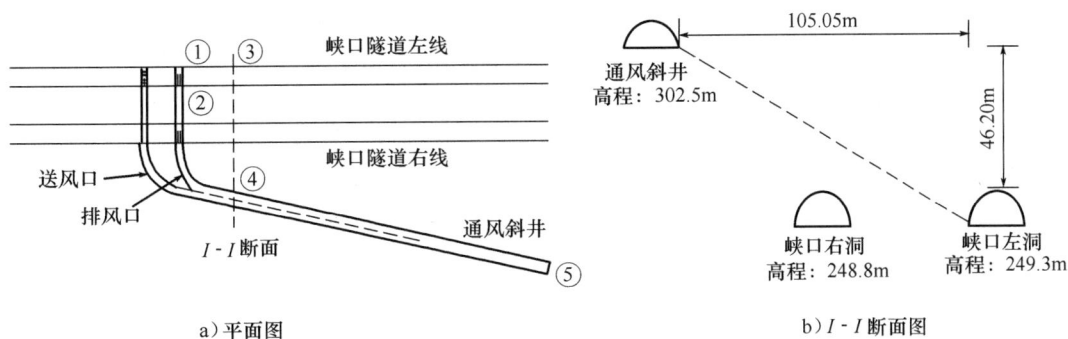

图 6-10　通风斜井与峡口隧道的空间位置关系示意图

（2）不良地质

隧道施工过程中,施工单位采取了超前钻探和综合预报方法对前方地质情况进行了探测,探测成果表明:

①XJK0 + 101 ~ XJK0 + 061 段地层含水率较高、岩溶裂隙发育,且存在含水岩溶管道;

②依据物探成果推测掌子面左前方 XJK0 + 093 ~ XJK0 + 071 段为溶洞主体,主要充填物为泥沙,同时赋存自由水;

③掌子面右前方 XJK0 + 094 ~ XJK0 + 080 以及 XJK0 + 072 ~ XJK0 + 069 段推断为导水裂隙或含水溶腔,存在较高的突水涌泥风险。

此外,掌子面后方 XJK0 + 097.5 ~ XJK0 + 100,左边墙向里 0 ~ 3 m 处,推断为含水构造;在掌子面后方 XJK0 + 102 ~ XJK0 + 104,左边墙向里 5 ~ 8 m 处,推断为导水裂隙。

（3）地下水位

斜井所处区域地貌单元属构造剥蚀层状低中山峰丛地貌,进口及右侧为正在建设的平峡公路及香溪河,三峡库区蓄水至 165 ~ 175m,导致坡脚长期浸泡在水中。沿线地下水可划分为第四系孔隙水、基岩裂隙水、碳酸盐岩岩溶水三大类。其中,碳酸盐岩岩溶水主要赋存于震旦系、寒武系、奥陶系、三叠系的碳酸盐岩岩溶管道中,水量受岩溶发育程度、补给条件控制,对隧道影响较大。

（4）地形地貌

隧道所处区域地貌单元属构造剥蚀层状单斜低中山地貌,地形起伏大。沟谷多呈 V 形峡谷,悬崖峭壁遍布,山坡陡峻,坡度在 30° ~ 80°,由于沿线地形坡度较陡,降水顺地表快速汇入主河道,地表汇水能力较弱。根据对地形地貌的描述,该处地形地貌属于小型负地形,地形地貌量化取值区间为 [25% , 30%]。

（5）岩溶产状

线路经过山体出露岩层为薄—厚层构造,岩层总体产状较缓,总体倾向 NW,局部受断层、构造影响,扭曲明显,岩层产状为 264° ~ 274° ∠43° ~ 48°。根据地质调查和钻孔揭示,隧道洞身穿越三叠系大冶组的岩层产状为 272° ∠40°。由于待评估段所处区域均为三叠系大冶组,因此该因素取值 $\varphi = 40°$,不再是一个区间。

（6）可溶岩、非可溶岩接触带

可溶岩与非可溶岩接触带内存在来自非可溶岩地层的外源水补给可溶岩内地下水时，会对可溶岩造成混合侵蚀作用。峡口隧道通风斜井 XJK101 + 060 附近为三叠系大冶组中厚层灰岩与薄层灰岩偶夹页岩的交接处。尽管页岩隔水性强，常被视为可靠的隔水层，然而该段以灰岩为主、偶夹页岩，页岩对岩层隔水性影响较小，故 XJK101 + 060 两侧均视为可溶岩。因此，从可溶岩与非可溶岩接触带角度考虑，并综合考虑岩层可溶性，认为该因素中等偏弱有利于岩溶发育。

（7）层面与层间裂隙

依据图 6-9、图 6-10 可知，三叠系大冶组中厚层灰岩与薄层灰岩偶夹页岩的交接处位于 YK108 + 533（斜井 XJK101 + 060）附近，且 XJK0 + 110 ～ XJK0 + 060 段岩性为中厚层灰岩。由于在裂隙发育的中厚层灰岩内，常发育各种不同大小溶洞，岩溶发育程度高。根据掌子面揭露围岩的裂隙发育情况（图 6-11），推测前方裂隙发育，属于"强有利于岩溶发育"的类型。

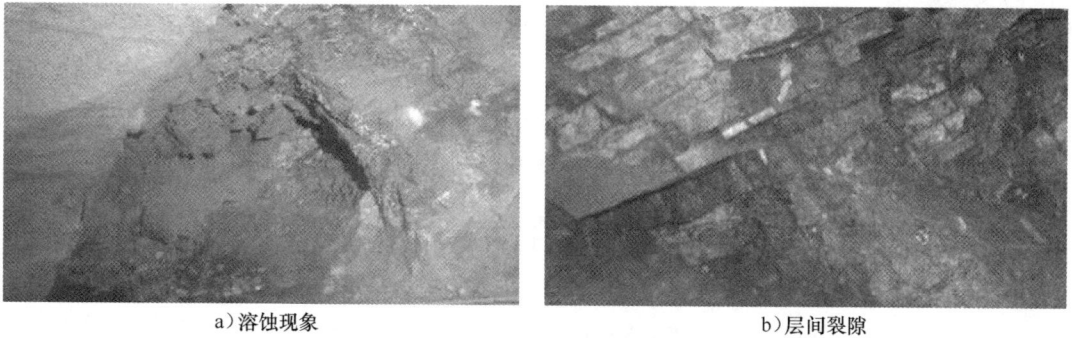

a）溶蚀现象　　　　　　　　　　　　　　　b）层间裂隙

图 6-11　掌子面揭露围岩裂隙发育情况

综上分析，确定 XJK0 + 110 ～ XJK0 + 060 段突水风险评价指标取值区间见表 6-9。

XJK0 + 110 ～ XJK0 + 060 段评价指标取值区间　　　　表 6-9

指　　标	I_1	I_2	I_3	I_4（%）	I_5（°）	I_6	I_7
t_{jx}	75	90	>75	25	40	70	85
t_{jy}	80	95	>75	30	40	75	90

6.4.2.2　突水风险属性区间评估（Ⅰ类）

利用 6.3.1 节构建的单指标属性测度函数（图 6-1），计算表 6-9 中 t_{jx}、t_{jy} 值对应的属性测度，计算结果以向量 $\boldsymbol{\mu}_{jxk}$、$\boldsymbol{\mu}_{jyk}$ 表示，结果如下：

$$\boldsymbol{U}_{jxk} = \begin{pmatrix} \boldsymbol{\mu}_{1xk} \\ \boldsymbol{\mu}_{2xk} \\ \vdots \\ \boldsymbol{\mu}_{jxk} \\ \vdots \\ \boldsymbol{\mu}_{mxk} \end{pmatrix} = \begin{bmatrix} 0.000 & 1.000 & 0.000 & 0.000 \\ 0.833 & 0.167 & 0.000 & 0.000 \\ 1.000 & 0.000 & 0.000 & 0.000 \\ 0.000 & 0.000 & 0.750 & 0.250 \\ 1.000 & 0.000 & 0.000 & 0.000 \\ 0.000 & 0.000 & 0.500 & 0.500 \\ 0.500 & 0.500 & 0.000 & 0.000 \end{bmatrix} \tag{6-14}$$

$$\boldsymbol{U}_{jyk} = \begin{pmatrix} \boldsymbol{\mu}_{1yk} \\ \boldsymbol{\mu}_{2yk} \\ \vdots \\ \boldsymbol{\mu}_{jyk} \\ \vdots \\ \boldsymbol{\mu}_{myk} \end{pmatrix} = \begin{bmatrix} 0.167 & 0.833 & 0.000 & 0.000 \\ 1.000 & 0.000 & 0.000 & 0.000 \\ 1.000 & 0.000 & 0.000 & 0.000 \\ 0.000 & 0.000 & 1.000 & 0.000 \\ 1.000 & 0.000 & 0.000 & 0.000 \\ 0.000 & 1.000 & 0.000 & 0.000 \\ 0.833 & 0.167 & 0.000 & 0.000 \end{bmatrix} \tag{6-15}$$

（1）定性分析

将 $\boldsymbol{\mu}_{jxk}$、$\boldsymbol{\mu}_{jyk}$ 计算结果和评价指标的权重代入式(4-4)，隧道突水风险评价指标的客观权重 ψ_1 与主观权重 ψ_2 的权值均取 0.5。根据式(4-6)可计算得到综合属性测度向量：

$$\boldsymbol{\mu}_k = [0.583, 0.292, 0.101, 0.024] \tag{6-16}$$

按照置信度准则式（2-12）、式（2-13）进行识别分析，计算时取 $\lambda = 0.65$，可知 $k_0 = 1$，即 XJK0 + 110 ~ XJK0 + 060 段突水风险等级为 C_1 级，具有高危险性。

（2）概率计算

根据 4.1.3 节所述方法，对 $\boldsymbol{\mu}_{jxk}$ 和 $\boldsymbol{\mu}_{jyk}$ 进行按序排列组合，构建 $m \times K$ 阶矩阵 $\boldsymbol{U}_{jk}$，可以得到 $2^7 = 128$ 个矩阵 $\boldsymbol{U}_{jk}$。由于 $\boldsymbol{\mu}_{3xk} = \boldsymbol{\mu}_{3yk}$，$\boldsymbol{\mu}_{5xk} = \boldsymbol{\mu}_{5yk}$，计算得到的 128 个矩阵中存在重复现象，实际上只有 2^5 个矩阵是不同的，因此只需对这 32 种情况进行分析即可。对于每一个矩阵 $\boldsymbol{U}_{jk}$，分别计算其综合属性测度，然后运用属性识别准则进行风险等级评判，计算结果见表 6-10。

表 6-10 所示的 32 种组合中，k_0 全部取 1，对应风险为 C_1 级，即 XJK0 + 110 ~ XJK0 + 060 段突水风险具有高危险性。

所构建的 32 个矩阵 $\boldsymbol{U}_{jk}$ 的综合属性测度　　表 6-10

矩阵序号	μ_1	μ_2	μ_3	μ_4	k_0 取值
1	0.525	0.322	0.106	0.049	1
2	0.557	0.290	0.106	0.049	1
3	0.525	0.379	0.049	0.049	1
4	0.557	0.347	0.049	0.049	1
5	0.525	0.322	0.154	0.000	1
6	0.557	0.290	0.154	0.000	1
7	0.525	0.379	0.097	0.000	1
8	0.557	0.347	0.097	0.000	1
9	0.583	0.264	0.106	0.049	1
10	0.615	0.232	0.106	0.049	1
11	0.583	0.321	0.049	0.049	1
12	0.615	0.289	0.049	0.049	1

续上表

矩阵序号	μ_1	μ_2	μ_3	μ_4	k_0 取值
13	0.583	0.264	0.154	0.000	1
14	0.615	0.232	0.154	0.000	1
15	0.583	0.321	0.097	0.000	1
16	0.615	0.289	0.097	0.000	1
17	0.552	0.295	0.106	0.049	1
18	0.584	0.263	0.106	0.049	1
19	0.552	0.352	0.049	0.049	1
20	0.584	0.320	0.049	0.049	1
21	0.552	0.295	0.154	0.000	1
22	0.584	0.263	0.154	0.000	1
23	0.552	0.352	0.097	0.000	1
24	0.584	0.320	0.097	0.000	1
25	0.611	0.236	0.106	0.049	1
26	0.643	0.204	0.106	0.049	1
27	0.611	0.293	0.049	0.049	1
28	0.643	0.261	0.049	0.049	1
29	0.611	0.236	0.154	0.000	1
30	0.643	0.204	0.154	0.000	1
31	0.611	0.293	0.097	0.000	1
32	0.643	0.261	0.097	0.000	1

6.4.2.3 突水风险属性区间评估（Ⅱ类）

利用6.3.1节构建的第二类属性区间评估模型的单指标属性测度函数（图6-2），计算表6-10中 t_{jx}，t_{jy} 值对应的单指标属性测度，以向量 $\underline{\pmb{\mu}}_{jxk}$ $\overline{\pmb{\mu}}_{jxk}$ $\underline{\pmb{\mu}}_{jyk}$ $\overline{\pmb{\mu}}_{jyk}$ 表示，计算结果如下：

$$\underline{U}_{jxk} = \begin{pmatrix} \underline{\pmb{\mu}}_{1xk} \\ \underline{\pmb{\mu}}_{2xk} \\ \vdots \\ \underline{\pmb{\mu}}_{jxk} \\ \vdots \\ \underline{\pmb{\mu}}_{mxk} \end{pmatrix} = \begin{bmatrix} 0.333 & 0.667 & 0.000 & 0.000 \\ 1.000 & 0.000 & 0.000 & 0.000 \\ 1.000 & 0.000 & 0.000 & 0.000 \\ 0.000 & 0.250 & 0.750 & 0.000 \\ 1.000 & 0.000 & 0.000 & 0.000 \\ 0.000 & 1.000 & 0.000 & 0.000 \\ 1.000 & 0.000 & 0.000 & 0.000 \end{bmatrix} \tag{6-17}$$

$$\overline{\boldsymbol{U}}_{jxk} = \begin{pmatrix} \overline{\boldsymbol{\mu}}_{1xk} \\ \overline{\boldsymbol{\mu}}_{2xk} \\ \vdots \\ \overline{\boldsymbol{\mu}}_{jxk} \\ \vdots \\ \overline{\boldsymbol{\mu}}_{mxk} \end{pmatrix} = \begin{bmatrix} 0.000 & 0.333 & 0.667 & 0.000 \\ 0.333 & 0.677 & 0.000 & 0.000 \\ 0.677 & 0.333 & 0.000 & 0.000 \\ 0.000 & 0.000 & 0.250 & 0.750 \\ 0.750 & 0.250 & 0.000 & 0.000 \\ 0.000 & 0.000 & 1.000 & 0.000 \\ 0.000 & 1.000 & 0.000 & 0.000 \end{bmatrix} \tag{6-18}$$

$$\underline{\boldsymbol{U}}_{jyk} = \begin{pmatrix} \underline{\boldsymbol{\mu}}_{1yk} \\ \underline{\boldsymbol{\mu}}_{2yk} \\ \vdots \\ \underline{\boldsymbol{\mu}}_{jyk} \\ \vdots \\ \underline{\boldsymbol{\mu}}_{myk} \end{pmatrix} = \begin{bmatrix} 0.667 & 0.333 & 0.000 & 0.000 \\ 1.000 & 0.000 & 0.000 & 0.000 \\ 1.000 & 0.000 & 0.000 & 0.000 \\ 0.000 & 0.500 & 0.500 & 0.000 \\ 1.000 & 0.000 & 0.000 & 0.000 \\ 0.333 & 0.667 & 0.000 & 0.000 \\ 1.000 & 0.000 & 0.000 & 0.000 \end{bmatrix} \tag{6-19}$$

$$\overline{\boldsymbol{U}}_{jyk} = \begin{pmatrix} \overline{\boldsymbol{\mu}}_{1yk} \\ \overline{\boldsymbol{\mu}}_{2yk} \\ \vdots \\ \overline{\boldsymbol{\mu}}_{jyk} \\ \vdots \\ \overline{\boldsymbol{\mu}}_{myk} \end{pmatrix} = \begin{bmatrix} 0.000 & 0.667 & 0.333 & 0.000 \\ 0.667 & 0.333 & 0.000 & 0.000 \\ 0.833 & 0.167 & 0.000 & 0.000 \\ 0.000 & 0.000 & 0.500 & 0.500 \\ 0.750 & 0.250 & 0.000 & 0.000 \\ 0.000 & 0.333 & 0.667 & 0.000 \\ 0.333 & 0.667 & 0.000 & 0.000 \end{bmatrix} \tag{6-20}$$

（1）定性分析

将 $\underline{\boldsymbol{\mu}}_{jxk}$、$\overline{\boldsymbol{\mu}}_{jxk}$、$\underline{\boldsymbol{\mu}}_{jyk}$、$\overline{\boldsymbol{\mu}}_{jyk}$ 计算结果和评价指标的权重代入式(4-18)，隧道突水风险评价指标的客观权重 ψ_1 与主观权重 ψ_2 的权值均取0.5。根据式(4-20)可计算得到综合属性测度向量为：

$$\boldsymbol{\mu}_k = \begin{bmatrix} 0.538, 0.294, 0.138, 0.030 \end{bmatrix} \tag{6-21}$$

按照置信度准则式(2-12)、式(2-13)进行识别分析，计算时取 $\lambda = 0.65$，可知 $k_0 = 1$，即该段突水危险性等级为 C_1 级，具有高危险性。

（2）概率计算

根据4.2.3节所述方法，首先依据式(4-23)分别对 $\underline{\boldsymbol{\mu}}_{jxk}$、$\overline{\boldsymbol{\mu}}_{jxk}$ 和 $\underline{\boldsymbol{\mu}}_{jyk}$、$\overline{\boldsymbol{\mu}}_{jyk}$ 进行均质化计算，得到两个单指标属性测度矩阵：

$$
U_{jxk} = \begin{pmatrix} \boldsymbol{\mu}_{1xk} \\ \boldsymbol{\mu}_{2xk} \\ \vdots \\ \boldsymbol{\mu}_{jxk} \\ \vdots \\ \boldsymbol{\mu}_{mxk} \end{pmatrix} = \begin{bmatrix} 0.1665 & 0.500 & 0.3335 & 0.000 \\ 0.6665 & 0.3335 & 0.000 & 0.000 \\ 0.8335 & 0.1665 & 0.000 & 0.000 \\ 0.000 & 0.125 & 0.500 & 0.375 \\ 0.875 & 0.125 & 0.000 & 0.000 \\ 0.000 & 0.500 & 0.500 & 0.000 \\ 0.500 & 0.500 & 0.000 & 0.000 \end{bmatrix} \tag{6-22}
$$

$$
U_{jyk} = \begin{pmatrix} \boldsymbol{\mu}_{1yk} \\ \boldsymbol{\mu}_{2yk} \\ \vdots \\ \boldsymbol{\mu}_{jyk} \\ \vdots \\ \boldsymbol{\mu}_{myk} \end{pmatrix} = \begin{bmatrix} 0.3335 & 0.500 & 0.1665 & 0.000 \\ 0.8335 & 0.1665 & 0.000 & 0.000 \\ 0.9165 & 0.0835 & 0.000 & 0.000 \\ 0.000 & 0.250 & 0.500 & 0.250 \\ 0.875 & 0.125 & 0.000 & 0.000 \\ 0.1665 & 0.500 & 0.3335 & 0.000 \\ 0.6665 & 0.3335 & 0.000 & 0.000 \end{bmatrix} \tag{6-23}
$$

然后,对 $\boldsymbol{\mu}_{jxk}$ 和 $\boldsymbol{\mu}_{jyk}$ 进行按序排列组合,构建 $m \times K$ 阶矩阵 U_{jk},可以得到 $2^7 = 128$ 个矩阵 U_{jk}。对于每一个矩阵 U_{jk},分别计算其综合属性测度,然后运用属性识别准则进行风险等级评判,计算结果见表6-11。

表6-11所示的128种组合中,k_0 全部取1,对应风险为 C_1 级,即 XJK0+110 ~ XJK0+060 段突水风险具有高危险性。

所构建的128个矩阵 U_{jk} 的综合属性测度 表6-11

矩阵序号	μ_1	μ_2	μ_3	μ_4	k_0 取值
1	0.475	0.329	0.161	0.036	1
2	0.483	0.321	0.161	0.036	1
3	0.494	0.329	0.142	0.036	1
4	0.502	0.321	0.142	0.036	1
5	0.475	0.329	0.161	0.036	1
6	0.483	0.321	0.161	0.036	1
7	0.494	0.329	0.142	0.036	1
8	0.502	0.321	0.142	0.036	1
9	0.475	0.341	0.161	0.024	1
10	0.483	0.333	0.161	0.024	1

续上表

矩 阵 序 号	μ_1	μ_2	μ_3	μ_4	k_0 取 值
11	0.494	0.341	0.142	0.024	1
12	0.502	0.333	0.142	0.024	1
13	0.475	0.341	0.161	0.024	1
14	0.483	0.333	0.161	0.024	1
15	0.494	0.341	0.142	0.024	1
16	0.502	0.333	0.142	0.024	1
17	0.489	0.314	0.161	0.036	1
18	0.497	0.306	0.161	0.036	1
19	0.508	0.314	0.142	0.036	1
20	0.516	0.306	0.142	0.036	1
21	0.489	0.314	0.161	0.036	1
22	0.497	0.306	0.161	0.036	1
23	0.508	0.314	0.142	0.036	1
24	0.497	0.306	0.161	0.036	1
25	0.489	0.326	0.161	0.024	1
26	0.497	0.318	0.161	0.024	1
27	0.508	0.326	0.142	0.024	1
28	0.497	0.318	0.161	0.024	1
29	0.489	0.326	0.161	0.024	1
30	0.497	0.318	0.161	0.024	1
31	0.508	0.326	0.142	0.024	1
32	0.516	0.318	0.142	0.024	1
33	0.533	0.270	0.161	0.036	1
34	0.541	0.262	0.161	0.036	1
35	0.552	0.270	0.142	0.036	1
36	0.560	0.262	0.142	0.036	1
37	0.533	0.270	0.161	0.036	1
38	0.541	0.262	0.161	0.036	1
39	0.552	0.270	0.142	0.036	1
40	0.560	0.262	0.142	0.036	1
41	0.533	0.282	0.161	0.024	1
42	0.541	0.274	0.161	0.024	1
43	0.552	0.282	0.142	0.024	1
44	0.560	0.274	0.142	0.024	1
45	0.533	0.282	0.161	0.024	1

矩阵序号	μ_1	μ_2	μ_3	μ_4	k_0 取 值
46	0.541	0.274	0.161	0.024	1
47	0.552	0.282	0.142	0.024	1
48	0.560	0.274	0.142	0.024	1
49	0.548	0.256	0.161	0.036	1
50	0.556	0.248	0.161	0.036	1
51	0.567	0.256	0.142	0.036	1
52	0.575	0.248	0.142	0.036	1
53	0.548	0.256	0.161	0.036	1
54	0.556	0.248	0.161	0.036	1
55	0.567	0.256	0.142	0.036	1
56	0.575	0.248	0.142	0.036	1
57	0.548	0.268	0.161	0.024	1
58	0.556	0.260	0.161	0.024	1
59	0.567	0.268	0.142	0.024	1
60	0.575	0.260	0.142	0.024	1
61	0.548	0.268	0.161	0.024	1
62	0.556	0.260	0.161	0.024	1
63	0.567	0.268	0.142	0.024	1
64	0.575	0.260	0.142	0.024	1
65	0.503	0.329	0.133	0.036	1
66	0.511	0.321	0.133	0.036	1
67	0.521	0.329	0.114	0.036	1
68	0.529	0.321	0.114	0.036	1
69	0.503	0.329	0.133	0.036	1
70	0.511	0.321	0.133	0.036	1
71	0.521	0.329	0.114	0.036	1
72	0.529	0.321	0.114	0.036	1
73	0.503	0.341	0.133	0.024	1
74	0.511	0.333	0.133	0.024	1
75	0.521	0.341	0.114	0.024	1
76	0.529	0.333	0.114	0.024	1
77	0.503	0.341	0.133	0.024	1
78	0.511	0.333	0.133	0.024	1
79	0.521	0.341	0.114	0.024	1
80	0.529	0.333	0.114	0.024	1

续上表

矩阵序号	μ_1	μ_2	μ_3	μ_4	k_0 取值
81	0.517	0.314	0.133	0.036	1
82	0.525	0.306	0.133	0.036	1
83	0.536	0.314	0.114	0.036	1
84	0.544	0.306	0.114	0.036	1
85	0.517	0.314	0.133	0.036	1
86	0.525	0.306	0.133	0.036	1
87	0.536	0.314	0.114	0.036	1
88	0.525	0.306	0.133	0.036	1
89	0.517	0.326	0.133	0.024	1
90	0.525	0.318	0.133	0.024	1
91	0.536	0.326	0.114	0.024	1
92	0.525	0.318	0.133	0.024	1
93	0.517	0.326	0.133	0.024	1
94	0.525	0.318	0.133	0.024	1
95	0.536	0.326	0.114	0.024	1
96	0.544	0.318	0.114	0.024	1
97	0.561	0.270	0.133	0.036	1
98	0.569	0.262	0.133	0.036	1
99	0.580	0.270	0.114	0.036	1
100	0.588	0.262	0.114	0.036	1
101	0.561	0.270	0.133	0.036	1
102	0.569	0.262	0.133	0.036	1
103	0.580	0.270	0.114	0.036	1
104	0.588	0.262	0.114	0.036	1
105	0.561	0.282	0.133	0.024	1
106	0.569	0.274	0.133	0.024	1
107	0.580	0.282	0.114	0.024	1
108	0.588	0.274	0.114	0.024	1
109	0.561	0.282	0.133	0.024	1
110	0.569	0.274	0.133	0.024	1
111	0.580	0.282	0.114	0.024	1
112	0.588	0.274	0.114	0.024	1
113	0.576	0.256	0.133	0.036	1
114	0.584	0.248	0.133	0.036	1
115	0.595	0.256	0.114	0.036	1

矩阵序号	μ_1	μ_2	μ_3	μ_4	k_0 取 值
116	0.603	0.248	0.114	0.036	1
117	0.576	0.256	0.133	0.036	1
118	0.584	0.248	0.133	0.036	1
119	0.595	0.256	0.114	0.036	1
120	0.603	0.248	0.114	0.036	1
121	0.576	0.268	0.133	0.024	1
122	0.584	0.260	0.133	0.024	1
123	0.595	0.268	0.114	0.024	1
124	0.603	0.260	0.114	0.024	1
125	0.576	0.268	0.133	0.024	1
126	0.584	0.260	0.133	0.024	1
127	0.595	0.268	0.114	0.024	1
128	0.603	0.260	0.114	0.024	1

（3）上下限对比分析

根据 4.2.3.3 节所述方法，对 $\underline{\mu}_{jxk}$、$\overline{\mu}_{jxk}$ 或对 $\underline{\mu}_{jyk}$、$\overline{\mu}_{jyk}$ 分别进行按序排列组合，判定评价对象的风险等级。这样，$\underline{\mu}_{jxk}$、$\overline{\mu}_{jxk}$ 按序排列组合可得到 $2^7 = 128$ 个矩阵 U_{jk}，$\underline{\mu}_{jyk}$、$\overline{\mu}_{jyk}$ 按序排列组合可得到 $2^7 = 128$ 个矩阵 U_{jk}。分别计算其综合属性测度、进行属性识别分析，计算结果表明：

① $\underline{\mu}_{jxk}$、$\overline{\mu}_{jxk}$ 按序排列组合中，有 96 种组合 $k_0 = 1$，对应风险为 C_1 级；有 32 种组合 $k_0 = 2$，对应风险为 C_2 级。故可认为该隧道段有 75% 的可能性发生 C_1 级突水，25% 的可能性发生 C_2 级突水。

② $\underline{\mu}_{jyk}$、$\overline{\mu}_{jyk}$ 按序排列组合中，128 种组合 k_0 全部取 1，对应风险为 C_1 级，可认为 XJK0 + 110 ~ XJK0 +060 段突水风险具有高危险性。

图 6-12 为利用不同属性识别分析方法时，评价结果的统计分析图。运用属性区间评价理论对该工程案例的评价结果均为 C_1 级，与本书改进属性区间识别理论的评价结果一致，且在实际工程开挖过程中，在掌子面 XJK0 + 101、XJK0 + 093、XJK0 + 087 ~ XJK 0 + 063、XJK0 + 095 ~ XJK0 +080 段均发生重大突涌水灾害，验证了评价结果的准确性。

6.4.2.4　现场开挖结果对比验证

2011 年 8 月 7 日，掌子面 XJK0 + 101 左侧两个炮眼发生涌水，喷射距离约 4 m，经测算涌水量约为 64m³/h。截止到 8 月 30 日，斜井内积水基本抽完见底，估算总抽水量达 28000m³。底部集积约 80cm 厚泥砂层，孔眼仍在不断涌水，涌水量约 20m³/h。

2011 年 11 月 28 日，掌子面 XJK0 + 093 左上方出现突泥，突泥量约 1200m³，左侧露出一泥质填充溶洞，溶洞顺斜井轴线向前延伸，溶腔长 70m，宽 40m、高 28m；2011 年 12 月 5 日下午 6 点，掌子面 XJK0 + 093 再次发生突泥，本次突泥量约 4500m³。

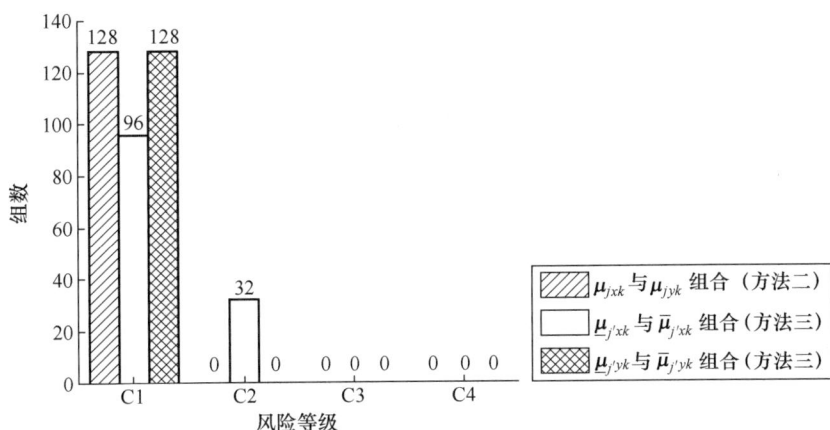

图 6-12　风险评价结果统计分析图

2012 年 2 月至 3 月,斜井 XJK0 +087 ~ XJK0 + 067 段施工时,溶洞溶腔侵入洞身净空段已结束,裂隙发育,隙间淤泥填充,渗水量约 20m³/h。

2012 年 3 月 22 日上午 10:20 分,XJK0 +095 ~ XJK0 + 090 段边墙初期支护破裂突水,XJK0 +090 ~ XJK0 + 080 已施工初支段左侧出现多处喷水点;10:30 分,XJK0 +098 ~ XJK0 + 097 段矮边墙初支完全破裂涌水(图 6-13)。

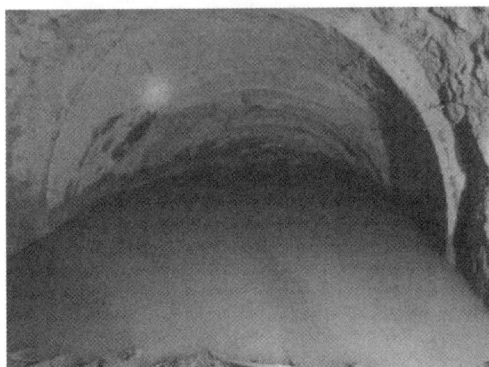

a)XJK0+101掌子面突水

b)XJK0+097边墙突涌水

图 6-13　开挖结果验证

第7章　隧道岩爆灾害风险属性区间评估

7.1　隧道岩爆灾害

7.1.1　岩爆定义与分类

岩爆是岩体破坏的一种形式,是埋深较高的隧道等地下工程开挖过程中,处于高地应力或极限平衡状态下的硬脆性岩体,因开挖卸荷导致储存于岩体中的弹性应变能瞬间释放,造成局部围岩爆裂松脱、剥落,甚至急剧猛烈地弹射、抛掷出来的一种动力破坏现象。一般来讲,岩爆多发生在较为完整的硬脆性围岩中。

总体而言,岩爆灾害的分类依据主要包括发生时间、发生机制、岩爆特征以及应力作用形式等[63、64]。

①按发生时间,可将其划分为即时型岩爆和时滞型岩爆。

②按发生机制,可将其划分为应变型岩爆、应变-结构面滑移型岩爆和断裂滑移型岩爆。

③按岩爆特征,可将其划分为破裂松脱型岩爆、爆裂弹射型岩爆、爆炸抛突型岩爆、冲击地压型岩爆、远围岩地震型岩爆和断裂地震型岩爆等。

④按应力作用形式,可将其划分为水平应力型岩爆、垂直应力型岩爆和混合应力型岩爆。

此外,还有其他一些分类方式,如:

①按照应力形成,划分为自重应力型岩爆、构造应力型岩爆、变异应力型岩爆和综合应力型岩爆。

②按照主控因素,划分为应变型岩爆、构造型岩爆和冲击型岩爆。

③按照岩体破坏长度特征,划分为零星岩爆、成片岩爆和连续岩爆等。

7.1.2　灾变条件与演化过程

岩爆的形成过程是岩体中能量从储存到释放直至使岩体破坏而脱离母岩的过程。因此,岩爆是否发生及其表现形式就主要取决于岩体中是否储存了足够的能量,是否具有释放能量的条件及能量释放的方式等。岩爆灾变条件与很多因素有关,一般可将其分为以岩性为主的内因条件和以围岩应力、地质构造及施工扰动为主的外因条件。

某些新鲜完整、质地坚硬、性脆、线弹性特征明显的岩石,当以一种平缓的形式加载并超过其强度极限时,可以聚集大量的弱性应变能,一旦遇到扰动,就会突然释放出来,并伴有响声,岩石发生破裂,碎裂的岩石以很大的力量向外抛出。如果岩石本身不具有发生岩爆的性质,那么无论外部条件如何也不会导致岩爆,岩石只能产生稳定破坏。岩体性质不仅影响地应力量级的大小,而且影响地应力的赋存条件,如弹性模量高、强度大的岩体,其应力量级相对较高,而对于强岩溶化岩体或者地下水赋存条件较好的岩体,其地应力会部分或全部被释放。

地下工程施工时,高地应力会使岩体聚集较高的应变能,当满足一定的条件时,即应力达到或超过岩体破坏的临界值时,将导致岩爆灾害的发生。由于围岩是一个复杂的结构体,其结构面对地下工程稳定性具有重要的影响。就岩爆而言,岩体的结构及结构的各向异性对岩爆起控制作用,不同结构面的岩体其储存和释放的能量相关很大。

岩爆的发生也与围岩的水文地质情况有关,相同岩性及构造的围岩,干燥的围岩比存在裂隙水的围岩更容易发生岩爆。这是因为结构面中的裂隙水使岩石的破裂强度降低,其储存与释放能量的能力比围岩处于干燥环境下低。此外,岩爆还与地下空间的剖面形状、施工顺序、支护方式以及爆破、地震有关,这些因素均表现为影响围岩的应力分布,或是当围岩处于临界平衡时,若发生动力扰动,即会促使围岩失稳。

岩爆形式的动力破坏,基本可以区分为两类:第一类通常称为应变岩爆,是由岩石破坏导致的;第二类是断层滑移或者剪切断裂所导致的。两类岩爆的主要判别是:第一类岩爆中,扰动源(开挖)和岩爆破坏部位是相重合的;第二类岩爆中,其扰动源和所导致的岩爆破坏部位可以分离相当大的距离。与第二类滑移断裂型岩爆相联系的能量通常大于应变型岩爆的能量。断裂滑移型事件的岩爆破坏通常远比应变型岩爆事件强烈得多[65]。

根据岩爆发生时间,可将其划分为即时型岩爆和时滞型岩爆。

(1)即时型岩爆是指开挖卸荷效应影响过程中,完整、坚硬围岩中发生的岩爆,其孕育过程中经历了拉张破坏、剪切破坏、拉剪混合型破坏或(和)压剪混合型破坏[63]。

即时性应变型岩爆主要是在高应力开挖卸荷作用下,隧洞完整、坚硬围岩产生拉裂破坏,形成新生拉裂纹引起的。这些新生的拉裂纹不断扩展、贯通以及张开,靠近隧洞壁面的裂纹会先形成一定厚度的岩块或岩片,岩块或岩片在剩余能量的作用下向临空面弹射出来,使隧洞围岩出现新的自由面,靠近该自由面的隧洞围岩内部新生裂纹与该自由面逐渐形成新的岩块或岩片而向外弹射。

即时性应变-结构面滑移型岩爆:由于高应力开挖卸荷作用,高度压缩的硬性结构面产生剪切滑移破坏,形成新生剪切裂纹。这些新生拉裂纹不断扩展甚至贯通,也可能张开及闭合,与新生剪切裂纹一起,在靠近隧洞壁面处先形成一定厚度的岩块或岩片。新生拉裂纹形成的岩块或岩片呈突出状,此突出状的岩块或岩片在剩余能量的作用下向临空面弹射出来。岩块或岩片飞出后,使隧洞围岩出现新的自由面,靠近该自由面的隧洞围岩内部新生裂纹与该自由面逐渐形成新的岩块或岩片而向外弹射。于是,岩爆爆坑不断向围岩内部扩展,最终形成由硬性结构面控制的"陡坎"和由新生拉裂纹面组成的"浅窝-结构面陡坎型"爆坑。

(2)时滞型岩爆是指深埋隧洞高应力区开挖卸荷后应力调整平衡后,外界扰动作用下而发生的岩爆。该类型岩爆在深埋高应力区开挖时较为普遍,根据岩爆发生的空间位置可分为时空滞后型和时间滞后型[66]。时滞型岩爆主要是隧洞开挖应力调整和外界扰动联合作用而发生的。

①初期围岩的应力场由三向应力状态转变为两向应力状态,指向洞轴线方向的主应力突然消失。此时,与洞轴线呈小夹角的结构面开始沿结构面进行扩展,破坏以拉伸破坏为主,偶有混合型破坏;与洞轴线呈大夹角或较大夹角的结构面沿其走向向洞壁凌空面方向滑移,破坏

以剪切破坏为主,伴随有混合型破坏,混合型破坏所占比例主要取决于结构面与隧洞轴线的夹角。

②随着时间的延续,应力场进一步调整,洞壁附近的应力一部分被释放,一部分调整到远离洞壁的远场。应力调整过程中,主应力方向发生了较大变化,指向洞轴线方向的主应力消失,环向应力增加。显然,这一变化对与洞轴线呈小夹角的结构面的进一步扩展是非常有利的。如果没有外界继续做功,与洞轴线呈大夹角的结构面难以再次发生滑移,因此,这个时期围岩的破裂以拉伸破坏为主。

③一方面,应力经过前期的调整后,难以继续克服岩体的内聚力而使岩体发生破坏;另一方面,现场支护措施增加了围岩体的承载能力,抑制了围岩裂隙的进一步发展,使围岩体处于一个暂时稳定状态。这个时期是外界继续对该区岩体做功,能量进一步积蓄的过程。

④当应力积累到一定程度,达到岩爆发生的临界或亚临界状态,在外界扰动下,剪断支护的束缚,积蓄在岩体内部的能量瞬间释放,时滞型岩爆发生。

7.2 隧道岩爆灾害风险评价指标体系

一般认为,有5大因素影响或控制岩爆的发生:

(1)岩石干燥无水;

(2)岩石抗压强度较高(>80MPa);

(3)岩石完整性好;

(4)隧道埋深较大;

(5)最大初始地应力/岩石单轴抗压强度大于1/7。

施工中若具备三个因素以上,便容易产生岩爆。可根据岩石的完整性、单轴抗压强度指标、围岩的应力水平等进行岩爆的预测、预报。围岩的完整性、干燥程度和埋深可以通过超前地质预报(包括地质素描与调查、物探和钻探)进行判断,围岩的岩石力学指标可以通过岩石取样进行实验室试验获得,围岩的地应力水平值可以通过隧硐埋深进行自重应力计算或采用地应力孔进行测试。

国内外众多学者先后从不同角度、运用不同手段对岩爆现象进行了分析。许多系统工程的理论也应用于岩爆预测中,目前研究较多的有模糊数学、突变理论、遗传算法以及 BP 神经网络等。这些方法虽取得了一定的效果,但由于考虑的岩爆影响因素较少,且各影响因素的重要性主次关系也不明确,因而会产生局限性。

岩体脆性以及高地应力的存在是岩爆发生的内在条件,而由于岩体开挖导致应力场的重分布为岩爆发生的外在因素。国内外学者针对岩爆发生的一些主要因素提出了相应的判断准则,主要有与岩性条件相关的因素,包括岩石脆性系数、岩爆倾向性指数、线弹性能;与围岩应力状态相关的因素,包括 Turchaninov 准则、应力系数、应力指数;与围岩条件相关的因素,包括岩体质量系数 RQD、围岩类别。根据上述岩爆影响因素按照数值大小将岩爆程度划分为四个等级,分别为无岩爆(Ⅰ级岩爆)、弱岩爆(Ⅱ级岩爆)、中等岩爆(Ⅲ级岩爆)与强烈岩爆(Ⅳ级岩爆)。

(1)岩石脆性系数

岩石的脆性破坏是岩爆发生的必不可少的先决条件之一,岩石的脆性越大,岩爆的倾向越高。岩石的破裂是岩石内部微裂纹产生、发展的宏观结果。脆性破裂是指岩石破裂之前未出现任何明显永久变形的破裂形态。由于岩石结构的复杂性(非均质、不连续),发生宏观破裂之前的岩石形态不是纯弹性的,故脆性破裂概念指的是在很小的非弹性应变之后发生的破坏。

岩石脆性系数是根据岩石单轴抗压强度和单轴抗拉强度之比($R = \sigma_c / \sigma_t$),来评价岩石的岩爆倾向性[67,69]。一般来说,R 值越大说明岩石的脆性越大,则岩爆发生的倾向性越大。一般认为,当 R 大于 40 时,无岩爆;当 R 处于 26.7~40 时,弱岩爆;当 R 处于 14.5~26.7 时,中等程度岩爆;当 R 小于 14.5 时,强烈岩爆。

此外,国内一些学者给出了脆性系数的其他计算公式和分级标准但是应用较少,本书不再一一介绍。

(2)应力系数

挪威学者 Russeenes 首先提出,通过应用有限元计算并结合 kirsch 方程,推测围岩中最大切向应力 σ_θ,并根据切向应力 σ_θ 与岩石的单轴抗压强度 σ_c 比值关系预测岩爆或者判定岩爆等级。将围岩中的切向应力和岩石的抗压强度之比定义为 $T = \sigma_\theta / \sigma_c$,$T$ 值与岩爆判别关系为:

$$\begin{cases} T \leq 0.2 & \text{(无岩爆)} \\ 0.2 < T \leq 0.3 & \text{(弱岩爆)} \\ 0.3 < T \leq 0.55 & \text{(中等岩爆)} \\ 0.55 < T & \text{(强烈岩爆)} \end{cases} \qquad (7\text{-}1)$$

徐林生和王兰生依据二郎山公路隧道施工实际岩爆发生情况提出了改进的"σ_θ / σ_c 判据法"[68]。T 值与岩爆判别关系为:

$$\begin{cases} T \leq 0.3 & \text{(无岩爆)} \\ 0.3 < T \leq 0.5 & \text{(弱岩爆)} \\ 0.5 < T \leq 0.7 & \text{(中等岩爆)} \\ 0.7 < T & \text{(强烈岩爆)} \end{cases} \qquad (7\text{-}2)$$

(3)应力指数

高地应力是一个相对概念,是相对围岩强度 σ_c 而言的,当围岩内部的最大地应力 σ_{max},与围岩强度 σ_c 的比值,即应力强度比 $K = \sigma_{max} / \sigma_c$ 达到某一水平时(一般认为大于 0.15 时),才称为高地应力或极高地应力。

应力强度比与围岩开挖后的破坏现象有关,特别是与岩爆和大变形有关,坚硬完整的岩体中可能发生岩爆现象,软弱地层中容易发生大变形现象。K 值与岩爆判别关系为:

$$\begin{cases} K \leq 0.15 & \text{(无岩爆)} \\ 0.15 < K \leq 0.20 & \text{(弱岩爆)} \\ 0.20 < K \leq 0.25 & \text{(中等岩爆)} \\ 0.25 < K & \text{(强烈岩爆)} \end{cases} \qquad (7\text{-}3)$$

除采用应力强度比判别岩爆等级外,还可以采用其倒数,也就是强度应力比 σ_c / σ_{max} 来判定岩爆等级。《工程岩体分级标准》(GB/T 50218—2014)中认为,当强度应力比大于 7 时,无岩爆;当强度应力比在 4~7 时,弱岩爆或中岩爆;当强度应力比小于 4,强岩爆。但该标准只划分了三类,对于弱岩爆和强岩爆的分级标准,并没有给出。此外,《水利水电工程地质勘察规范》(GB 50487—2008)也给出了相应的分级标准。

本书中主要采用陶振宇判据,其值与岩爆的判别关系为:

$$\begin{cases} K > 14.5 & (无岩爆) \\ 5.5 < K \leqslant 14.5 & (弱岩爆) \\ 2.5 < K \leqslant 5.5 & (中等岩爆) \\ K < 2.5 & (高烈岩爆) \end{cases} \tag{7-4}$$

(4)岩爆倾向性指数

地下工程开挖过程中由于应力重分布和应力集中,应变能大量集聚,当调整后的应力状态达到岩体极限状态时,岩体将发生破坏。无论是峰前卸载还是峰后卸载,岩样释放的能量均小于加载岩样储存的能量,即卸载破坏时,岩体不需要外界对它做功,靠自身存储的能量足以使岩体破碎,高地应力区发生的岩爆现象是一种典型的开挖卸荷引起的岩爆现象。

Kidybinski 根据弹性应变能与耗损应变能之比,即 $W_{et} = \Phi_{sp}/\Phi_{st}$ 作为判断岩爆发生的指标。其中,Φ_{sp}、Φ_{st} 分别为试块的弹性应变能和耗损应变能,均由试块加、卸载应力-应变曲线中的面积求出。W_{et} 判据如下:

$$\begin{cases} W_{et} < 2.0 & (无岩爆) \\ 2.0 \leqslant W_{et} < 3.5 & (弱岩爆) \\ 3.5 \leqslant W_{et} < 5.0 & (中等岩爆) \\ 5.0 \leqslant W_{et} & (强烈岩爆) \end{cases} \tag{7-5}$$

(5)线弹性能

岩石在压缩过程中,试件将聚积变形能并产生弹性和塑性变形。如果在岩石受压达到峰值强度前对试件进行卸载,弹性变形可以得到恢复,而塑性变形则永久性保存。因此,通过岩石循环压缩试验可以检测岩石内部积聚能量的性质和特征。

试验结果表明,围压越大,岩石抗压强度越大。在达到峰值强度之前,围压越大,岩石的弹性模量和内部积聚的弹性能也越大,岩石破坏时释放的能量和释放率也越大。在单轴压缩条件下,岩石达到峰值强度以前所储存的弹性能计算如下:

$$W_E = \frac{\sigma_c^2}{2E_s} \tag{7-6}$$

式中:σ_c——单轴抗压强度;

E_s——卸载切线弹性模量。

根据达到强度峰值以前岩体所储存的弹性能的大小,将岩爆划分为四个等级,见表7-1。

岩爆发生可能性的线弹性能指标(单位:kJ/m³)   表 7-1

线 弹 性 能	岩 爆 烈 度	线 弹 性 能	岩 爆 烈 度
$W_E < 40$	无岩爆	$100 \leqslant W_E < 200$	中等岩爆
$40 \leqslant W_E < 100$	弱岩爆	$200 \leqslant W_E$	强烈岩爆

(6)Turchaninov 准则

Turchaninov 提出岩爆活动性由洞室切向应力 σ_θ 和轴向应力 σ_1 之和与岩石单轴抗压强度 σ_c 之比确定。其判据如下:

$$\begin{cases} (\sigma_\theta + \sigma_1)/\sigma_c \leq 0.3 & (\text{无岩爆}) \\ 0.3 < (\sigma_\theta + \sigma_1)/\sigma_c \leq 0.5 & (\text{弱岩爆}) \\ 0.5 < (\sigma_\theta + \sigma_1)/\sigma_c \leq 0.8 & (\text{中等岩爆}) \\ 0.8 < (\sigma_\theta + \sigma_1)/\sigma_c & (\text{强烈岩爆}) \end{cases} \tag{7-7}$$

(7)岩石质量指标 RQD

一般情况下,裂隙发育的岩体完整性较差,不易引起高应力集中和能量积聚,发生岩爆灾害的可能性较小。因此,岩体裂隙的发育程度,或者说岩石的完整程度,可间接反映出岩体产生岩爆的倾向。岩石质量指标(RQD)是一个描述岩体完整性好坏的国际通用指标,可由岩石质量指标 RQD 作为判据,近似分析和掌握岩体的岩爆倾向。当 RQD 大于 0.5 时,岩爆具有较高的发生可能性。

(8)围岩级别

大量工程实例表明,岩爆多发生于岩体结构较为完整的硬脆性岩体中。高地应力条件下,完整和较为完整的岩体,积聚有很大的弹性应变能,这是岩爆发生的必要条件之一。围岩级别不易量化,可以用完整性系数来代替围岩级别,判定岩爆的等级。除上述指标外,岩石单轴抗压强度也可以作为岩爆预测的指标之一。完整性系数、岩石单轴抗压强度与岩爆的判别标准见表7-2。

隧道岩爆危险性评价指标的量化分级标准 表7-2

影 响 因 素	评价指标	$C_1(\text{I})$	$C_2(\text{II})$	$C_3(\text{III})$	$C_4(\text{IV})$
脆性系数	$R = \sigma_c/\sigma_t$	>40	26.7~40	14.5~40	<14.5
倾向指数	$W_{et} = \Phi_{sp}/\Phi_{st}$	<2.0	2~3.5	3.5~5.0	>5.0
线弹性能	$W_E = \sigma_c^2/2E_s$	<40	40~100	100~200	>200
Turchaninov 判据	$T_c = (\sigma_\theta + \sigma_1)/\sigma_c$	<0.3	0.3~0.5	0.5~0.8	>0.8
应力系数	$T = \sigma_\theta/\sigma_c$	<0.3	0.3~0.5	0.5~0.7	>0.7
应力指数	$K = \sigma_{max}/\sigma_c$	<0.15	0.15~0.20	0.20~0.25	>0.25
强度应力比	$K = \sigma_c/\sigma_{max}$	>14.5	5.5~14.5	2.5~5.5	<2.5
岩石质量指标	RQD	<0.25	0.25~0.50	0.50~0.70	>0.70
单轴抗压强度	σ_c	<80	80~120	120~180	>180
完整性系数	K_v	<0.55	0.55~0.65	0.65~0.75	>0.75

注:σ_c——单轴抗压强度;σ_t——单轴抗拉强度;σ_θ——最大切向应力;σ_1——轴向应力;σ_{max}——最大地应力;E_s——卸载切线弹性模量。

此外,隧道岩爆灾害的发生,还与隧道施工方式,包括开挖方式、支护时机的选择、隧道断面形状及大小,以及地下水的影响等有较为强烈的关系,本书中不考虑隧道施工方式的影响。基于上述分析,隧道岩爆危险性评价指标的量化分级标准见表7-2。应用时,应根据工程实际情况从表7-2 中选取合理的评价指标。

7.3 锦屏水电站引水隧洞岩爆风险评估

7.3.1 锦屏水电站引水隧洞工程概况

锦屏水电枢纽工程位于四川省冕宁、盐源、木里县境内,由一级、二级两个梯级水电站组成,二级水电站拟修建四条从景峰桥至大水沟的锦屏水电枢纽引水隧洞。隧洞西端进口位于西雅砻江猫猫滩上游约3km,进水口底板高程1618.00m,东端出口位于大水沟,出水口底板高程1564.70m,洞轴线方位角122°,全长17.23km。一般埋深1000~2000m,最大埋深2525m[70]。

锦屏大河湾地区位于青藏高原向四川盆地过渡的斜坡地带,地势西北高东南低,呈阶梯状逐渐递减,由海拔4000~5000m降至约2000m,为典型的高山峡谷地貌。雅砻江是区内的干流水系,自洼里向北经淇木林后折向东,继又南折,经沪宁、里庄、巴折等出区外,形成一向北凸出的大河弯,锦屏山以近南北向展布于大河弯内,河谷的形态一般以"V"形河谷为特征,岸坡陡峭,河道狭窄,水流湍急。

引水隧洞线路区处于我国西南高地应力区,实测地应力成果显示,地应力值随埋深增加而增加,且自洞深600~3000m最大主应力由平行岸坡转变成近垂直向,即地应力从水平应力状态转变为以垂直应力为主的状态,实测最大应力值为42.11MPa。因此,随着埋深的进一步增加,地应力值也将有所增加。经回归分析,隧洞洞线高程的最大主应力值可达63MPa,属高地应力区。预测累计发生岩爆的长度为8.0km左右。其中,发生轻微量级、中等量级的岩爆长度约6.0km;发生强烈量级的岩爆长度约2.0km;发生极强量级的岩爆长度约0.3km;无岩爆段长度约8.4km[71]。

(1)地层岩性

引水隧洞区出露的地层为三叠系下统(T₁)、中统(T₂)和上统(T₃)的部分地层。区内三叠系地层分布广泛,构成雅砻江河湾内的雄伟山体。中、下统地层为变质程度不同的巨厚—厚层状碳酸盐岩地层以及绿片岩和变质火山岩地层,上统为一套碎屑岩地层。三叠系地层构成了引水隧洞的主要围岩[72]。

(2)地质构造

锦屏工程区地质构造纲要图如图7-1所示。从展布的地质构造形迹看,大河湾区主要发育一系列近南北向展布的紧密复式褶皱和高倾角的压性或压扭性走向断裂,并伴有NWW向张性或张扭性断层。

由于地壳表层的不均一性和压应力作用的不一致,构造形态在空间分布上也表征了多样性。东部地区断裂较西部地区发育,北部地区较南部地区发育,规模较大;东部的褶皱大多向西倒转;而西部地区扭曲、揉皱现象表现得比较明显。究其原因是近东西向应力场以东侧的压应力较大,在东部应力集中产生了较多的断裂和向西倒转的褶皱,而在向西部传递中,应力逐渐减弱,地层以塑性变形为主。

隧洞工程区内的褶皱多表现为近SN向(NNE)延展的紧密褶皱。区域内断层构造主要表现为顺层挤压和北北东向的逆冲断层性质。逆冲断层规模大,层间错动频率较高,其次为近东西向的横切断层,多表现为逆平移或正平移性质。此类断层中,多见方解石脉、细晶岩脉及石英岩脉充填。按不同构造形迹和展布方位大体可归纳分为NNE向、NNW向、NE~NEE向、NW~NWW向四个构造组。北北东向构造控制了区内主要构造线和主体山脉的延伸。

节理大都属闭合性质,以高倾角节理最多,仅在两组节理交汇处具张开性质。岩体内节理的发育程度受岩层结构、断层及所处的构造部位控制,层状岩体断裂破碎带附近及褶皱核部部位,节理较发育;而厚层块状岩体则节理不甚发育。同时,节理随埋深的增加发育程度相对减弱[70]。

① 落水洞背斜
② 解放沟复型向斜
②₁ 大堂沟向斜
②₂ 陆房沟背斜
②₃ 羊房沟倒转背斜
②₄ 一碗水向斜
③ 老庄子复型背斜
④ 养猪场复型向斜
④₁ 庄子向斜
④₂ 西牦牛山背斜
④₃ 和尚堡子倒转背斜
⑤ 足木背斜
⑥ 马函向斜
⑦ 大水沟复型背斜
⑧ 浸桥沟复型背斜
⑨ 阿角堡子向斜

图 7-1 锦屏工程区构造纲要图[70]

(3)水文地质条件

锦屏山属裸露型深切河间高山峡谷岩溶区,主要接受大气降水补给。岩溶化地层和非岩溶化地层呈 NNE 走向分布于河间地块,其可溶岩地层主要分布于锦屏山中部,而非可溶岩分布于东西两侧。受 NNE 向主构造线与横向(NWW、NEE)扭—张扭性断裂交叉网络的影响,构成了河间地块地下水的集水和导水网络。

工程区碳酸盐类地层分布广泛(占 70%~80%),区内水量丰沛,河谷地带气候湿热,但区内较强的岩溶化岩层大多被弱岩溶化岩层或非可溶岩层所包围,抑制了岩溶的发育。这种特殊的自然地理环境和区域地质环境,使引水隧洞工程区岩溶发育程度总体较弱,典型的岩溶形态较少。

根据碳酸盐岩的岩组划分、连续厚度、间互层组合及非可溶岩的分布情况,1800~2000m 高程以上岩溶发育相对较强,该高程以下相对较弱。锦屏引水隧洞将在高程 1600m 穿越锦屏山,最大埋深 2525m,工程区岩溶发育总体微弱[73]。

(4)岩石物理力学性质

隧洞区主要穿越了三叠系中上统的大理岩、灰岩、结晶灰岩和砂岩、板岩,另隧洞区西部出口处穿越了极少部分下三叠系岩石。中国水电顾问集团华东勘测设计研究院根据厂址区 5km 长探硐内进行的室内及现场岩石的物理力学性质试验,以及在辅助洞区段进行的点荷载强度试验成果,结合工程地质性状与参数选择原则和方法,提出工程区岩石力学参数建议表[70](表 7-3)。

工程区岩石力学参数建议表[70]　　　　表 7-3

岩 石 类 型	重度 (t/m²)		单轴抗压强度 (MPa)		单轴抗拉强度 (MPa)		抗 剪 强 度		弹性模量	变形模量	泊松比
	干	湿	干	湿	干	湿	f	C(MPa)			
条带状云母大理岩	2.65 ~ 2.77	2.70 ~ 2.80	100 ~ 110	70 ~ 80	5.0 ~ 5.5	3.5 ~ 4.0	1.25 ~ 1.30	1.52 ~ 1.60	30 ~ 40	12 ~ 15	0.20 ~ 0.25
中厚层大理岩	2.68 ~ 2.72	2.70 ~ 2.75	110 ~ 120	80 ~ 90	5.5 ~ 6.0	4.0 ~ 4.5	1.30 ~ 1.35	1.60 ~ 1.70	40 ~ 50	15 ~ 20	0.20 ~ 0.25
中厚层泥质灰岩	2.60 ~ 2.65	2.63 ~ 2.67	70 ~ 80	60 ~ 65	3.5 ~ 4.0	3.0 ~ 3.2	0.85 ~ 0.90	0.75 ~ 0.80	20 ~ 30	8 ~ 10	0.25 ~ 0.30
厚层块状大理岩	2.77 ~ 2.80	2.78 ~ 2.81	110 ~ 120	85 ~ 95	5.5 ~ 6.0	4.2 ~ 4.7	1.30 ~ 1.35	1.65 ~ 1.75	45 ~ 50	17 ~ 20	0.20 ~ 0.23
中厚层中细粒砂岩	2.75 ~ 2.78	2.77 ~ 2.80	110 ~ 120	85 ~ 95	3.3 ~ 3.6	2.6 ~ 2.8	1.15 ~ 1.20	1.40 ~ 1.50	45 ~ 50	8 ~ 10	0.18 ~ 0.22
互层状砂岩、板岩	2.68 ~ 2.72	2.70 ~ 2.74	85 ~ 95	70 ~ 80	2.6 ~ 2.9	2.1 ~ 2.4	0.60 ~ 0.65	0.335 ~ 0.35	25 ~ 30	5 ~ 6	0.25 ~ 0.28
断层破碎带 岩屑夹泥							0.38 ~ 0.42	0.07 ~ 0.08			
断层破碎带 泥夹岩屑							0.25 ~ 0.30	0.03 ~ 0.04			
角砾岩 半胶结	2.38	2.47	20 ~ 26	13 ~ 16			0.58 ~ 0.65	0.32 ~ 0.34	0.5		
角砾岩 胶结	2.56	2.60	28 ~ 30	22 ~ 24			0.75 ~ 0.85	0.65 ~ 0.75	0.9		

7.3.2　岩爆灾害属性区间评估模型

参考陈秀铜和李璐[74]的研究,选取表 7-2 中的七个评价指标,与围岩等级共同构成岩爆危险性评价指标体系,见表 7-4。其中,围岩等级采用专家评分法(1 ~ 5 分)确定。

锦屏水电站引水隧洞岩爆危险性评价指标与分级标准　　　表 7-4

影 响 因 素	评价指标	C_1(Ⅰ)	C_2(Ⅱ)	C_3(Ⅲ)	C_4(Ⅳ)
脆性系数	$R = \sigma_c / \sigma_t$	>40	26.7 ~ 40	14.5 ~ 26.7	<14.5
倾向指数	$W_{et} = \Phi_{sp} / \Phi_{st}$	<2.0	2 ~ 3.5	3.5 ~ 5.0	>5.0
线弹性能	$W_E = \sigma_c^2 / 2E_s$	<40	40 ~ 100	100 ~ 200	>200
Turchaninov 判据	$T_c = (\sigma_\theta + \sigma_1) / \sigma_c$	<0.3	0.3 ~ 0.5	0.5 ~ 0.8	>0.8
应力系数	$T = \sigma_\theta / \sigma_c$	<0.3	0.3 ~ 0.5	0.5 ~ 0.7	>0.7
应力指数	$K = \sigma_{max} / \sigma_c$	<0.15	0.15 ~ 0.20	0.20 ~ 0.25	>0.25
岩石质量指标	RQD	<0.25	0.25 ~ 0.50	0.50 ~ 0.70	>0.70
围岩等级	专家评分	>3	2 ~ 3	1 ~ 2	<1

（1）第Ⅰ类属性区间评估模型

基于表7-4中岩爆风险评价指标的量化分级标准，通过式（2-1）～式（2-8）构建第Ⅰ类属性区间评估模型的单指标属性测度函数，见图7-2。

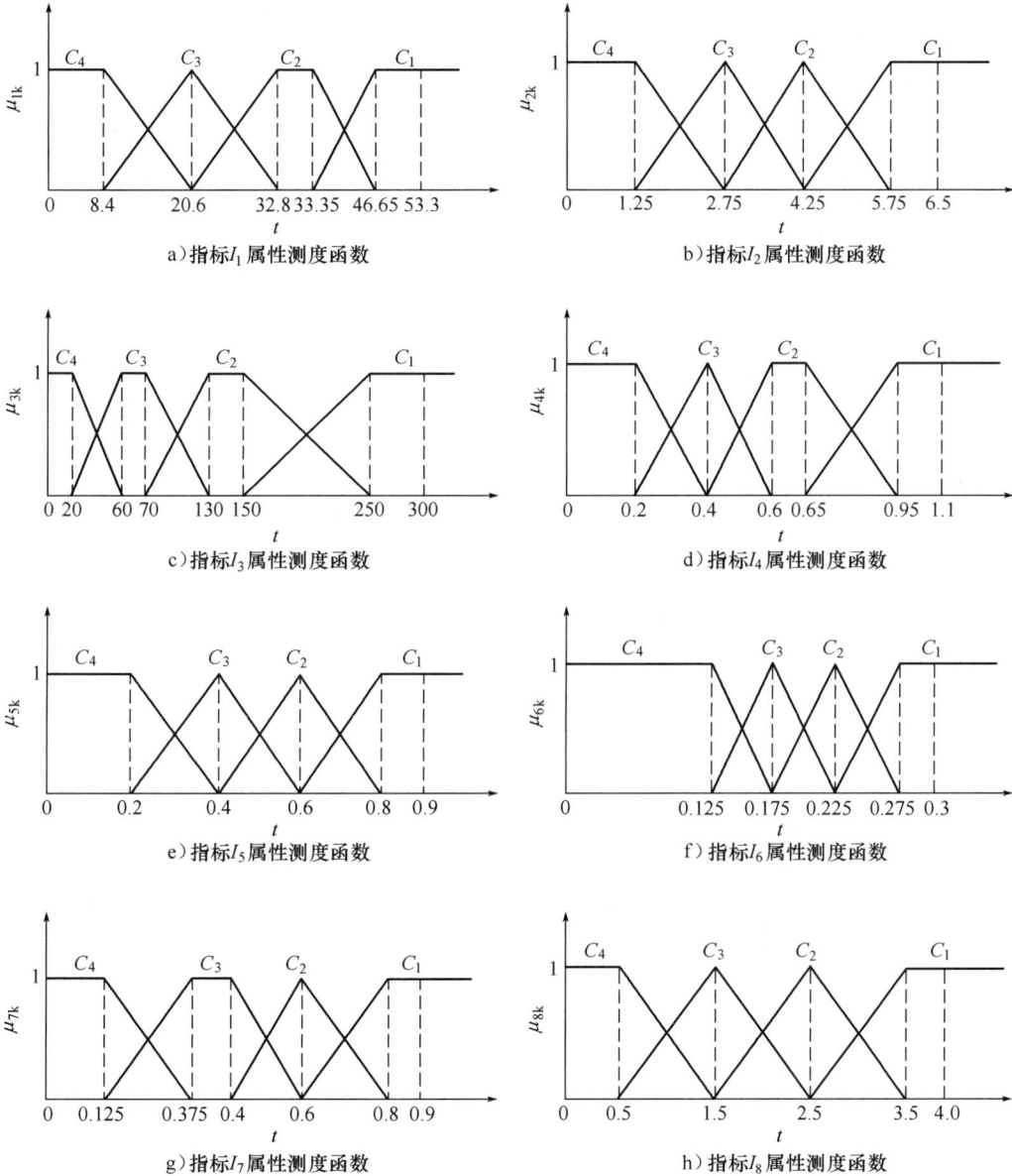

a）指标I_1属性测度函数

b）指标I_2属性测度函数

c）指标I_3属性测度函数

d）指标I_4属性测度函数

e）指标I_5属性测度函数

f）指标I_6属性测度函数

g）指标I_7属性测度函数

h）指标I_8属性测度函数

图7-2 岩爆风险评价指标属性测度函数（Ⅰ类）

（2）第Ⅱ类属性区间评估模型

基于表7-4中岩爆风险评价指标的量化分级标准，通过式（3-3）～式（3-14）构建第Ⅱ类属性区间评估模型的单指标属性测度函数，见图7-3。

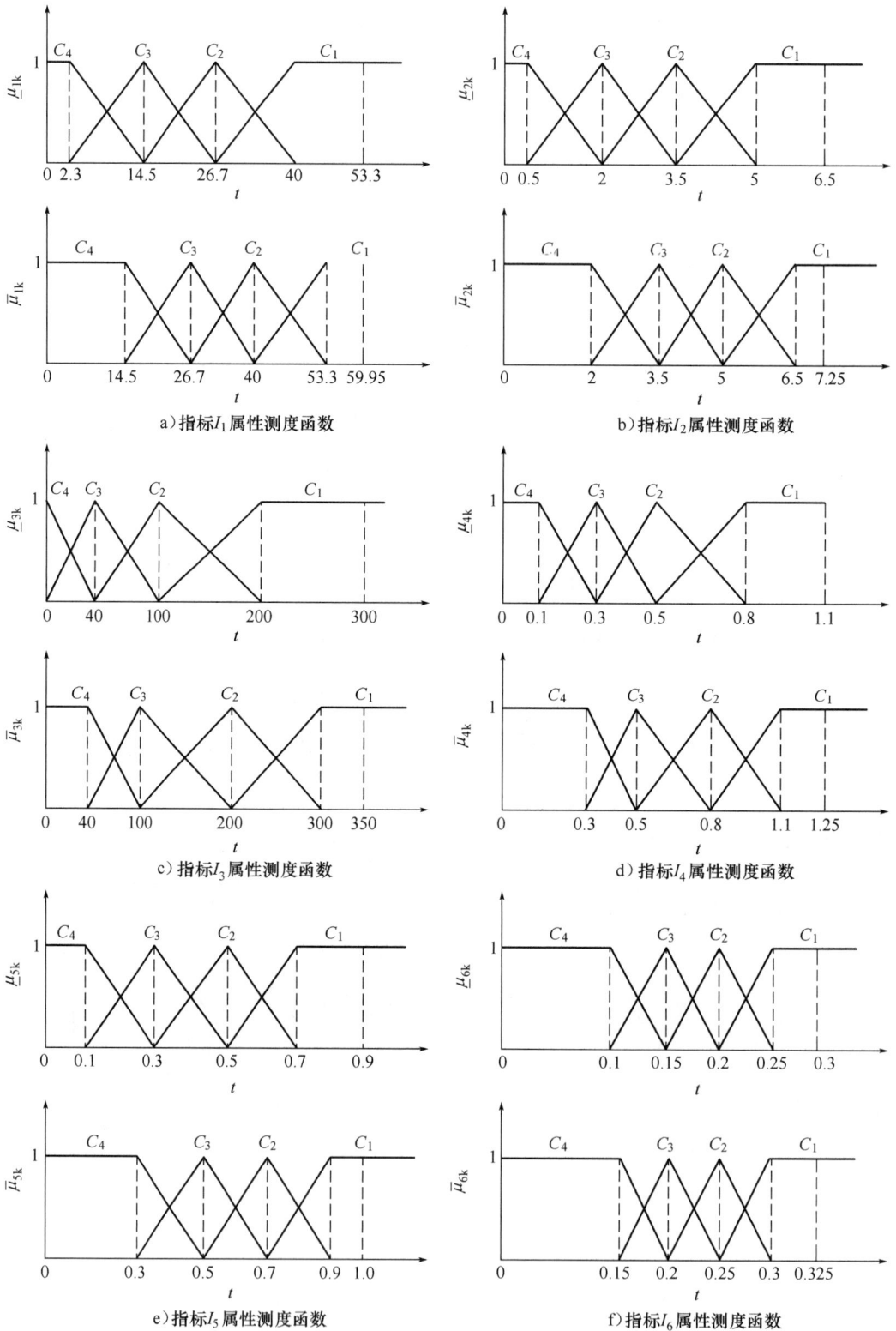

a）指标I_1属性测度函数

b）指标I_2属性测度函数

c）指标I_3属性测度函数

d）指标I_4属性测度函数

e）指标I_5属性测度函数

f）指标I_6属性测度函数

图 7-3

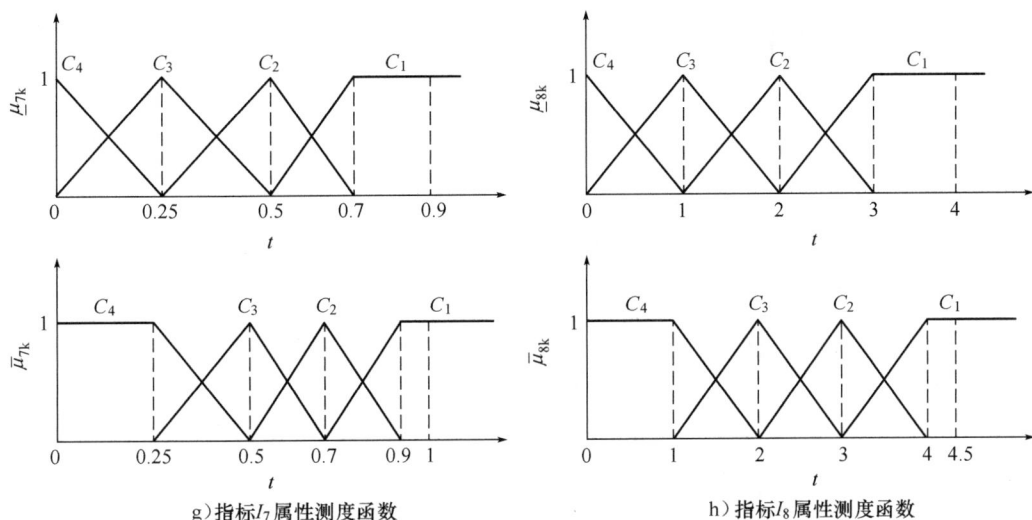

g) 指标I_7属性测度函数

h) 指标I_8属性测度函数

图 7-3 岩爆风险评价指标属性测度函数（Ⅱ类）

7.3.3 岩爆灾害评价指标取值区间

参考陈秀铜和李璐[74]的研究，将隧洞划分为九段，分段情况为：0～550m、550～1500m、1500～5000m、5000～8100m、8100～10000m、10000～13500m、13500～15000m、15000～16200m、16200～17230m。各段的评价指标参数取值见表7-5。

锦屏水电站引水隧洞岩爆风险评价指标取值区间[74] 表 7-5

评估对象	指标	I_1	I_2	I_3	I_4	I_5	I_6	I_7	I_8
S①	t_{jx}	22.9	1.65	132	0.30	0.26	0.205	0.78	3.1
	t_{jy}	20.5	1.35	112	0.26	0.22	0.195	0.74	2.9
S②	t_{jx}	20.2	2.55	111	0.70	0.65	0.455	0.81	2.6
	t_{jy}	17.8	2.25	95	0.64	0.61	0.445	0.77	2.4
S③	t_{jx}	21.2	2.45	119	0.91	0.86	0.575	0.87	2.6
	t_{jy}	18.8	2.15	99	0.85	0.82	0.565	0.83	2.4
S④	t_{jx}	16.7	3.55	96	1	0.95	0.715	0.94	2.1
	t_{jy}	14.3	3.25	84	0.94	0.91	0.705	0.90	1.9
S⑤	t_{jx}	18.9	3.35	113	1	1.10	0.745	0.94	2.1
	t_{jy}	16.5	3.05	97	0.94	1.06	0.735	0.90	1.9
S⑥	t_{jx}	18.9	3.35	113	1.02	1.15	0.715	0.94	2.1
	t_{jy}	16.5	3.05	97	0.96	1.11	0.705	0.90	1.9
S⑦	t_{jx}	17.9	3.35	97	0.97	0.88	0.625	0.91	2.6
	t_{jy}	15.5	3.05	85	0.91	0.84	0.615	0.87	2.4
S⑧	t_{jx}	17.2	3.15	82.6	0.79	0.64	0.485	0.81	2.6
	t_{jy}	14.8	2.85	70.6	0.73	0.60	0.475	0.77	2.4
S⑨	t_{jx}	16.1	2.65	4.47	0.49	0.33	0.355	0.74	3.1
	t_{jy}	13.7	2.35	0	0.45	0.29	0.345	0.70	2.9

7.3.4 岩爆风险属性区间评估（Ⅰ类）

利用 7.3.2 节构建的单指标属性测度函数（图 7-2），计算表 7-5 中 t_{jx}、t_{jy} 值对应的属性测度，计算结果以向量 $\boldsymbol{\mu}_{jxk}$、$\boldsymbol{\mu}_{jyk}$ 表示。

以 $S⑨$ 为例，其计算结果如下：

$$\boldsymbol{U}_{jxk} = \begin{pmatrix} \boldsymbol{\mu}_{1xk} \\ \boldsymbol{\mu}_{2xk} \\ \vdots \\ \boldsymbol{\mu}_{jxk} \\ \vdots \\ \boldsymbol{\mu}_{mxk} \end{pmatrix} = \begin{bmatrix} 0.000 & 0.000 & 0.4344 & 0.5656 \\ 0.2667 & 0.7333 & 0.000 & 0.000 \\ 1.000 & 0.000 & 0.000 & 0.000 \\ 0.000 & 0.750 & 0.250 & 0.000 \\ 0.550 & 0.450 & 0.000 & 0.000 \\ 0.000 & 0.000 & 0.000 & 1.000 \\ 0.000 & 0.000 & 0.500 & 0.500 \\ 0.400 & 0.600 & 0.000 & 0.000 \end{bmatrix} \tag{7-8}$$

$$\boldsymbol{U}_{jyk} = \begin{pmatrix} \boldsymbol{\mu}_{1yk} \\ \boldsymbol{\mu}_{2yk} \\ \vdots \\ \boldsymbol{\mu}_{jyk} \\ \vdots \\ \boldsymbol{\mu}_{myk} \end{pmatrix} = \begin{bmatrix} 0.000 & 0.000 & 0.6311 & 0.3689 \\ 0.0667 & 0.9333 & 0.000 & 0.000 \\ 1.000 & 0.000 & 0.000 & 0.000 \\ 0.000 & 0.550 & 0.450 & 0.000 \\ 0.350 & 0.650 & 0.000 & 0.000 \\ 0.000 & 0.000 & 0.000 & 1.000 \\ 0.000 & 0.000 & 0.300 & 0.700 \\ 0.600 & 0.400 & 0.000 & 0.000 \end{bmatrix} \tag{7-9}$$

（1）定性分析

将 $\boldsymbol{\mu}_{jxk}$、$\boldsymbol{\mu}_{jyk}$ 计算结果和评价指标的权重代入式（4-4），评价指标的权重可采用层次分析法获得：0.0774、0.2322、0.0774、0.1063、0.2437、0.0930、0.0892 和 0.0808[74]。

根据式（4-6）可计算得到综合属性测度向量：

$$\boldsymbol{\mu}_k = [0.2662, 0.437, 0.1141, 0.1827] \tag{7-10}$$

按照置信度准则式（2-12）～式（2-13）进行识别分析，计算时置信度系数取 $\lambda = 0.65$，可知 $k_0 = 2$，即该段岩爆风险等级为 C_2 级，即弱岩爆风险，计算结果与陈秀铜和李璐[74]的层次分析-模糊数学方法的预测结果一致。

（2）概率计算

根据 4.1.3 节所述方法，对 $\boldsymbol{\mu}_{jxk}$ 和 $\boldsymbol{\mu}_{jyk}$ 进行按序排列组合，构建 $m \times K$ 阶矩阵 $\boldsymbol{U}_{jk}$，可以得到 $2^8 = 256$ 个矩阵 $\boldsymbol{U}_{jk}$。对于每一个矩阵 $\boldsymbol{U}_{jk}$，分别计算其综合属性测度，然后运用属性识别准则进行风险等级评判。256 种组合中，k_0 取值均为 2，对应风险为 C_2 级。因此，可以认为该段岩爆风险等级为弱岩爆风险。

九个区段评价结果及其与其他评估方法预测结果的对比见表 7-6。

引水隧洞九个区段的岩爆风险评估结果　　　　　　　　　　　　表 7-6

评估对象	定向分析						定量分析	等级*	实际情况
	综合属性测度						$N_{k=j} \& P(C_j)$		
	C_1	C_2	C_3	C_4	k	等级			
S①	0.4926	0.2358	0.1999	0.0717	2	II	$N_2 = 256 \ \& \ P(C_2) = 100\%$	I	I
S②	0.0582	0.2856	0.4251	0.2311	3	III	$N_3 = 256 \ \& \ P(C_3) = 100\%$	II ~ III	II
S③	0.0737	0.2643	0.1489	0.5131	4	IV	$N_4 = 256 \ \& \ P(C_4) = 100\%$	III	II ~ III
S④	0	0.2236	0.2136	0.5628	4	IV	$N_4 = 256 \ \& \ P(C_4) = 100\%$	IV	IV
S⑤	0	0.2352	0.2160	0.5488	4	IV	$N_4 = 256 \ \& \ P(C_4) = 100\%$	IV	IV
S⑥	0	0.2352	0.2142	0.5506	4	IV	$N_4 = 256 \ \& \ P(C_4) = 100\%$	III ~ IV	III ~ IV
S⑦	0.0040	0.2856	0.1605	0.5499	4	IV	$N_4 = 256 \ \& \ P(C_4) = 100\%$	III	III
S⑧	0.0040	0.3351	0.3928	0.2680	3	III	$N_3 = 256 \ \& \ P(C_3) = 100\%$	II ~ III	II
S⑨	0.2662	0.4370	0.1141	0.1827	2	II	$N_2 = 256 \ \& \ P(C_2) = 100\%$	II	I

注：* 风险等级为层次分析-模糊数学法预测结果[74]。

7.3.5　岩爆风险属性区间评估（II 类）

利用 7.3.2 节构建的第二类属性区间评估模型的单指标属性测度函数（图 7-3），计算表 7-5 中 t_{jx}、t_{jy} 值对应的单指标属性测度，以向量 $\underline{\boldsymbol{\mu}}_{jxk}$、$\overline{\boldsymbol{\mu}}_{jxk}$、$\underline{\boldsymbol{\mu}}_{jyk}$、$\overline{\boldsymbol{\mu}}_{jyk}$ 表示。以 S⑨ 为例，其计算结果如下：

$$\underline{\boldsymbol{U}}_{jxk} = \begin{pmatrix} \underline{\boldsymbol{\mu}}_{1xk} \\ \underline{\boldsymbol{\mu}}_{2xk} \\ \vdots \\ \underline{\boldsymbol{\mu}}_{jxk} \\ \vdots \\ \underline{\boldsymbol{\mu}}_{mxk} \end{pmatrix} = \begin{bmatrix} 0.000 & 0.000 & 0.9344 & 0.0656 \\ 0.000 & 0.7667 & 0.2333 & 0.000 \\ 1.000 & 0.000 & 0.000 & 0.000 \\ 0.000 & 0.250 & 0.750 & 0.000 \\ 0.050 & 0.950 & 0.000 & 0.000 \\ 0.000 & 0.000 & 0.000 & 1.000 \\ 0.000 & 0.000 & 0.000 & 1.000 \\ 0.900 & 0.100 & 0.000 & 0.000 \end{bmatrix} \tag{7-11}$$

$$\overline{\boldsymbol{U}}_{jxk} = \begin{pmatrix} \overline{\boldsymbol{\mu}}_{1xk} \\ \overline{\boldsymbol{\mu}}_{2xk} \\ \vdots \\ \overline{\boldsymbol{\mu}}_{jxk} \\ \vdots \\ \overline{\boldsymbol{\mu}}_{mxk} \end{pmatrix} = \begin{bmatrix} 0.000 & 0.000 & 0.000 & 1.000 \\ 0.7667 & 0.2333 & 0.000 & 0.000 \\ 1.000 & 0.000 & 0.000 & 0.000 \\ 0.250 & 0.750 & 0.000 & 0.000 \\ 1.000 & 0.000 & 0.000 & 0.000 \\ 0.000 & 0.000 & 0.000 & 1.000 \\ 0.000 & 0.000 & 0.000 & 1.000 \\ 0.000 & 0.900 & 0.100 & 0.000 \end{bmatrix} \tag{7-12}$$

$$\underline{U}_{jyk} = \begin{pmatrix} \underline{\boldsymbol{\mu}}_{1yk} \\ \underline{\boldsymbol{\mu}}_{2yk} \\ \vdots \\ \underline{\boldsymbol{\mu}}_{jyk} \\ \vdots \\ \underline{\boldsymbol{\mu}}_{myk} \end{pmatrix} = \begin{bmatrix} 0.000 & 0.1311 & 0.8689 & 0.000 \\ 0.000 & 0.5667 & 0.4333 & 0.000 \\ 0.8883 & 0.1117 & 0.000 & 0.000 \\ 0.000 & 0.050 & 0.950 & 0.000 \\ 0.000 & 0.850 & 0.150 & 0.000 \\ 0.000 & 0.000 & 0.000 & 1.000 \\ 0.000 & 0.000 & 0.000 & 1.000 \\ 1.000 & 0.000 & 0.000 & 0.000 \end{bmatrix} \tag{7-13}$$

$$\overline{U}_{jyk} = \begin{pmatrix} \overline{\boldsymbol{\mu}}_{1yk} \\ \overline{\boldsymbol{\mu}}_{2yk} \\ \vdots \\ \overline{\boldsymbol{\mu}}_{jyk} \\ \vdots \\ \overline{\boldsymbol{\mu}}_{myk} \end{pmatrix} = \begin{bmatrix} 0.000 & 0.000 & 0.1311 & 0.8689 \\ 0.5667 & 0.4333 & 0.000 & 0.000 \\ 1.000 & 0.000 & 0.000 & 0.000 \\ 0.050 & 0.950 & 0.000 & 0.000 \\ 0.850 & 0.150 & 0.000 & 0.000 \\ 0.000 & 0.000 & 0.000 & 1.000 \\ 0.000 & 0.000 & 0.800 & 0.200 \\ 0.100 & 0.900 & 0.000 & 0.000 \end{bmatrix} \tag{7-14}$$

（1）定性分析

将 $\underline{\boldsymbol{\mu}}_{jxk}$、$\overline{\boldsymbol{\mu}}_{jxk}$、$\underline{\boldsymbol{\mu}}_{jyk}$、$\overline{\boldsymbol{\mu}}_{jyk}$ 计算结果和评价指标的权重代入式（4-18），根据式（4-20）可计算得到综合属性测度向量：

$$\boldsymbol{\mu}_k = [0.3168, 0.3311, 0.1726, 0.1795] \tag{7-15}$$

按照置信度准则式（2-12）～式（2-13）进行识别分析，计算时置信度系数取 $\lambda = 0.65$，可知 $k_0 = 2$，即该段岩爆风险等级为 C_2 级，即弱岩爆风险，计算结果与陈秀铜和李璐[74]的层次分析-模糊数学方法和第一类属性区间评估模型的预测结果一致。

（2）概率计算

根据 4.2.3 节所述方法，首先依据式（4-23）分别对 $\underline{\boldsymbol{\mu}}_{jxk}$、$\overline{\boldsymbol{\mu}}_{jxk}$ 和 $\underline{\boldsymbol{\mu}}_{jyk}$、$\overline{\boldsymbol{\mu}}_{jyk}$ 进行均质化计算，得到两个单指标属性测度矩阵：

$$U_{jxk} = \begin{pmatrix} \boldsymbol{\mu}_{1xk} \\ \boldsymbol{\mu}_{2xk} \\ \vdots \\ \boldsymbol{\mu}_{jxk} \\ \vdots \\ \boldsymbol{\mu}_{mxk} \end{pmatrix} = \begin{bmatrix} 0.000 & 0.000 & 0.4672 & 0.5328 \\ 0.38335 & 0.500 & 0.11665 & 0.000 \\ 1.000 & 0.000 & 0.000 & 0.000 \\ 0.125 & 0.500 & 0.375 & 0.000 \\ 0.525 & 0.475 & 0.000 & 0.000 \\ 0.000 & 0.000 & 0.000 & 1.000 \\ 0.000 & 0.000 & 0.500 & 0.500 \\ 0.450 & 0.500 & 0.050 & 0.000 \end{bmatrix} \tag{7-16}$$

$$U_{jyk} = \begin{pmatrix} \boldsymbol{\mu}_{1yk} \\ \boldsymbol{\mu}_{2yk} \\ \vdots \\ \boldsymbol{\mu}_{jyk} \\ \vdots \\ \boldsymbol{\mu}_{myk} \end{pmatrix} = \begin{bmatrix} 0.000 & 0.06555 & 0.500 & 0.43445 \\ 0.28335 & 0.500 & 0.21665 & 0.000 \\ 0.94415 & 0.05585 & 0.000 & 0.000 \\ 0.025 & 0.500 & 0.475 & 0.000 \\ 0.425 & 0.500 & 0.075 & 0.000 \\ 0.000 & 0.000 & 0.000 & 1.000 \\ 0.000 & 0.000 & 0.400 & 0.600 \\ 0.550 & 0.450 & 0.000 & 0.000 \end{bmatrix} \tag{7-17}$$

然后,对 $\boldsymbol{\mu}_{jxk}$ 和 $\boldsymbol{\mu}_{jyk}$ 进行按序排列组合,构建 $m \times K$ 阶矩阵 U_{jk},可以得到 $2^8 = 256$ 个矩阵 U_{jk}。对于每一个矩阵 U_{jk},分别计算其综合属性测度,然后运用属性识别准则进行风险等级评判。256 种组合中,有 188 种组合 k_0 取值均为 2,对应风险为 C_2 级。因此,可以认为该段弱岩爆风险的概率为 92%。

九个区段评价结果及其与其他评估方法预测结果的对比见表 7-7。

引水隧洞九个区段的岩爆风险评估结果　　　　表 7-7

评估对象	定性分析						概率分析	等级
	C_1	C_2	C_3	C_4	k	等级		
S①	0.4144	0.3461	0.1548	0.0847	1	I	$N_1=252\ P(C_1)=98\%$	I
S②	0.1070	0.2730	0.3265	0.2935	3	III	$N_3=240\ P(C_3)=94\%$	III
S③	0.1134	0.2090	0.2072	0.4704	4	IV	$N_4=256\ P(C_4)=100\%$	IV
S④	0.0181	0.1947	0.2385	0.5487	4	IV	$N_4=256\ P(C_4)=100\%$	IV
S⑤	0.0262	0.2008	0.2307	0.5423	4	IV	$N_5=256\ P(C_4)=100\%$	IV
S⑥	0.0262	0.2008	0.2272	0.5458	4	IV	$N_5=256\ P(C_4)=100\%$	IV
S⑦	0.0492	0.2022	0.2407	0.5079	4	IV	$N_4=256\ P(C_4)=100\%$	IV
S⑧	0.0740	0.2558	0.3594	0.3108	3	III	$N_3=254\ P(C_3)=99\%$	III
S⑨	0.3168	0.3311	0.1726	0.1795	2	II	$N_2=188\ P(C_2)=92\%$	II

7.4　江边水电站引水隧洞岩爆风险评估

7.4.1　江边水电站引水隧洞工程概况

江边水电站位于四川省甘孜藏族自治州东南部的雅砻江左岸一级支流九龙河下游河段上,为九龙河"一库五级"开发方案的最后一级电站。本电站采用有坝引水式方案,主要建筑物为首部枢纽、引水系统和地下发电厂房等;拦河闸坝位于九龙河与踏卡河汇合口下游约 746m 附近的河段内,闸址控制流域面积 3479.3km²,多年平均流量 107m²/s,电站总库容为 133 万 m³,装机容量 330MW,属二等大型水电工程。

引水发电系统主要由进水口、引水隧洞、调压井、压力管道和地下厂房组成。江边水电站引水隧洞沿九龙河左岸布置，地下厂房布置于雅砻江左岸的九龙河口下游约 5km 处。九龙河左岸与雅砻江之间为突向 SW 的河间地块，引水发电系统沿线地貌分为九龙河左岸斜坡区、河间地块区和雅砻江左岸斜坡区三种类型。

引水发电系统位于踏卡背斜的西南翼，距江边电站山断裂 9 ~ 18km，距朵洛断裂 6 ~ 8km。线路通过的二叠系地层区，岩层以单斜地层为主，产状较为稳定，一般为 N55 ~ 70°W，NE∠55 ~ 65°。地质测绘表明，沿线地质构造简单，无区域性断裂及大规模的断层分布，线路通过的白龙庙上、下游冲沟，沟底基岩大部分裸露，也未发现有较大规模断层通过的迹象。区内地质构造以小规模断层、节理为主，燕山期黑云母花岗岩与二叠系甲黄沟群地层接触带的蚀变带，分布约 50cm 宽的蚀变带，带内岩体完整性差较破碎，层理发育，层面多夹岩屑及泥，厚 3 ~ 10cm，局部黑云母沿层面富集，厚 3 ~ 5cm，地表风化强烈，呈强风化状为主，是工程区的主要地质构造。

引水隧洞洞线长度约 8.5km，洞身断面为马蹄形，开挖洞径 8.4m，衬砌后洞径 7.2m，隧洞埋深 100 ~ 1690m。洞身段 II 类围岩总段长约为 3420m，III$_b$ 类围岩总段长约为 3406m，III 类围岩总段长为 1909.5m，IV ~ V 类围岩总段长为 236m。全线埋深大于 300m 的洞段长 4824m，占总长度的 53%，属深埋隧洞，黑云母花岗岩饱和抗压强度约为 100MPa，强度应力比在 2 ~ 4，洞身处的地应力水平约在 40MPa 的水平，具有产生中等(局部强烈)岩爆的地质条件。采用临界埋深公式法和工程类比法对岩爆进行初步评价，预测引水隧洞可能以轻微岩爆和中等岩爆为主，局部可能出现强岩爆。轻微岩爆可能发生于埋深 360 ~ 730m 洞段，中等岩爆可能发生于埋深 560 ~ 1000m 的洞段，强岩爆可能发生于埋深 1000m 的洞段[75,76]，如图 7-4 所示。

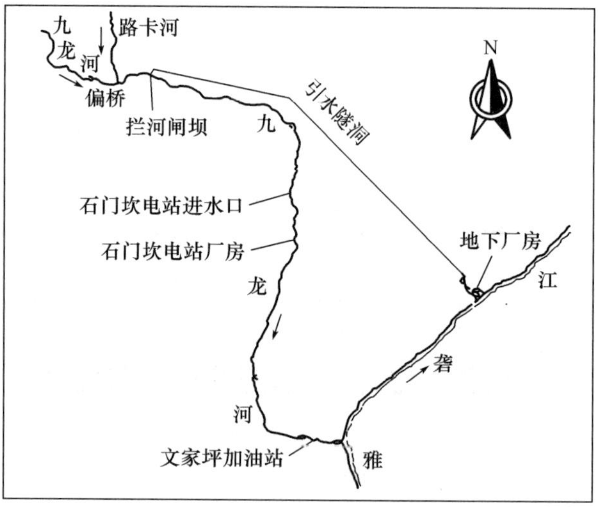

图 7-4　引水隧洞区域地理位置图[75]

7.4.2　岩爆灾害属性区间评估模型

参考张乐文等[76]的研究，选取表 7-2 中的六个评价指标构成岩爆危险性评价指标体系，见表 7-8。

江边水电站引水隧洞岩爆危险性评价指标与分级标准　　　　表7-8

影响因素	评价指标	$C_1(Ⅰ)$	$C_2(Ⅱ)$	$C_3(Ⅲ)$	$C_4(Ⅳ)$
单轴抗压强度	σ_c	<80	80~120	120~180	>180
强度应力比	$K = \sigma_c/\sigma_{max}$	>14.5	5.5~14.5	2.5~5.5	<2.5
脆性系数	$R = \sigma_c/\sigma_t$	>40	26.7~40	14.5~40	<14.5
应力系数	$T = \sigma_\theta/\sigma_c$	<0.3	0.3~0.5	0.5~0.7	>0.7
倾向指数	$W_{et} = \Phi_{sp}/\Phi_{st}$	<2.0	2~3.5	3.5~5.0	>5.0
完整性系数	K_v	<0.55	0.55~0.65	0.65~0.75	>0.75

（1）第Ⅰ类属性区间评估模型

基于表7-8中岩爆风险评价指标的量化分级标准，通过式（2-1）~式（2-8）构建第Ⅰ类属性区间评估模型的单指标属性测度函数，见图7-5。

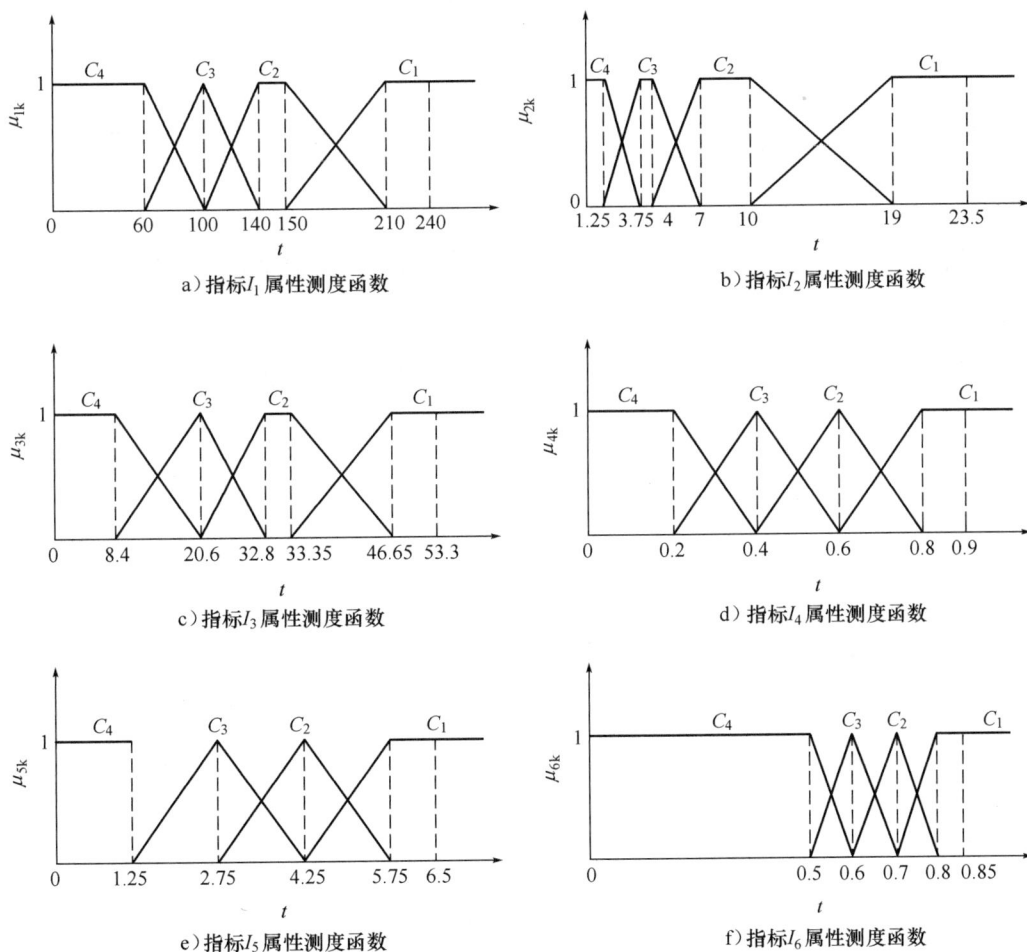

a）指标I_1属性测度函数

b）指标I_2属性测度函数

c）指标I_3属性测度函数

d）指标I_4属性测度函数

e）指标I_5属性测度函数

f）指标I_6属性测度函数

图7-5　岩爆风险评价指标属性测度函数（Ⅰ类）

（2）第Ⅱ类属性区间评估模型

基于表7-8中岩爆风险评价指标的量化分级标准，通过式（3-3）~式（3-14）构建第Ⅱ类属性区间评估模型的单指标属性测度函数，见图7-6。

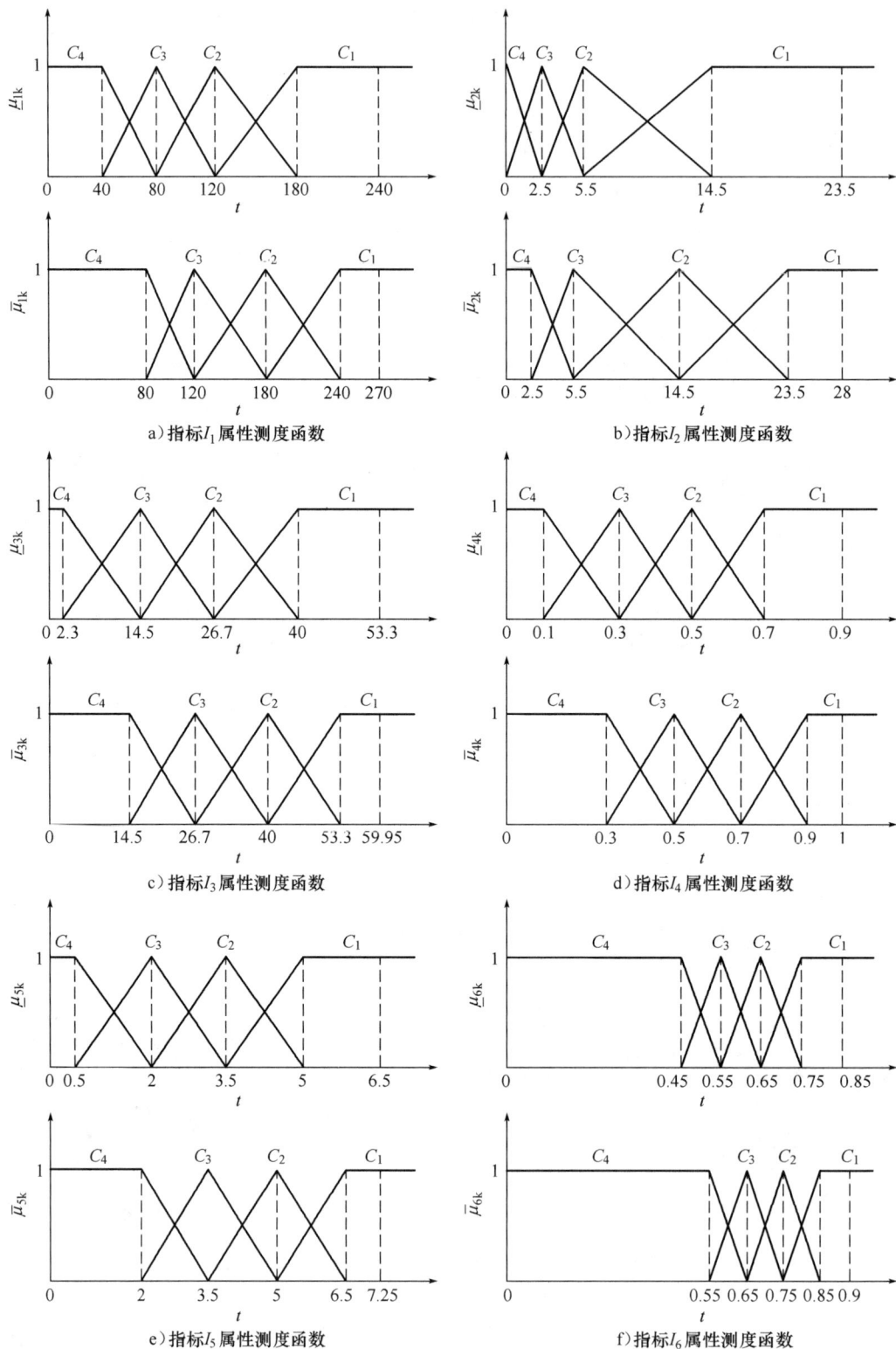

a）指标I_1属性测度函数

b）指标I_2属性测度函数

c）指标I_3属性测度函数

d）指标I_4属性测度函数

e）指标I_5属性测度函数

f）指标I_6属性测度函数

图7-6　岩爆风险评价指标属性测度函数（Ⅱ类）

7.4.3 岩爆灾害评价指标取值区间

根据张乐文等[76]的研究,样本评价指标参数取值见表7-9。评价指标的权重为0.242、0.121、0.152、0.121、0.242 和0.121。

江边水电站引水隧洞岩爆风险评价指标取值区间[76]　　表7-9

评估对象	指标	I_1	I_2	I_3	I_4	I_5	I_6
R①	t_{jx}	151.63	2.42	11.96	0.56	6.12	0.78
	t_{jy}	163.63	3.02	14.4	0.6	6.42	0.8
R②	t_{jx}	142.38	3.88	16.31	0.43	4.93	0.67
	t_{jy}	154.38	4.48	18.75	0.47	5.23	0.69
R③	t_{jx}	126.05	4.56	19.64	0.37	4.48	0.64
	t_{jy}	138.05	5.16	22.08	0.41	4.78	0.66
R④	t_{jx}	121.93	5.05	27.57	0.26	3.52	0.59
	t_{jy}	133.93	5.65	30.23	0.3	3.82	0.61
R⑤	t_{jx}	103.52	7.91	34.71	0.18	2.14	0.49
	t_{jy}	111.52	9.71	37.37	0.22	2.44	0.51
R⑥	t_{jx}	92.41	10.17	46.6	0.17	1.72	0.42
	t_{jy}	100.41	11.97	49.26	0.21	2.02	0.44
R⑦	t_{jx}	161.19	1.66	11.98	0.64	6.68	0.81
	t_{jy}	173.19	2.16	14.42	0.68	6.98	0.83
R⑧	t_{jx}	114.46	5.35	32.42	0.2	2.74	0.53
	t_{jy}	123.46	6.94	35.08	0.24	3.04	0.55

7.4.4 岩爆风险属性区间评估(Ⅰ类)

利用7.3.2节构建的单指标属性测度函数(图7-2),计算表7-5 中 t_{jx}、t_{jy} 值对应的属性测度,计算结果以向量 $\pmb{\mu}_{jxk}$、$\pmb{\mu}_{jyk}$ 表示。

以 R① 为例,其计算结果如下:

$$U_{jxk} = \begin{pmatrix} \pmb{\mu}_{1xk} \\ \pmb{\mu}_{2xk} \\ \vdots \\ \pmb{\mu}_{jxk} \\ \vdots \\ \pmb{\mu}_{mxk} \end{pmatrix} = \begin{bmatrix} 0.000 & 0.000 & 0.9728 & 0.0272 \\ 0.000 & 0.000 & 0.468 & 0.532 \\ 0.000 & 0.000 & 0.2918 & 0.7082 \\ 0.000 & 0.200 & 0.800 & 0.000 \\ 0.000 & 0.000 & 0.000 & 1.000 \\ 0.000 & 0.000 & 0.200 & 0.800 \end{bmatrix} \tag{7-18}$$

$$U_{jyk} = \begin{pmatrix} \boldsymbol{\mu}_{1yk} \\ \boldsymbol{\mu}_{2yk} \\ \vdots \\ \boldsymbol{\mu}_{jyk} \\ \vdots \\ \boldsymbol{\mu}_{myk} \end{pmatrix} = \begin{bmatrix} 0.000 & 0.000 & 0.7728 & 0.2272 \\ 0.000 & 0.000 & 0.708 & 0.292 \\ 0.000 & 0.000 & 0.4918 & 0.5082 \\ 0.000 & 0.000 & 1.000 & 0.000 \\ 0.000 & 0.000 & 0.000 & 1.000 \\ 0.000 & 0.000 & 0.000 & 1.000 \end{bmatrix} \tag{7-19}$$

（1）定性分析

将 $\boldsymbol{\mu}_{jxk}$、$\boldsymbol{\mu}_{jyk}$ 计算结果和评价指标的权重代入式（4-4），根据式（4-6）可计算得到综合属性测度向量：

$$\boldsymbol{\mu}_k = [0.000, 0.0121, 0.4629, 0.524] \tag{7-20}$$

按照置信度准则式（2-12）～式（2-13）进行识别分析，计算时置信度系数取 $\lambda = 0.65$，可知 $k_0 = 4$，即该段岩爆风险等级为 C_4 级，即强烈岩爆风险，计算结果与张乐文等[76]基于粗糙集的可拓评价的预测结果一致。

（2）概率计算

根据 4.1.3 节所述方法，对 $\boldsymbol{\mu}_{jxk}$ 和 $\boldsymbol{\mu}_{jyk}$ 进行按序排列组合，构建 $m \times K$ 阶矩阵 U_{jk}，可以得到 $2^6 = 64$ 个矩阵 U_{jk}。对于每一个矩阵 U_{jk}，分别计算其综合属性测度，然后运用属性识别准则进行风险等级评判。64 种组合中，k_0 取值均为 4，对应风险为 C_4 级。因此，可以认为该段岩爆风险等级为强烈岩爆。

八个区段评价结果及其与其他评估方法预测结果的对比见表 7-10。

引水隧洞八个区段的岩爆风险评估结果 表 7-10

评估对象	定性分析						定量分析	等级*
	综合属性测度						$N_{k=j}$ & $P(C_j)$	
	C_1	C_2	C_3	C_4	k	等级		
R①	0	0.0121	0.4629	0.5240	4	Ⅳ	$N_4 = 64$ & $P(C_4) = 100\%$	Ⅳ
R②	0	0.1246	0.6934	0.1810	3	Ⅲ	$N_3 = 64$ & $P(C_3) = 100\%$	Ⅲ
R③	0.0091	0.2614	0.6612	0.0673	3	Ⅲ	$N_3 = 64$ & $P(C_3) = 100\%$	Ⅲ
R④	0.0787	0.4818	0.4386	0	3	Ⅲ	$N_3 = 62$ & $P(C_3) = 96.875\%$	Ⅱ
R⑤	0.3349	0.6186	0.0455	0	2	Ⅱ	$N_2 = 64$ & $P(C_2) = 100\%$	Ⅰ
R⑥	0.5700	0.4278	0.0012	0	2	Ⅱ	$N_2 = 64$ & $P(C_2) = 100\%$	Ⅰ
R⑦	0	0	0.3491	0.6499	4	Ⅳ	$N_4 = 64$ & $P(C_4) = 100\%$	Ⅳ
R⑧	0.1922	0.6319	0.1750	0	2	Ⅱ	$N_2 = 64$ & $P(C_2) = 100\%$	Ⅱ

注：* 风险等级为基于粗糙集的可拓评价结果[76]。

7.4.5 岩爆风险属性区间评估（Ⅱ类）

利用 7.3.2 节构建的第二类属性区间评估模型的单指标属性测度函数（图 7-3），计算表 7-5 中 t_{jx}、t_{jy} 值对应的单指标属性测度，以向量 $\underline{\boldsymbol{\mu}}_{jxk}$、$\overline{\boldsymbol{\mu}}_{jxk}$、$\underline{\boldsymbol{\mu}}_{jyk}$、$\overline{\boldsymbol{\mu}}_{jyk}$ 表示。以 R① 为例，其计算结果如下：

$$\boldsymbol{U}_{jxk} = \begin{pmatrix} \underline{\boldsymbol{\mu}}_{1xk} \\ \underline{\boldsymbol{\mu}}_{2xk} \\ \vdots \\ \underline{\boldsymbol{\mu}}_{jxk} \\ \vdots \\ \underline{\boldsymbol{\mu}}_{mxk} \end{pmatrix} = \begin{bmatrix} 0.000 & 0.000 & 0.4728 & 0.5272 \\ 0.000 & 0.000 & 0.968 & 0.032 \\ 0.000 & 0.000 & 0.7918 & 0.2082 \\ 0.000 & 0.000 & 0.700 & 0.300 \\ 0.000 & 0.000 & 0.000 & 1.000 \\ 0.000 & 0.000 & 0.000 & 1.000 \end{bmatrix} \tag{7-21}$$

$$\overline{\boldsymbol{U}}_{jxk} = \begin{pmatrix} \overline{\boldsymbol{\mu}}_{1xk} \\ \overline{\boldsymbol{\mu}}_{2xk} \\ \vdots \\ \overline{\boldsymbol{\mu}}_{jxk} \\ \vdots \\ \overline{\boldsymbol{\mu}}_{mxk} \end{pmatrix} = \begin{bmatrix} 0.000 & 0.4728 & 0.5272 & 0.000 \\ 0.000 & 0.000 & 0.000 & 1.000 \\ 0.000 & 0.000 & 0.000 & 1.000 \\ 0.000 & 0.700 & 0.300 & 0.000 \\ 0.000 & 0.000 & 0.2533 & 0.7467 \\ 0.000 & 0.000 & 0.700 & 0.300 \end{bmatrix} \tag{7-22}$$

$$\boldsymbol{U}_{jyk} = \begin{pmatrix} \underline{\boldsymbol{\mu}}_{1yk} \\ \underline{\boldsymbol{\mu}}_{2yk} \\ \vdots \\ \underline{\boldsymbol{\mu}}_{jyk} \\ \vdots \\ \underline{\boldsymbol{\mu}}_{myk} \end{pmatrix} = \begin{bmatrix} 0.000 & 0.000 & 0.2728 & 0.7272 \\ 0.000 & 0.1733 & 0.8267 & 0.000 \\ 0.000 & 0.000 & 0.9918 & 0.0082 \\ 0.000 & 0.000 & 0.500 & 0.500 \\ 0.000 & 0.000 & 0.000 & 1.000 \\ 0.000 & 0.000 & 0.000 & 1.000 \end{bmatrix} \tag{7-23}$$

$$\overline{\boldsymbol{U}}_{jyk} = \begin{pmatrix} \overline{\boldsymbol{\mu}}_{1yk} \\ \overline{\boldsymbol{\mu}}_{2yk} \\ \vdots \\ \overline{\boldsymbol{\mu}}_{jyk} \\ \vdots \\ \overline{\boldsymbol{\mu}}_{myk} \end{pmatrix} = \begin{bmatrix} 0.000 & 0.2728 & 0.7272 & 0.000 \\ 0.000 & 0.000 & 0.1733 & 0.8267 \\ 0.000 & 0.000 & 0.000 & 1.000 \\ 0.000 & 0.500 & 0.500 & 0.000 \\ 0.000 & 0.000 & 0.0533 & 0.9467 \\ 0.000 & 0.000 & 0.500 & 0.500 \end{bmatrix} \tag{7-24}$$

（1）定性分析

将 $\underline{\boldsymbol{\mu}}_{jxk}$、$\overline{\boldsymbol{\mu}}_{jxk}$、$\underline{\boldsymbol{\mu}}_{jyk}$、$\overline{\boldsymbol{\mu}}_{jyk}$ 计算结果和评价指标的权重代入式（4-18），根据式（4-20）可计算得到综合属性测度向量：

$$\boldsymbol{\mu}_k = [0.000, 0.0867, 0.3637, 0.5487] \tag{7-25}$$

按照置信度准则式（2-12）～式（2-13）进行识别分析，计算时置信度系数取 $\lambda = 0.65$，可知 $k_0 = 4$，即该段岩爆风险等级为 C_4 级，即强烈岩爆风险，计算结果与张乐文等[76]基于粗糙集的可拓评价的预测结果和第一类属性区间评估模型的预测结果一致。

（2）概率计算

根据4.2.3节所述方法，首先依据式（4.23）分别对 $\underline{\boldsymbol{\mu}}_{jxk}$、$\overline{\boldsymbol{\mu}}_{jxk}$ 和 $\underline{\boldsymbol{\mu}}_{jyk}$、$\overline{\boldsymbol{\mu}}_{jyk}$ 进行均质化计算，得到两个单指标属性测度矩阵：

$$U_{jxk} = \begin{pmatrix} \boldsymbol{\mu}_{1xk} \\ \boldsymbol{\mu}_{2xk} \\ \vdots \\ \boldsymbol{\mu}_{jxk} \\ \vdots \\ \boldsymbol{\mu}_{mxk} \end{pmatrix} = \begin{bmatrix} 0.000 & 0.2364 & 0.500 & 0.2636 \\ 0.000 & 0.000 & 0.484 & 0.516 \\ 0.000 & 0.000 & 0.3959 & 0.6041 \\ 0.000 & 0.350 & 0.500 & 0.150 \\ 0.000 & 0.000 & 0.12665 & 0.87335 \\ 0.000 & 0.000 & 0.350 & 0.650 \end{bmatrix} \tag{7-26}$$

$$U_{jyk} = \begin{pmatrix} \boldsymbol{\mu}_{1yk} \\ \boldsymbol{\mu}_{2yk} \\ \vdots \\ \boldsymbol{\mu}_{jyk} \\ \vdots \\ \boldsymbol{\mu}_{myk} \end{pmatrix} = \begin{bmatrix} 0.000 & 0.1364 & 0.500 & 0.3636 \\ 0.000 & 0.08665 & 0.500 & 0.41335 \\ 0.000 & 0.000 & 0.4959 & 0.5041 \\ 0.000 & 0.250 & 0.500 & 0.250 \\ 0.000 & 0.000 & 0.02665 & 0.97335 \\ 0.000 & 0.000 & 0.250 & 0.750 \end{bmatrix} \tag{7-27}$$

然后,对 $\boldsymbol{\mu}_{jxk}$ 和 $\boldsymbol{\mu}_{jyk}$ 进行按序排列组合,构建 $m \times K$ 阶矩阵 U_{jk},可以得到 $2^6 = 64$ 个矩阵 U_{jk}。对于每一个矩阵 U_{jk},分别计算其综合属性测度,然后运用属性识别准则进行风险等级评判。64 种组合中,所有组合 k_0 取值均为 4,对应风险为 C_4 级。因此,可以认为该段强烈岩爆风险的概率为 100%。

八个区段评价结果及其与其他评估方法预测结果的对比见表 7-11。

引水隧洞八个区段的岩爆风险评估结果 表7-11

评估对象	定性分析						概率分析	等级
	C_1	C_2	C_3	C_4	k	等级		
R①	0	0.0867	0.3637	0.5487	4	IV	$N_1 = 64 \ \& \ P(C_4) = 100\%$	IV
R②	0.0151	0.2222	0.4751	0.2866	3	III	$N_2 = 64 \ \& \ P(C_3) = 100\%$	III
R③	0.0363	0.3317	0.4632	0.1678	3	III	$N_3 = 64 \ \& \ P(C_3) = 100\%$	III
R④	0.1099	0.4592	0.3957	0.0342	2	II	$N_4 = 64 \ \& \ P(C_2) = 100\%$	II
R⑤	0.3925	0.4390	0.1675	0	2	II	$N_5 = 61 \ \& \ P(C_2) = 95\%$	II
R⑥	0.5764	0.3491	0.0735	0	1	I	$N_6 = 64 \ \& \ P(C_1) = 100\%$	I
R⑦	0	0.0379	0.3138	0.6473	4	IV	$N_7 = 64 \ \& \ P(C_4) = 100\%$	IV
R⑧	0.2540	0.4642	0.2758	0.0050	2	II	$N_8 = 64 \ \& \ P(C_2) = 100\%$	II

第8章 隧道塌方灾害风险属性区间评估

8.1 隧道塌方灾害

8.1.1 塌方定义与分类

塌方是指围岩失稳而造成的突发性坍塌、堆塌、崩塌等破坏性地质灾害,通常发生于断层破碎带、膨胀岩土、第四系松散岩层、不整合接触面、侵入岩接触带以及岩体结构面不利组合地段。

对于塌方类型,许多学者从其形式和规模、发生部位、发生机制、破坏形态等进行了划分。

①按照形式和规模,可将塌方分为冒顶大塌方、大塌方(塌高>3m)、小塌方(塌高<3m)和洞顶掉块四类。

②按照发生部位的不同,可分为洞口塌方和洞内塌方。

③根据塌方的发生机制和时间效应,可分为蠕变型塌方和崩塌型塌方。

④按照岩体的破坏形式和作用机理,将塌方分为重力坍塌型、碎裂松动型、张裂塌落型、弯折内鼓型和剪切滑移型五类。

8.1.2 灾变条件与演化过程

隧道的开挖打破了岩体内原有的地应力平衡,随着隧道掌子面向前推进和临空面的逐渐扩大,因隧道开挖卸荷作用而产生的围岩应力场重分布及岩体的应变软化现象随之出现。当局部区域内重分布后的应力超过岩体或者结构面的极限强度,岩体完整性受到破坏,塌方灾害随之发生。

岩体的变形破坏是一种渐进性发展的过程。隧道开挖后,围岩内应力重分布,围岩产生变形。如果重分布后的局部应力大于围岩的强度,围岩将发生局部破坏。变形或破坏使得围岩应力状态再次得到调整,如果调整后的应力仍大于围岩强度,就会出现持续较大范围的破坏;如果调整后的应力小于围岩强度,则围岩能够恢复稳定状态,形成具有自承能力的塌落拱。

洞口塌方是由于洞口段一般为堆积层或风化严重、破碎的岩体,其自稳能力以及整体稳定性均较差,同时又属于超浅埋地层。如果在进洞前未能对边仰坡采取一定的超前支护处理,或采取的技术措施未能达到要求时,当隧道开挖进洞后,必然引起上部浅层围岩发生应力重分布,在重力作用下出现下沉或开裂变形。当这些变形发展到一定程度时,极限平衡被打破,导致大面积的整体失稳,进而发生整体坍塌。

洞内塌方是隧道或洞室开挖后,周边的岩石处于悬空状态,同时发生下沉或收敛变形,以释放其内部应力,由于岩石体中存在层理和节理(或者其他软弱夹层),使周边的部分岩块在重力作用下,具有下落和挤出的趋势。如果此时未采取相应的支护措施或所采取的支护措施达不到控制其变形发展的要求时,必然会出现"掉块"现象,当这种"掉块"继续扩展就形成大型塌方。

8.2 隧道塌方灾害风险评价指标体系

隧道塌方的影响因素多且复杂,但总体上可概括为地质因素、设计因素和施工因素。地质因素,即围岩性质、受力状态、地下水变化等;设计因素,即断面形式、洞口位置、支护参数等;施工因素,即开挖方法、支护时机等。

①地质因素。隧道塌方的地质诱因主要包括:隧道开挖过程中围岩地质条件突然变差,施工过程中出现了较大的断层、破碎带或软弱夹层;隧道穿越地表水源,如河流、水库、冲沟(陷穴)等;隧道遭遇特殊的不良地质,如高膨胀性、高地应力、泥石流、涌水等;地下水的软化、浸泡、冲蚀、分解等作用。

②设计因素。隧道塌方的设计因素是指隧道在设计时,由于种种客观因素的限制,造成设计方案的不合理。如隧址区地质勘察不够详细或者错误,设计隧道位于滑坡体或断层之中,设计的支护参数偏小,支护设计强度、刚度不足,无法保证围岩从开挖后到二次衬砌施作这段时间内的稳定;洞口位置选择不当,存在浅埋或偏压现象十分明显,设计方案缺少专项应对措施;针对特殊不良地质地段,没有做出专项施工方案或设计上给出的处理措施不当,设计的安全支护参数过小,不能起到支护稳定围岩的作用等。

③施工因素。隧道塌方的施工诱因主要包括:隧道的爆破设计有问题,对围岩扰动过大;开挖方法不正确、初期支护未按设计的参数进行,使围岩的稳定性达不到要求;根据局部地质状况,需要采取超前支护(超前锚杆、管棚、注浆、小导管预注浆等)措施而未采取,或虽然已采取但其质量和效果未能达到要求;施作二次衬砌的时间太迟,围岩无法承受应力重分布后带来的直接作用而发生塌方;没有及时施作仰拱,未形成封闭的环状受力;采用新奥法施工时,没有按时、按量地开展量测工作,或虽开展了量测工作,但未及时进行信息反馈,从而造成决策失误;未开展超前地质预报工作或已开展但未对施工起到有效指导作用。

隧道塌方风险评价为一个综合评价系统,该系统通过分析塌方事故影响因素,对隧道的塌方灾害进行判别或预测。结合已有的研究成果,选取围岩强度、岩体完整性、偏压情况、地下水作用、特殊地质情况、隧道埋深、断面形式和大小、施工技术与管理水平八个主要影响因素作为塌方灾害的评价指标,并将塌方风险划分为 C_1(极高危险性)、C_2(高危险性)、C_3(中等危险性)、C_4(低危险性)、C_5(微危险性或基本无危险)共五个等级。

(1)围岩强度 I_1

隧道围岩强度等级是在判断隧道围岩稳定性和支护设计过程中必须要考虑的一个重要的参数。塌方发生的概率和规模随岩石强度的增大而降低,也就是说,围岩的强度越高,稳定性越好,发生塌方的概率和规模就越小。围岩强度风险等级可按照现行的围岩分级标准划分,具体见表8-1。

围岩强度风险等级划分表　　　　表8-1

围岩强度风险等级	围岩特征描述	v_p(km/s)
V	极软岩或土体	≤1.5
IV	软岩($R_c<5$)	(1.5,2.5]
III	较软岩($5≤R_c<15$)	(2.5,3.5]
II	较硬岩($15≤R_c<30$)	(3.5,4.5]
I	极硬岩或硬质岩($R_c≥30$)	>4.5

注：v_p为岩体纵波波速。

（2）岩体完整性 I_2

岩体完整性系数反映了岩体完整程度，其计算公式为：

$$K_v = \frac{v_{pm}^2}{v_{pr}^2} \tag{8-1}$$

式中：v_{pm}——岩体弹性纵波速度；

v_{pr}——岩石弹性纵波速度。

岩体完整性等级划分见表8-2。

岩体完整性等级划分　　　　表8-2

岩体完整性等级	岩体特征描述	K_v
V	极破碎	(0,0.15]
IV	破碎	(0.15,0.35]
III	较破碎	(0.35,0.55]
II	较完整	(0.55,0.75]
I	完整	(0.75,1.0]

（3）偏压情况 I_3

通常山岭隧道在下穿山体时，由于地形影响常常会受到偏压影响，尤其是在洞口浅埋段最为显著，而偏压作用会造成隧道整体受力的非对称性，严重影响隧道围岩的稳定性。统计数据表明：1/9 的隧道塌方事故都与偏压有关。引入偏压倾角作为隧道偏压情况的量化指标，以沿隧道纵轴方向为基准，定义山体倾斜偏离隧道纵轴的角度为偏压倾角。一般来说，偏压倾角越大，隧道发生塌方的可能性就越大[55]。偏压情况影响等级划分见表8-3。

偏压情况影响等级划分　　　　表8-3

偏压影响等级	V	IV	III	II	I
偏压倾角(°)	>40	(30,40]	(20,30]	(10,20]	(0,10]

（4）地下水作用 I_4

地下水是影响隧道围岩稳定性的重要因素之一，隧道塌方案例中大都存在地下水的影响作用。地下水将会溶蚀岩体中结构面的胶结物以及部分充填物细小颗粒，改变岩体结构，使岩石软化，强度降低，严重影响围岩稳定性。地下水的物理、化学与力学三大作用所产生的冲刷、软化、润滑、动静水压力以及化学溶解作用会导致围岩的物理力学性质明显降低,特别是含软弱夹层的岩体,其结构面强度因地下水的存在而大大降低,从而导致岩体沿结构面产生滑塌。隧道塌方灾害的诱发因素中,地下水的影响作用最为显著。地下水影响等级划分见表8-4。

地下水影响等级划分   表8-4

地下水影响等级	地下水特征描述	地下水影响等级	地下水特征描述
V	地下水很发育	II	地下水少发育,洞室潮湿
IV	地下水较发育	I	地下水不发育,洞室干燥
III	地下水弱发育,洞室有少量裂隙水出漏		

(5)特殊地质情况 I_5

特殊地质情况主要是指隧道围岩中不良地质构造和特殊地层,主要包括:富水软弱地层、松散破碎地层、岩溶发育地层、湿陷性和膨胀性地层等。特殊地层围岩具有特定的性质,不良地质构造破坏了岩体的完整性,当隧道施工至特殊地质地段时,围岩的稳定性降低,引起塌方灾害的概率增大。如隧道施工经常遭遇的松散破碎带,具有强度低、易变形、黏聚力小、导水性强等特点,施工扰动后极易发生塌方事故,发生概率及危险性极高。特殊地质情况风险分级见表8-5。

特殊地质情况风险分级   表8-5

特殊地质风险等级	特殊地质影响程度描述	特殊地质风险等级	特殊地质影响程度描述
V	十分严重	II	需考虑
IV	较严重	I	可忽略
III	一般		

(6)隧道埋深 I_6

围岩破坏模式随隧道埋深的不同而不同。隧道埋深很大时,塌方形式一般为塌落拱;埋深较小时,塌方形式为坍塌冒顶。一般来讲,当隧道处于埋深较浅的情况时,其自稳能力相对也较弱,发生塌方灾害的概率也越高,而由于深埋隧道周围岩体不易受到风化的影响,深埋隧道发生塌方的可能性也较浅埋隧道更小。

当隧道埋深较浅时,隧道开挖会直接造成山体表面或地表的扰动,上部覆土层难以形成稳定状态的自然拱,围岩稳定性较差,同时当初期支护难以提供足够的支承力时,围岩将会产生大变形,形成塌方。根据隧道埋深与塌方次数所占比例的统计结果,隧道埋深影响的等级划分见表8-6。

埋深影响等级划分   表8-6

埋深影响等级	V	IV	III	II	I
埋深(m)	(0,10]	(10,20]	(20,40]	(40,60]	>60

(7)隧道断面形式和大小 I_7

隧道断面形式和大小是影响围岩稳定性的重要因素。隧道围岩破坏是由于开挖卸载作用引起地应力重新分布,而在重分布过程中部分区域产生应力集中现象并超过了岩体强度,从而发生破坏。如果隧道断面设计不合理,围岩应力分布不均匀,应力集中现象明显,就容易引发围岩破坏,造成塌方灾害。此外,隧道断面大小对围岩应力重分布的影响更为显著,隧道断面越大,开挖跨度越大,就越容易出现塌方现象。

根据文献[55]得知,开挖跨度与塌方次数成正比关系。开挖跨度影响等级划分见表8-7。

开挖跨度影响等级划分　　　　　　　　表8-7

开挖跨度影响等级	V	IV	III	II	I
开挖跨度(m)	>15	(12,15]	(10,12]	(7,10]	(0,7]

(8)施工技术与管理水平 I_8

隧道施工时开挖扰动是导致塌方发生的重要因素,地质勘察的精准性、施工方案的选择、设计方案的合理性、现场支护的施作时机、超前地质预报与监控量测技术水平等因素都存在诱发隧道塌方事故的可能。施工因素主要受施工单位建设管理水平的制约。施工单位施工技术与管理水平影响的等级划分[59]见表8-8。

施工技术与管理水平影响的等级划分　　　　　　　　表8-8

施工技术与管理水平影响等级	V	IV	III	II	I
具体描述	信誉差; 施工经验、技术力量严重不足	信誉较差; 施工经验一般,技术力量单薄	信誉一般; 施工经验一般,技术力量一般	信誉良好; 施工经验较丰富,技术力量较雄厚	信誉优秀; 施工经验丰富,技术力量雄厚

基于上述分析,隧道塌方灾害危险性评价指标和量化分级标准见表8-9。其中,强度影响、地下水状况影响、特殊地质情况影响、施工技术与管理水平影响不便于量化分级,可采用工程中常用的 Karwowski 等提出的隶属度函数表示,也可以采用专家打分法,按 1~5 的分值量化,对应风险标准为: C_5 级 <1.5、 C_4 级 1.5~2.5、 C_3 级 2.5~3.5、 C_4 级 3.5~4.5、 C_1 级 >4.5。

隧道塌方灾害风险评价指标和分级标准　　　　　　　　表8-9

	风险等级	C_1	C_2	C_3	C_4	C_5
指标	围岩级别	>4.5	3.5~4.5	2.5~3.5	1.5~2.5	≤1.5
	岩体完整性 K_v	0~0.15	0.15~0.35	0.35~0.55	0.55~0.75	0.75~1.0
	偏压倾角(°)	>40	40~30	30~20	20~10	10~0
	地下水影响	>4.5	4.5~3.5	3.5~2.5	2.5~1.5	<1.5
	特殊地质情况	>4.5	4.5~3.5	3.5~2.5	2.5~1.5	<1.5
	隧道埋深(m)	0~10	10~20	20~40	40~60	>60
	开挖跨度(m)	>15	15~12	12~10	10~7	7~0
	施工技术与管理水平	>4.5	4.5~3.5	3.5~2.5	2.5~1.5	<1.5

8.3 隧道塌方灾害属性区间评估模型

参考李术才等[59]和陈洁金等[55]的研究,本节进行隧道塌方风险评估时,选取围岩级别、开挖跨度、隧道埋深、偏压倾角、地下水状况、施工技术与管理水平六个影响因素作为评价指标,其塌方风险评价指标的量化分级标准见表8-10。

塌方风险评价指标的量化分级标准 表8-10

	风 险 等 级	C_1	C_2	C_3	C_4	C_5
指标	I_1:围岩级别	>4.5	3.5~4.5	2.5~3.5	1.5~2.5	<1.5
	I_2:开挖跨度(m)	>15	12~15	10~12	7~10	0~7
	I_3:隧道埋深(m)	0~10	10~20	20~40	40~60	>60
	I_4:偏压倾角(°)	>40	30~40	20~30	10~20	0~10
	I_5:地下水状况	>4.5	3.5~4.5	2.5~3.5	1.5~2.5	<1.5
	I_6:施工技术与管理水平	>4.5	3.5~4.5	2.5~3.5	1.5~2.5	<1.5

8.3.1 隧道塌方风险评估单指标测度函数

(1)第Ⅰ类属性区间评估模型

基于表8-10中隧道塌方风险评价指标的量化分级标准,通过式(2-1)~式(2-8)构建第Ⅰ类属性区间评估模型的单指标属性测度函数,见图8-1。

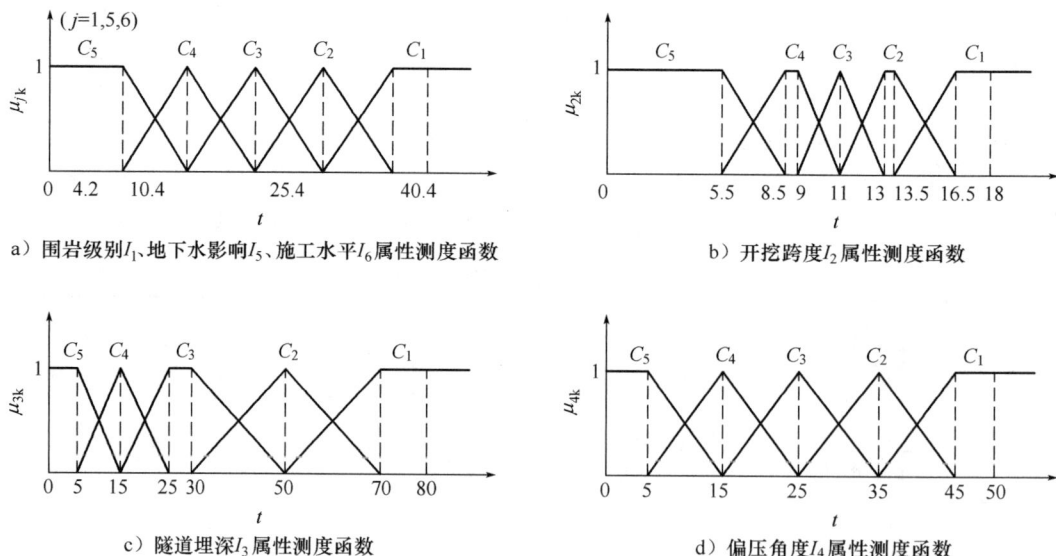

a)围岩级别I_1、地下水影响I_5、施工水平I_6属性测度函数   b)开挖跨度I_2属性测度函数

c)隧道埋深I_3属性测度函数   d)偏压角度I_4属性测度函数

图8-1 塌方风险评价指标属性测度函数—第Ⅰ类属性区间评估模型

(2)第Ⅱ类属性区间评估模型

基于表8-10中隧道塌方风险评价指标的量化分级标准,通过式(3-3)~式(3-14)构建第Ⅱ类属性区间评估模型的单指标属性测度函数,见图8-2。

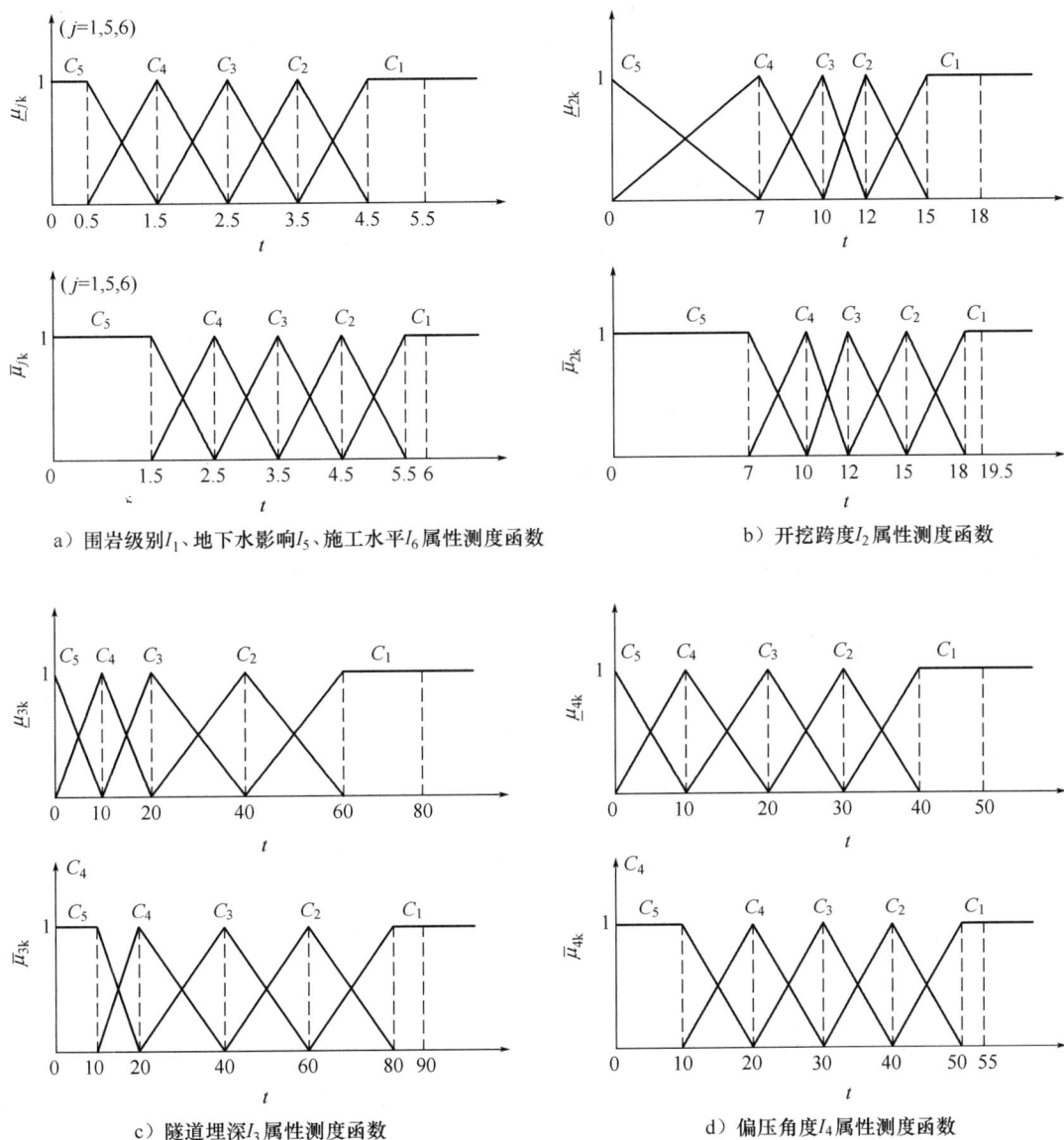

a）围岩级别I_1、地下水影响I_5、施工水平I_6属性测度函数

b）开挖跨度I_2属性测度函数

c）隧道埋深I_3属性测度函数

d）偏压角度I_4属性测度函数

图8-2 塌方风险评价指标属性测度函数—第Ⅱ类属性区间评估模型

8.3.2 隧道塌方风险评价指标权重分析

本节仍采用频数统计法和层次分析法相结合的综合赋权法来确定指标权重,由客观权重和主观权重加权求和而得。

$$\begin{cases} \boldsymbol{\omega}_j = \boldsymbol{\omega}_{j1}\psi_1 + \boldsymbol{\omega}_{j2}\psi_2 \\ \psi_1 + \psi_2 = 1 \end{cases} \tag{8-2}$$

式中:$\boldsymbol{\omega}_{j1}$——采用频数统计法得到的客观权向量;

$\boldsymbol{\omega}_{j2}$——采用层次分析法得到的主观权向量;

ψ_1、ψ_2——分别为客观权重与主观权重的分配权值,由专家根据现场情况确定。

根据陈洁金等[55]对100座隧道的统计资料,采用频数统计法获得了六个主要影响因素的客观权向量:

$$\boldsymbol{\omega}_{j1} = [0.30, 0.14, 0.06, 0.16, 0.27, 0.07] \tag{8-3}$$

主观权重可通过层次分析法,利用1~9标度方法构造判断矩阵,用根植法计算因素权向量。陈洁金等[55]构造的评估模型判断矩阵见表8-11。

主观权重判断矩阵 　　　　　　　　　表8-11

指　标	I_1	I_2	I_3	I_4	I_5	I_6	$\boldsymbol{\omega}_{j2}$
I_1	1	7	4	2	3	8	0.38
I_2	1/7	1	1/3	1/5	1/5	3	0.05
I_3	1/4	3	1	1/3	1/2	4	0.1
I_4	1/2	5	3	1	2	7	0.25
I_5	1/3	5	2	1	1	5	0.16
I_6	1/8	3	1/4	1/7	1/5	1	0.05

注:最大特征根 $\lambda_{max} = 6.92$;检验系数 $CR = 0.15 < 1$。

计算得到指标主观权向量为:

$$\boldsymbol{\omega}_{j2} = [0.38, 0.05, 0.1, 0.25, 0.16, 0.05] \tag{8-4}$$

根据专家经验,ψ_1、ψ_2分别取0.4和0.6[55],可得综合权重为:

$$\boldsymbol{\omega}_{j} = [0.35, 0.09, 0.09, 0.21, 0.20, 0.06] \tag{8-5}$$

8.4　典型案例分析与验证

青山岗隧道是长沙—重庆高速公路中的一座分离式双向四车道隧道,左洞起讫桩号为ZK121+420~ZK122+665,全长1245m,右洞起讫桩号为YK121+388~YK122+615,全长1227m。采用新奥法原理设计、施工,衬砌为复合式衬砌。出口段为震旦系上统地层出露。左洞出口段ZK122+575~ZK122+610为浅埋地段且严重偏压,山体自然坡度为35°~45°,覆盖层最薄处只有4m。该段围岩为硅质岩,弱~微风化,岩层薄层状,岩石坚硬,节理裂隙发育,岩体呈块碎石镶嵌结构,地质勘察结果表明围岩级别为Ⅳ~Ⅴ级围岩,且围岩为微透水层,局部滴状漏水。此段围岩稳定性差,比较容易发生塌方,因此很有必要对此段进行塌方风险评估。采用模糊层次综合评价法得到的本段发生塌方的风险概率等级为C级,发生塌方风险损失等级为3级。

根据地质勘察资料,青山岗隧道ZK122+575~ZK122+610段为Ⅳ级围岩,风险评估所需的风险因素参数取值见表8-12。

评价指标取值区间 　　　　　　　　　表8-12

指　标	I_1	I_2	I_3	I_4	I_5	I_6
t_{jx}	2.8	12	14	31	2.8	1.8
t_{jy}	3.2	13	15	33	3.2	2.2

8.4.1　塌方风险属性区间评估（Ⅰ类）

利用8.3.1节构建的单指标属性测度函数（图8-1），计算表8-12中t_{jx}、t_{jy}值对应的属性测度，计算结果以向量$\boldsymbol{\mu}_{jxk}$、$\boldsymbol{\mu}_{jyk}$表示，即：

$$U_{jxk} = \begin{pmatrix} \boldsymbol{\mu}_{1xk} \\ \boldsymbol{\mu}_{2xk} \\ \vdots \\ \boldsymbol{\mu}_{jxk} \\ \vdots \\ \boldsymbol{\mu}_{mxk} \end{pmatrix} = \begin{bmatrix} 0.000 & 0.000 & 0.800 & 0.200 & 0.000 \\ 0.000 & 0.500 & 0.500 & 0.000 & 0.000 \\ 0.100 & 0.900 & 0.000 & 0.000 & 0.000 \\ 0.000 & 0.600 & 0.400 & 0.000 & 0.000 \\ 0.000 & 0.000 & 0.800 & 0.000 & 0.000 \\ 0.000 & 0.000 & 0.000 & 0.800 & 0.200 \end{bmatrix} \tag{8-6}$$

$$U_{jyk} = \begin{pmatrix} \boldsymbol{\mu}_{1yk} \\ \boldsymbol{\mu}_{2yk} \\ \vdots \\ \boldsymbol{\mu}_{jyk} \\ \vdots \\ \boldsymbol{\mu}_{myk} \end{pmatrix} = \begin{bmatrix} 0.000 & 0.200 & 0.800 & 0.000 & 0.000 \\ 0.000 & 1.000 & 0.000 & 0.000 & 0.000 \\ 0.000 & 1.000 & 0.000 & 0.000 & 0.000 \\ 0.000 & 0.800 & 0.200 & 0.000 & 0.000 \\ 0.000 & 0.200 & 0.800 & 0.000 & 0.000 \\ 0.000 & 0.000 & 0.200 & 0.800 & 0.000 \end{bmatrix} \tag{8-7}$$

（1）定性分析

将$\boldsymbol{\mu}_{jxk}$、$\boldsymbol{\mu}_{jyk}$计算结果和评价指标的权重代入式（4-4），根据式（4-6）可计算得到综合属性测度向量：

$$\boldsymbol{\mu}_k = \begin{bmatrix} 0.0045, & 0.3550, & 0.5315, & 0.1030, & 0.0060 \end{bmatrix} \tag{8-8}$$

按照置信度准则式（2-11）、式（2-12）进行识别分析，计算时取置信度$\lambda = 0.65$，可知C_{k_0}等级中$k_0 = 2$，即该段塌方危险性等级为C_2级。

（2）概率计算

根据4.1.3节所述方法，对$\boldsymbol{\mu}_{jxk}$和$\boldsymbol{\mu}_{jyk}$进行按序排列组合，构建$m \times K$阶矩阵U_{jk}，可以得到$2^6 = 64$个矩阵U_{jk}。对于每一个矩阵U_{jk}，分别计算其综合属性测度，然后运用属性识别准则进行风险等级评判，计算结果见表8-13。

所构建的64个矩阵U_{jk}的综合属性测度　　　　　　表8-13

矩阵序号	μ_1	μ_2	μ_3	μ_4	μ_5	k_0
1	0.000	0.261	0.569	0.158	0.012	3
2	0.000	0.376	0.524	0.088	0.012	2
3	0.009	0.322	0.569	0.088	0.012	3
4	0.000	0.373	0.527	0.088	0.012	2
5	0.000	0.371	0.569	0.048	0.012	2
6	0.000	0.331	0.581	0.088	0.000	3
7	0.000	0.306	0.524	0.158	0.012	3
8	0.009	0.252	0.569	0.158	0.012	3

矩阵序号	μ_1	μ_2	μ_3	μ_4	μ_5	k_0
9	0.000	0.303	0.527	0.158	0.012	3
10	0.000	0.301	0.569	0.118	0.012	3
11	0.000	0.261	0.581	0.158	0.000	3
12	0.009	0.367	0.524	0.088	0.012	2
13	0.000	0.418	0.482	0.088	0.012	2
14	0.000	0.416	0.524	0.048	0.012	2
15	0.000	0.376	0.536	0.088	0.000	2
16	0.009	0.364	0.527	0.088	0.012	2
17	0.009	0.362	0.569	0.048	0.012	2
18	0.009	0.322	0.581	0.088	0.000	3
19	0.000	0.413	0.527	0.048	0.012	2
20	0.000	0.373	0.539	0.088	0.000	2
21	0.000	0.371	0.581	0.048	0.000	2
22	0.009	0.297	0.524	0.158	0.012	3
23	0.000	0.348	0.482	0.158	0.012	3
24	0.000	0.346	0.524	0.118	0.012	3
25	0.000	0.306	0.536	0.158	0.000	3
26	0.009	0.294	0.527	0.158	0.012	3
27	0.009	0.292	0.569	0.118	0.012	3
28	0.009	0.252	0.581	0.158	0.000	3
29	0.000	0.343	0.527	0.118	0.012	3
30	0.000	0.303	0.539	0.158	0.000	3
31	0.000	0.301	0.581	0.118	0.000	3
32	0.009	0.409	0.482	0.088	0.012	2
33	0.009	0.407	0.524	0.048	0.012	2
34	0.009	0.367	0.536	0.088	0.000	2
35	0.000	0.458	0.482	0.048	0.012	2
36	0.000	0.418	0.494	0.088	0.000	2
37	0.000	0.416	0.536	0.048	0.000	2
38	0.009	0.404	0.527	0.048	0.012	2
39	0.009	0.364	0.539	0.088	0.000	2
40	0.009	0.362	0.581	0.048	0.000	2
41	0.000	0.413	0.539	0.048	0.000	2
42	0.009	0.339	0.482	0.158	0.012	3
43	0.009	0.337	0.524	0.118	0.012	3
44	0.009	0.297	0.536	0.158	0.000	3

矩阵序号	μ_1	μ_2	μ_3	μ_4	μ_5	k_0
45	0.000	0.388	0.482	0.118	0.012	2
46	0.000	0.348	0.494	0.158	0.000	3
47	0.000	0.346	0.536	0.118	0.000	3
48	0.009	0.334	0.527	0.118	0.012	3
49	0.009	0.294	0.539	0.158	0.000	3
50	0.009	0.292	0.581	0.118	0.000	3
51	0.000	0.343	0.539	0.118	0.000	3
52	0.009	0.449	0.482	0.048	0.012	2
53	0.009	0.409	0.494	0.088	0.000	2
54	0.009	0.407	0.536	0.048	0.000	2
55	0.000	0.458	0.494	0.048	0.000	2
56	0.009	0.404	0.539	0.048	0.000	2
57	0.009	0.379	0.482	0.118	0.012	2
58	0.009	0.339	0.494	0.158	0.000	3
59	0.009	0.337	0.536	0.118	0.000	3
60	0.000	0.388	0.494	0.118	0.000	2
61	0.009	0.334	0.539	0.118	0.000	3
62	0.009	0.449	0.494	0.048	0.000	2
63	0.000	0.261	0.569	0.158	0.012	2
64	0.000	0.376	0.524	0.088	0.012	3

表 8-13 所示的 64 种组合中,有 32 种组合 $k_0 = 2$,对应风险等级为 C_2 级;有 32 种组合 C_{k_0} 等级中 $k_0 = 3$,对应风险等级为 C_3 级。因此,可以认为该段发生 C_2 级塌方的可能性为 50%,另有 50% 的可能性发生 C_3 级塌方。

8.4.2　塌方风险属性区间评估(II 类)

利用 8.3.1 节构建的第二类属性区间评估模型的单指标属性测度函数(图 8-2),计算表 8-12 中 t_{jx}、t_{jy} 值对应的单指标属性测度,以向量 $\underline{\boldsymbol{\mu}}_{jxk}$、$\overline{\boldsymbol{\mu}}_{jxk}$、$\underline{\boldsymbol{\mu}}_{jyk}$、$\overline{\boldsymbol{\mu}}_{jyk}$ 表示,计算结果如下:

$$\underline{U}_{jxk} = \begin{pmatrix} \underline{\boldsymbol{\mu}}_{1xk} \\ \underline{\boldsymbol{\mu}}_{2xk} \\ \vdots \\ \underline{\boldsymbol{\mu}}_{jxk} \\ \vdots \\ \underline{\boldsymbol{\mu}}_{mxk} \end{pmatrix} = \begin{bmatrix} 0.000 & 0.300 & 0.700 & 0.000 & 0.000 \\ 0.000 & 1.000 & 0.000 & 0.000 & 0.000 \\ 0.000 & 0.600 & 0.400 & 0.000 & 0.000 \\ 0.100 & 0.900 & 0.000 & 0.000 & 0.000 \\ 0.000 & 0.300 & 0.700 & 0.000 & 0.000 \\ 0.000 & 0.000 & 0.300 & 0.700 & 0.000 \end{bmatrix} \tag{8-9}$$

$$\overline{U}_{jxk} = \begin{pmatrix} \overline{\pmb{\mu}}_{1xk} \\ \overline{\pmb{\mu}}_{2xk} \\ \vdots \\ \overline{\pmb{\mu}}_{jxk} \\ \vdots \\ \overline{\pmb{\mu}}_{mxk} \end{pmatrix} = \begin{bmatrix} 0.000 & 0.000 & 0.300 & 0.700 & 0.000 \\ 0.000 & 0.000 & 1.000 & 0.000 & 0.000 \\ 0.600 & 0.400 & 0.000 & 0.000 & 0.000 \\ 0.000 & 0.100 & 0.900 & 0.000 & 0.000 \\ 0.000 & 0.000 & 0.300 & 0.700 & 0.000 \\ 0.000 & 0.000 & 0.000 & 0.300 & 0.700 \end{bmatrix} \tag{8-10}$$

$$\underline{U}_{jyk} = \begin{pmatrix} \underline{\pmb{\mu}}_{1yk} \\ \underline{\pmb{\mu}}_{2yk} \\ \vdots \\ \underline{\pmb{\mu}}_{jyk} \\ \vdots \\ \underline{\pmb{\mu}}_{myk} \end{pmatrix} = \begin{bmatrix} 0.000 & 0.700 & 0.300 & 0.000 & 0.000 \\ 0.3333 & 0.6667 & 0.000 & 0.000 & 0.000 \\ 0.000 & 0.500 & 0.500 & 0.000 & 0.000 \\ 0.300 & 0.700 & 0.000 & 0.000 & 0.000 \\ 0.000 & 0.700 & 0.300 & 0.000 & 0.000 \\ 0.000 & 0.000 & 0.700 & 0.300 & 0.000 \end{bmatrix} \tag{8-11}$$

$$\overline{U}_{jyk} = \begin{pmatrix} \overline{\pmb{\mu}}_{1yk} \\ \overline{\pmb{\mu}}_{2yk} \\ \vdots \\ \overline{\pmb{\mu}}_{jyk} \\ \vdots \\ \overline{\pmb{\mu}}_{myk} \end{pmatrix} = \begin{bmatrix} 0.000 & 0.000 & 0.700 & 0.300 & 0.000 \\ 0.000 & 0.3333 & 0.6667 & 0.000 & 0.000 \\ 0.500 & 0.500 & 0.000 & 0.000 & 0.000 \\ 0.000 & 0.300 & 0.700 & 0.000 & 0.000 \\ 0.000 & 0.000 & 0.700 & 0.300 & 0.000 \\ 0.000 & 0.000 & 0.000 & 0.700 & 0.300 \end{bmatrix} \tag{8-12}$$

（1）定性分析

将 $\underline{\pmb{\mu}}_{jxk}$、$\overline{\pmb{\mu}}_{jxk}$、$\underline{\pmb{\mu}}_{jyk}$、$\overline{\pmb{\mu}}_{jyk}$ 计算结果和评价指标的权重代入式（4-18），根据式（4-20）可计算得到综合属性测度向量：

$$\pmb{\mu}_k = \begin{bmatrix} 0.0532, & 0.3325, & 0.4317, & 0.1675, & 0.0150 \end{bmatrix} \tag{8-13}$$

按照置信度准则式（2-11）、式（2-12）进行识别分析，计算时取置信度 $\lambda = 0.65$，可得 C_{k_0} 等级中 $k_0 = 2$，即该段塌方危险性等级为 C_2，计算结果与第一类属性区间评估模型的结果一致。

（2）概率计算

根据4.2.3节所述方法，首先依据式（4-23）分别对 $\underline{\pmb{\mu}}_{jxk}$、$\overline{\pmb{\mu}}_{jxk}$ 和 $\underline{\pmb{\mu}}_{jyk}$、$\overline{\pmb{\mu}}_{jyk}$ 进行均质化计算，得到两个单指标属性测度矩阵：

$$U_{jxk} = \begin{pmatrix} \pmb{\mu}_{1xk} \\ \pmb{\mu}_{2xk} \\ \vdots \\ \pmb{\mu}_{jxk} \\ \vdots \\ \pmb{\mu}_{mxk} \end{pmatrix} = \begin{bmatrix} 0.000 & 0.150 & 0.500 & 0.350 & 0.000 \\ 0.000 & 0.500 & 0.500 & 0.000 & 0.000 \\ 0.300 & 0.500 & 0.200 & 0.000 & 0.000 \\ 0.050 & 0.500 & 0.450 & 0.000 & 0.000 \\ 0.000 & 0.150 & 0.500 & 0.350 & 0.000 \\ 0.000 & 0.000 & 0.150 & 0.500 & 0.350 \end{bmatrix} \tag{8-14}$$

$$U_{jyk} = \begin{pmatrix} \boldsymbol{\mu}_{1yk} \\ \boldsymbol{\mu}_{2yk} \\ \vdots \\ \boldsymbol{\mu}_{jyk} \\ \vdots \\ \boldsymbol{\mu}_{myk} \end{pmatrix} = \begin{bmatrix} 0.000 & 0.350 & 0.500 & 0.150 & 0.000 \\ 0.16665 & 0.500 & 0.33335 & 0.000 & 0.000 \\ 0.250 & 0.500 & 0.250 & 0.000 & 0.000 \\ 0.150 & 0.500 & 0.350 & 0.000 & 0.000 \\ 0.000 & 0.350 & 0.500 & 0.150 & 0.000 \\ 0.000 & 0.000 & 0.350 & 0.500 & 0.150 \end{bmatrix} \tag{8-15}$$

然后,对 $\boldsymbol{\mu}_{jxk}$ 和 $\boldsymbol{\mu}_{jyk}$ 进行按序排列组合,构建 $m \times K$ 阶矩阵 U_{jk},可以得到 $2^6 = 64$ 个矩阵 U_{jk}。对于每一个矩阵 U_{jk},分别计算其综合属性测度,然后运用属性识别准则进行风险等级评判,计算结果见表8-14。

所构建的 64 个矩阵 U_{jk} 的综合属性测度 表8-14

矩阵序号	μ_1	μ_2	μ_3	μ_4	μ_5	k_0
1	0.0330	0.2775	0.4460	0.2225	0.0210	3
2	0.0480	0.3475	0.4310	0.1525	0.0210	2
3	0.0375	0.3475	0.4415	0.1525	0.0210	2
4	0.0540	0.3475	0.4250	0.1525	0.0210	2
5	0.0330	0.3875	0.4460	0.1125	0.0210	2
6	0.0330	0.3475	0.4580	0.1525	0.0090	2
7	0.0480	0.2775	0.4310	0.2225	0.0210	3
8	0.0375	0.2775	0.4415	0.2225	0.0210	3
9	0.0540	0.2775	0.4250	0.2225	0.0210	3
10	0.0330	0.3175	0.4460	0.1825	0.0210	2
11	0.0330	0.2775	0.4580	0.2225	0.0090	3
12	0.0525	0.3475	0.4265	0.1525	0.0210	2
13	0.0690	0.3475	0.4100	0.1525	0.0210	2
14	0.0480	0.3875	0.4310	0.1125	0.0210	2
15	0.0480	0.3475	0.4430	0.1525	0.0090	2
16	0.0585	0.3475	0.4205	0.1525	0.0210	2
17	0.0375	0.3875	0.4415	0.1125	0.0210	2
18	0.0375	0.3475	0.4535	0.1525	0.0090	2
19	0.0540	0.3875	0.4250	0.1125	0.0210	2
20	0.0540	0.3475	0.4370	0.1525	0.0090	2
21	0.0330	0.3875	0.4580	0.1125	0.0090	2
22	0.0525	0.2775	0.4265	0.2225	0.0210	3
23	0.0690	0.2775	0.4100	0.2225	0.0210	3
24	0.0480	0.3175	0.4310	0.1825	0.0210	2
25	0.0480	0.2775	0.4430	0.2225	0.0090	3

矩阵序号	μ_1	μ_2	μ_3	μ_4	μ_5	k_0
26	0.0585	0.2775	0.4205	0.2225	0.0210	3
27	0.0375	0.3175	0.4415	0.1825	0.0210	2
28	0.0375	0.2775	0.4535	0.2225	0.0090	3
29	0.0540	0.3175	0.4250	0.1825	0.0210	2
30	0.0540	0.2775	0.4370	0.2225	0.0090	3
31	0.0330	0.3175	0.4580	0.1825	0.0090	2
32	0.0735	0.3475	0.4055	0.1525	0.0210	2
33	0.0525	0.3875	0.4265	0.1125	0.0210	2
34	0.0525	0.3475	0.4385	0.1525	0.0090	2
35	0.0690	0.3875	0.4100	0.1125	0.0210	2
36	0.0690	0.3475	0.4220	0.1525	0.0090	2
37	0.0480	0.3875	0.4430	0.1125	0.0090	2
38	0.0585	0.3875	0.4205	0.1125	0.0210	2
39	0.0585	0.3475	0.4325	0.1525	0.0090	2
40	0.0375	0.3875	0.4535	0.1125	0.0090	2
41	0.0540	0.3875	0.4370	0.1125	0.0090	2
42	0.0735	0.2775	0.4055	0.2225	0.0210	2
43	0.0525	0.3175	0.4265	0.1825	0.0210	2
44	0.0525	0.2775	0.4385	0.2225	0.0090	3
45	0.0690	0.3175	0.4100	0.1825	0.0210	2
46	0.0690	0.2775	0.4220	0.2225	0.0090	3
47	0.0480	0.3175	0.4430	0.1825	0.0090	2
48	0.0585	0.3175	0.4205	0.1825	0.0210	2
49	0.0585	0.2775	0.4325	0.2225	0.0090	3
50	0.0375	0.3175	0.4535	0.1825	0.0090	2
51	0.0540	0.3175	0.4370	0.1825	0.0090	2
52	0.0735	0.3875	0.4055	0.1125	0.0210	2
53	0.0735	0.3475	0.4175	0.1525	0.0090	2
54	0.0525	0.3875	0.4385	0.1125	0.0090	2
55	0.0690	0.3875	0.4220	0.1125	0.0090	2
56	0.0585	0.3875	0.4325	0.1125	0.0090	2
57	0.0735	0.3175	0.4055	0.1825	0.0210	2
58	0.0735	0.2775	0.4175	0.2225	0.0090	2
59	0.0525	0.3175	0.4385	0.1825	0.0090	2
60	0.0690	0.3175	0.4220	0.1825	0.0090	2

矩阵序号	μ_1	μ_2	μ_3	μ_4	μ_5	k_0
61	0.0585	0.3175	0.4325	0.1825	0.0090	2
62	0.0735	0.3875	0.4175	0.1125	0.0090	2
63	0.0735	0.3175	0.4175	0.1825	0.0090	2
64	0.0330	0.3475	0.4460	0.1525	0.0210	2

表 8-14 所示的 64 种组合中,有 50 种组合 $k_0 = 2$,对应风险等级为 C_2 级;有 14 种组合 $k_0 = 3$,对应风险等级为 C_3 级。因此,可以认为该段发生 C_2 级塌方的概率为 78.125%,发生 C_3 级塌方的概率为 21.825%。

第9章 煤与瓦斯突出风险属性
区间评估

9.1 煤与瓦斯突出灾害

9.1.1 煤与瓦斯突出定义与分类

煤与瓦斯突出是指在极短的时间内,煤矿井下含瓦斯煤岩体突然、连续的由煤岩体内部向采掘空间急剧运动、并伴随大量瓦斯喷出的一种强烈动力现象。

煤与瓦斯的分类依据主要包括突出现象的力学特性和突出强度两种。

(1)按照突出现象的力学特性,可将其划分为煤与瓦斯突出、煤突然压出并涌出大量瓦斯、煤突然倾出并涌出大量瓦斯。

(2)按照突出强度,可将其划分为小型突出(突出的煤岩数量小于100t)、中型突出(突出的煤岩数量为100～500t)、大型突出(突出的煤岩数量为500～1000t)和特大型突出(突出的煤岩数量大于1000t)。

9.1.2 灾变条件与演化过程

煤与瓦斯突出的发生必须具备一定的能量,当煤岩体在地应力、瓦斯压力的作用下经历一定的能量积聚,采掘扰动使之逐渐发展到临界破坏、甚至过载的脆弱平衡状态,积聚在煤岩体内的弹性潜能瞬间释放,将产生煤与瓦斯突出现象。根据煤与瓦斯突出影响因素,学者们现阶段将突出机理分为四类[78-79],见表9-1。

煤与瓦斯突出机理分类   表9-1

类 型	主 导 因 素	观 点
瓦斯主导作用假说	瓦斯	煤岩体内的高压瓦斯会迅速破坏工作面与高压瓦斯之间的煤层,导致煤与瓦斯突出
地应力主导作用假说[80]	地压(煤体应力)	当巷道接近储存有高应变能的岩层时,高应变能将煤体破碎,引起煤与瓦斯突出
化学本质作用假说	煤层本身的物理化学性质	煤与瓦斯突出主要是煤中产生的热反应和化学作用形成高压瓦斯造成的
综合作用假说[81]	地应力、瓦斯压力以及煤的力学性质等因素的综合作用	瓦斯压力和地应力是突出发动和发展的动力,煤的结构及其力学性质是阻碍突出发生的因素。 煤与瓦斯突出过程的实质是地应力破坏煤体,煤体释放瓦斯,瓦斯使煤体裂隙扩张并使形成的煤壳失稳破坏,将原本具有一定支撑作用的表面破坏撕开并抛向巷道,迫使应力峰转向煤体内部继续破坏后续的煤体的一个连续发展过程

煤与瓦斯突出可分为:准备阶段、激发阶段、发展阶段和终止阶段四个阶段[82-83]。

(1)准备阶段。这一阶段包括煤岩受力状态的变化、煤体物理力学性质的改变、瓦斯压力的改变等,经历了能量积聚和阻力降低两个过程。此阶段时间变化范围大,甚至几秒内也可以完成。能量积聚过程是指煤岩体内赋存高瓦斯压力与瓦斯压力梯度,有利约束条件下地应力梯度急剧增大,形成高地应力集中,积聚着大量变形能。同时,由于孔隙裂隙的压缩,瓦斯压力增高,瓦斯压缩能增大。阻力降低过程是指采掘后煤岩体由三向受力状态变为两向或单向受力状态,煤岩体的强度骤然下降。

(2)激发阶段。由于外力作用,煤岩体应力状态突然改变,岩石和煤层的弹性潜能突然释放。此时,煤岩体发生压缩变形,孔隙和裂隙瓦斯压力急剧升高,当瓦斯压力梯度、瓦斯膨胀能及释放的岩石和煤的弹性潜能足够大时,煤岩体被破坏,激发突出。当释放能量不足时,或者煤岩体较硬时,煤岩体只发生局部破坏,而不能破碎到突出的粉煤状态,则暂时不会发生突出,煤岩体进入不稳定平衡状态,此后若有外力作用补给能量,则激发突出。

(3)发展阶段。依靠释放的弹性能和游离瓦斯的膨胀能使煤岩体破碎,并由瓦斯流把碎煤抛出,包括煤岩体粉化破坏和层裂破坏两个(有时会交替出现的)过程。随着碎煤的抛出,突出孔洞壁处始终保持着一个较大的地应力梯度和瓦斯压力梯度,从而使煤的破碎过程由突出中心向周围发展。随着煤的破碎和抛出,瓦斯压力降低,吸附瓦斯解吸,而大量的解吸瓦斯的膨胀又加剧这一过程,促使煤体进一步破碎。如此反复进行,直到煤被破碎为粉煤,并形成具有很大能量、可造成一定动力效应的粉煤瓦斯流。

(4)终止阶段。瓦斯等能量不足以冲破煤体则导致突出终止。煤与瓦斯突出终止的条件有两个:一个是剥离和破碎煤体的扩展中遇到了较硬的煤体,或地应力与瓦斯压力降低到不足以破坏煤体;另一个是突出孔道被堵塞,其孔壁建立起新的拱平衡,或孔洞瓦斯压力因突出孔道被堵塞而升高,地应力与瓦斯压力梯度降低,不足以剥离和破碎煤体。

9.2 煤与瓦斯突出灾害风险评价指标体系

煤与瓦斯突出的发生是由周围区域的地质环境、煤体本身的物理学性质、地质构造、高压瓦斯等多种因素共同作用的结果。对煤与瓦斯突出危险性进行分析时,要综合考虑每一个影响突出因素对突出事件的影响程度大小。目前,煤与瓦斯突出影响因素与突出事件之间的内在联系和规律仍存在着模糊性和不确定性。结合已有的研究成果,将煤与瓦斯突出风险划分为 C_1(高危险性)、C_2(中等危险性)、C_3(弱危险性)共三个等级:严重突出、中等突出和较弱突出。

(1)煤的破坏类型

煤的破坏类型指煤体受到构造应力作用后,由于其受破坏的程度不同所形成的不同类别。煤的破坏程度越大,煤体越容易破碎,发生突出的危险性也会越大。一方面,破坏较为严重的煤更容易被冲破;另一方面,破坏程度较大的煤可以储存更多的瓦斯,作为突出的后续动力,加剧了突出的严重性。另外,煤的破坏类型还间接表明了该煤体可能遭受过应力破坏或者附近存在地质构造带等有助于瓦斯突出的条件。煤的结构类型包括煤层组成部分的形态、煤体颗粒大小和强度、煤的光泽、煤的构造与构造特征、煤的节理性质以及煤的断口性质[84]。按照煤体形态、颗粒大小和光泽度等可以分为五个类型：Ⅰ类(非破坏煤)、Ⅱ类(破坏煤)、Ⅲ类(强烈破坏煤)、Ⅳ类(粉碎煤)和Ⅴ类(全粉煤)。煤的破坏类型及煤与瓦斯发生突出程度的对应关系见表9-2。

煤的破坏类型及煤与瓦斯发生突出程度的对应关系 表9-2

煤的破坏类型	煤 体 特 征	煤与瓦斯突出危险程度
Ⅰ类、Ⅱ类	煤体类型界限清晰,原生条带结构明显可见;破碎煤体呈棱角状块体,块体间无相对位移或已有较小相对位移,未见揉皱镜面	较弱的突出危险
Ⅲ类	煤体光泽暗淡,原生结构遭到破坏;煤被揉搓捻碎,主要粒径在1mm以上,构造镜面发育	中等的突出危险
Ⅳ类、Ⅴ类	煤体光泽暗淡,原生结构遭到破坏;煤被揉搓捻碎得更细小,主要粒径在1mm以下,构造、揉皱镜面发育	严重的突出危险

(2)煤层开采深度

煤与瓦斯突出的危险性、突出次数和强度随开采深度的增加而增加[85-86]。随着开采深度的加深,同一煤层的瓦斯压力和地应力随之增大。由于地应力的影响,原本存在突出风险的煤层会产生裂纹,其孔隙也变成闭合状态,煤体的渗透性受到影响,瓦斯难以流动。与此同时,由于瓦斯向地表流通的通道增长,为煤体瓦斯的保存创造了良好的条件;开采深度越大,保留瓦斯的条件越好。当煤层逐渐被破坏,煤层的破坏程度越严重,发生突出的风险就越大。对于每个矿井,煤层都有一个突出的最小深度(始突深度),当煤层开采深度小于该深度时不会发生突出。始突深度由数十米到数百米不等,一般始突深度都在100m以上。当煤层开采深度超过始突深度时,随着采掘深度增加,突出的煤层层数增加,突出的强度增大,突出的次数增多,突出的危险区的面积扩大。根据相关研究,煤层开采深度h判据如下：

$$\begin{cases} h \geqslant 500 & (严重突出风险) \\ 200 \leqslant \Delta P < 500 & (中等突出风险) \\ 100 < \Delta P < 200 & (较弱突出风险) \end{cases}$$

(3)煤层厚度及其变化

煤层是瓦斯生成和储存的场所,其为瓦斯突出的发生提供了有利的物质基础[87]。厚煤带是容易发生瓦斯突出的地点,特别是软质层煤层,煤层厚度变化越大,发生煤与瓦斯突出的危险性越高。煤层厚度的差异是原始沉积条件和煤层形成过程中构造运动的共同结果,瓦斯生成量也受到煤层厚度的影响。煤层厚度变化的梯度能够间接地反映出瓦斯梯度的变化。煤层厚度变化的梯度不仅影响瓦斯涌出量,而且也影响突出煤层,煤层厚度变化大的煤层往往比较容易发生瓦斯突出事故。煤体厚度各不相同,造成煤体承受外界压力时的应力分布也是不均匀的,应力集中往往都产生在煤层厚度变化较大的部位;由地质构造原因所导致的煤层厚度变化大的部位,其应力是异常的,同时也是容易聚积瓦斯的部位。

①对于赋存稳定的煤层,煤层的突出危险性取决于煤层的厚度,随着煤层厚度的增加,突出危险性增加。

②对于煤层厚度变化大的单煤层矿井,煤层的突出多发生在厚煤地段和煤厚变化带。被薄煤带包围的厚煤带的突出危险性大。

③对于煤层厚度变化大的多煤层矿井,不同煤层相比较,煤层变化大的地段比煤层厚度变

化小的地段突出危险性大。

突出煤层越厚、煤层厚度变化越大,其突出危险性也就越大,具体表现为多突出且突出强度大。因此,煤层厚度及其变化对突出预测具有一定的理论依据。煤层厚度变化可用煤厚变异性系数来衡量,它是测评区域内煤层厚度变化的标准差与平均煤层厚度的比值,其计算公式如下:

$$CV = \frac{S}{X} = \frac{\dfrac{\sqrt{\sum_{i=1}^{n}(X_i - X)^2}}{n-1}}{X} \tag{9-1}$$

式中:CV——煤厚变异系数;

$\quad S$——标准差;

$\quad X$——煤层平均厚度,m;

$\quad X_i$——勘测钻孔内煤层实测厚度,m;

$\quad n$——勘测钻孔煤点数。

一般来说,CV 的判据如下:

$$\begin{cases} CV \geqslant 0.4 & (\text{严重突出危险}) \\ 0.3 \leqslant CV < 0.4 & (\text{中等突出危险}) \\ CV < 0.3 & (\text{较弱突出危险}) \end{cases}$$

(4)软质层厚度变化

煤层中软分层厚度是决定煤层突出危险性的一个重要的因素。软分层与正常煤层相比,强度较低,吸附能力强,能够保存较多的瓦斯气体,渗透率大、解吸速度快,能够在短时间内形成较高的瓦斯压力,具有极端的松软性和易碎性。同样应力作用下,软分层较松软,弹性模数较低,弹性潜能一般较高,危险性较大。若实际煤层中软分层越厚,则放射出来的先期矿井瓦斯膨胀能量越多,越有易于突出环境的产生。因此,软分层厚度越大,煤与瓦斯突出的危险性越高。

(5)煤层倾角变化

当煤层产状、埋深等条件相近且处于稳定的情况下,煤层倾角越小,瓦斯沿纵向移动扩散的可能性越小,越不利于瓦斯运移逸出,相应的突出危险性就越小。当煤层倾角变大时,则为瓦斯的运移和逸散提供了便利条件,越容易发生危险。当煤层产状不稳定时,煤层的走向和倾角急剧变化的转折处一般发生应力集中现象且应力梯度变化较大,突出的危险性也就越大。

(6)地质构造

断层、褶皱等地质构造变形对瓦斯突出的条件、突出点分布、突出危险性和突出强度起着控制性作用。地质构造的类型及其封闭情况、构造部位以及力学性质等,是造成瓦斯排放或赋存有利条件的重要因素。瓦斯积聚通常是在封闭性的地质构造中形成,开放性的地质构造对瓦斯排放起到积极作用。根据地质构造的复杂程度,得到其对应关系,见表9-3。

地质构造与危险发生的严重性的对应关系 表9-3

地 质 构 造	煤与瓦斯突出危险程度
地质构造极其简单,几乎没有断层和褶曲等	较弱的突出危险
地质构造相对复杂,有一定数量的断层和褶曲	中等的突出危险
断层和褶曲较发育,且赋存有大量高压瓦斯的地质构造	严重的突出危险

（7）煤体坚固性系数

煤的坚固性系数反映了煤的强度、硬度及脆性等力学特性，表示煤体被破坏的难易程度，煤层越坚固，其自身抵抗突出的能力就会越高。是表示煤体抵抗外力大小的一个综合性指标。煤体坚固性系数越小，说明该煤体越容易被压裂破碎，瓦斯更容易释放出来，煤层的瓦斯突出危险性越大。一般来说，煤体坚固性系数 f 的判据如下：当 $f \leqslant 0.2$ 时，为严重突出危险；当 $0.2 < f \leqslant 0.3$ 时，为中等突出危险；当 $0.3 < f < 1.5$ 时，为较弱突出危险。

（8）瓦斯放散初速度

煤的瓦斯放散初速度的大小同煤的瓦斯含量、孔隙结构和孔隙表面性质与大小有关，是反映煤吸附瓦斯能力和含瓦斯煤体暴露时放散瓦斯快慢的一个指标[88-89]。煤与瓦斯突出过程中瓦斯的运动和破坏力，很大程度上取决于含瓦斯煤体破坏时瓦斯的解吸与放散能力。当瓦斯含量一定时，放散初速度 ΔP 值越大，瓦斯在极短时间内释放积聚瓦斯能越多，对煤体做功能力越强，煤的破坏程度愈严重，发生突出的危险性越大。一般情况下，ΔP 的判据如下：

$$\begin{cases} 10\text{L/min} \leqslant \Delta P < 18\text{L/min} & （严重突出危险） \\ 5\text{L/min} \leqslant \Delta P < 10\text{L/min} & （中等突出危险） \\ 1\text{L/min} \leqslant \Delta P < 5\text{L/min} & （较弱突出危险） \end{cases}$$

（9）瓦斯压

煤层瓦斯压力指煤层中游离瓦斯的压力，表示煤层中瓦斯内能的大小，其与瓦斯含量、煤体透气性和煤层的地质结构密切相关；瓦斯压力的大小很大程度上反映突出的危险性[90-91]。瓦斯压力作为煤与瓦斯突出的动力来源，为突出的发生提供了能量来源，煤层中瓦斯压力越大，煤体内瓦斯的含量越高，积聚的瓦斯能量越多。同时，瓦斯压力越大，煤体性质相同时其渗透越快，对煤的裂隙发展也越有利，煤层瓦斯突出的危险性越大。根据煤与瓦斯突出的相关理论，煤层瓦斯压力 P 的分类标准如下：

$$\begin{cases} 3\text{MPa} \leqslant P < 6\text{MPa} & （严重突出危险） \\ 1.1\text{MPa} \leqslant P < 3\text{MPa} & （中等突出危险） \\ 0.3\text{MPa} \leqslant P < 1.1\text{MPa} & （较弱突出危险） \end{cases}$$

（10）煤层瓦斯含量

煤层瓦斯含量是指单位质量煤体所含瓦斯体积，有游离和吸附两种存在状态，它既是衡量煤层瓦斯储量和涌出量的基础，也是预测煤与瓦斯突出危险性的重要参数之一[92]。当瓦斯含量很高时，煤层储存的瓦斯膨胀能很大，容易冲破煤层造成突出。煤层中瓦斯含量受到多种因素影响，煤的变质程度、围岩渗透性、地质构造、埋藏深度等都将影响煤层瓦斯含量。根据煤与瓦斯突出的相关理论，煤层瓦斯含量的分类标准如下：当瓦斯含量大于或等于 $15\text{m}^3/\text{m}^3$ 时，具有严重突出危险；当瓦斯含量大于或等于 $5\text{m}^3/\text{m}^3$ 且小于 $15\text{m}^3/\text{m}^3$ 时，具有中等突出危险；当瓦斯含量小于 $5\text{m}^3/\text{m}^3$ 时，具有轻微突出危险。

（11）打钻时动力现象

突出煤层尤其是松软高地应力突出煤层钻孔施工过程中，常常发生从钻孔中喷出煤与瓦斯的现象。一般来说，钻孔喷射瓦斯的直接原因有两种：一种是钻孔在快速钻进的过程中，钻孔内发生了煤与瓦斯突出，突出的煤体、瓦斯及回流水在急速膨胀的瓦斯气体推动下高速冲出孔口，形成喷孔现象。另一种是钻孔内发生煤体堵塞，随着钻杆的前进、转动以及孔内水压的增加,堵塞的煤体被破坏,压力水带着煤与瓦斯冲出孔口,其喷孔发生的主要动力源是突出的瓦斯气体。钻孔快速在煤体内部钻进,孔壁周围煤体内径向应力迅速降低,而煤体内的瓦斯排放需要一个过程,因此,暴露时孔隙内外存在较高的瓦斯压力梯度,容易发生煤与瓦斯突出,由于喷孔空间狭小,突出强度一般也较小。

此外,煤与瓦斯突出的发生,还与初始突出记录、历史突出速度、最大突出规模和预测区平均深度等因素有关。初始突出记录是从时间差的角度来衡量煤层突出的危险程度,第一次发生突出事故距矿井投产的时间越短,煤与瓦斯突出的危险性越大;历史上发生突出的次数越多,则煤与瓦斯发生突出的危险性越大。

基于上述分析,煤矿煤与瓦斯突出危险性评价指标的量化分级标准见表9-4。

煤与瓦斯突出危险性评价指标的量化分级标准　　　　表9-4

评价指标	C_1（Ⅰ）	C_2（Ⅱ）	C_3（Ⅲ）
煤的破坏类型	Ⅳ类、Ⅴ类	Ⅲ类	Ⅰ类、Ⅱ类
煤层开采深度(m)	500~1200	200~500	100~200
煤层厚度(m)	5~10	3~5	1~3
煤厚变异性系数	>0.4	0.3~0.4	<0.3
软质层厚度的变化	8~10	4~8	1~4
煤层倾角变化	8~10	4~8	1~4
地质构造	8~10	4~8	1~4
煤体坚固性系数	0~0.2	0.2~0.3	0.3~1.5
最大钻孔瓦斯涌出初速度(L/min)	10~18	5~10	1~5
最大瓦斯压力(MPa)	3~6	1.1~3	0.3~1.1
煤层瓦斯含量(m^3/m^3)	>15	5~15	0~5
打钻时动力现象	8~10	4~8	1~4

9.3　平顶山东矿区煤与瓦斯突出风险评估

9.3.1　八矿、十矿和十二矿工程概况

平顶山矿区是河南省六大矿区之一,也是国家大型煤炭基地,位于河南省西部,包括平顶山煤田(含韩梁区)、禹州煤田和汝州煤田。三个煤田总面积约 $10000km^2$,含煤面积约 $2951km^2$,共有资源量157亿t。

平顶山矿区位于华北平原南缘,伏牛山以北,箕山以南。矿区内有中部的平顶山矿区和西部的韩梁矿区。该矿区处于豫西断隆、华北断拗和北秦岭褶皱带的衔接部位,先后受到中岳、怀远、加里东、印支、燕山和喜马拉雅六期构造运动影响。矿区突出的地质特征为区内断块隆起,四周凹陷,形成了以郏县正断层、襄郏正断层、叶鲁正断层为界的叶鲁凹陷带、宝郏凹陷带和襄郏凹陷带。上述断层除郏县断层走向北东、落差较小外,其余两条均为走向北西、落差在千米以上的大断层。矿区位于伏牛山东端与黄淮平原西南缘过渡的低山丘陵地带,区内受构造控制形成一个以李口集向斜为中心的箕形向斜煤盆构造。平顶山矿区构造和矿井分布如图9-1所示。

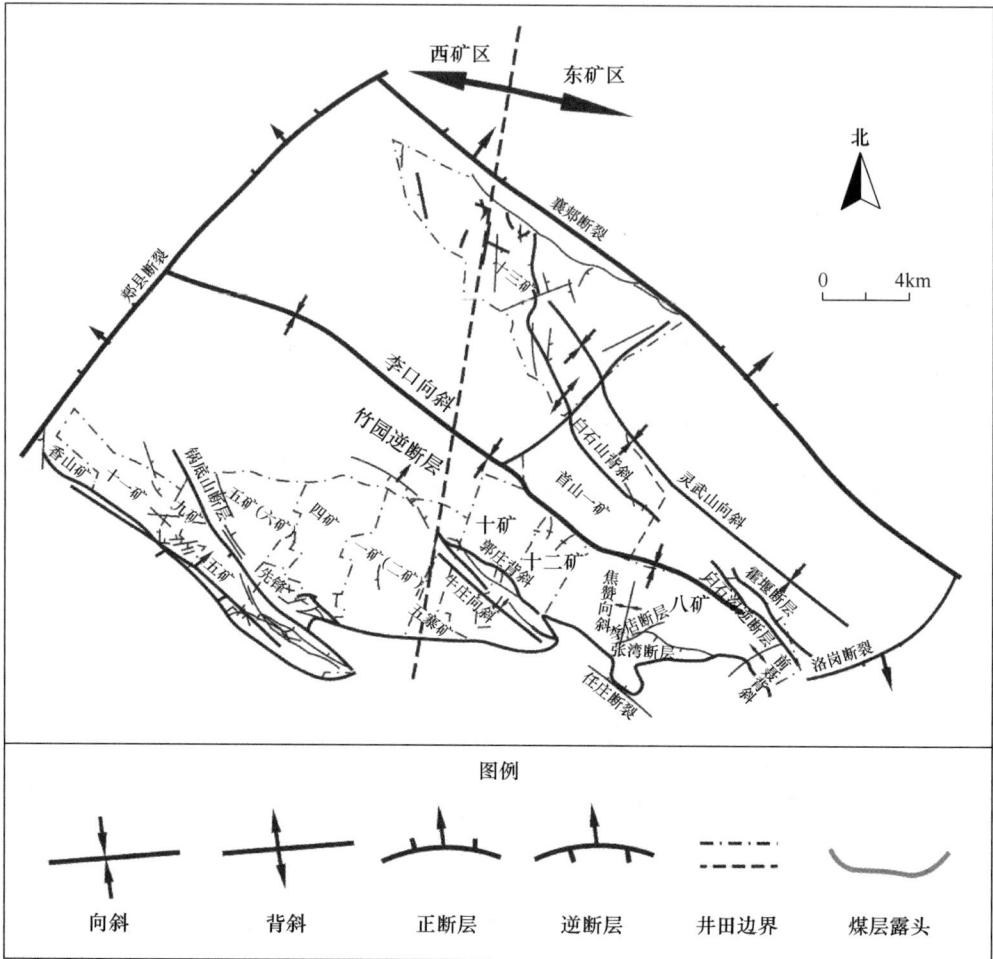

图 9-1　平顶山矿区构造和矿井分布[93-94]

区内主体构造为一宽缓复式向斜-李口向斜,轴向北西 50°,北西向倾伏,向斜两翼倾角 5°~15°,由轴部向两翼倾角逐渐变大。次一级褶皱有位于李口向斜轴以南的郝堂向斜,诸葛庙背斜、牛庄向斜和郭庄背斜;位于向斜轴以北的白石沟背斜、灵武向斜和襄郏背斜。次级褶皱的明显特征是向斜宽缓,背斜窄陡。西部还有石灰窑大营背斜及韩梁弧向斜构造。除韩梁弧向斜构造外,上述次一级褶曲其轴向大致与李口向斜轴向一致。这些构造,向斜浅部收敛,深部倾伏放开;背斜浅部翘起、深部倾没,其轴部受引张作用产生断层及裂隙,往往是喀斯特地层发育地段,也是地下水富集地带。

平顶山矿区地层自下而上有太古宇太华群、新元古界震旦系、下古生界寒武系、上古生界石炭系、二叠系,中生界三叠系及新生界第三系、第四系,区内缺失奥陶系、中下石炭统等地层。较老地层分布在矿区西南部,含煤地层位于红石山-焦赞山以南及北部的九宫山一带。本区的中部是覆于煤系地层之上的上二叠统石千峰组和下三叠统刘家沟组,它们广泛出露并形成本区东西向的低山丘陵地形。

平顶山东部矿区位于平顶山煤田区域构造李口向斜的南西翼东部,东以沙河为界,南至煤层露头,北至李口集向斜轴,东西走向约20km,南北向约45km,主要地质构造线向与李口向斜轴部近于平行展布。地层走向290°~310°,倾角5°~20°,核部倾角较缓。区内被一系列北西、北西西向展布的压扭性构造带所贯穿;次级褶皱发育,主要有十矿向斜、郭庄背斜、焦赞向斜等;断裂构造主要有牛庄逆断层、原十一矿逆断层、任庄断裂等[94-95]。平顶山东部矿区构造煤相对比较发育,地应力集中,地质构造引起的冲击地压现象、煤与瓦斯突出等灾害严重[96]。

平顶山八矿位于李口向斜轴的东南转折仰起端,井田西侧与十矿、十二矿井田内分布的北西向展布的牛庄向斜、郭庄背斜以及原十一矿逆断层的末端相邻,并受其控制;而井田东侧靠近北东向展布的洛岗大断裂。该井田既受北西向构造的控制,又受北东向构造的控制,处于区域北西向构造与北东向构造的交汇部位[97]。井田内发育三个明显的褶皱构造,第一处是盆形的任庄向斜,反映了北西向与北东向构造联合作用的结果;第二处是轴向北东的前聂背斜,反映了北东向构造作用的结果;第三处是轴向近北南的焦赞向斜,是复合构造作用的结果。井田内煤层走向变化明显,靠近十矿井田东侧的煤层走向表现为北西向展布,至井田中部煤层走向表现为北西向和近东西向。井田内有四条大的断裂,在井田南部边界为北西向展布任庄断裂,落差120m;位于井田中部北东向展布的辛店正断层,落差40m;横贯己一、己三采区的北西向展布的张湾正断层,落差20m[97]。

平顶山十矿位于平顶山煤田东部,井田地层由老至新依次为寒武系、石炭系、二叠系、三叠系和第四系[97]。十矿的构造特征是区内整体隆起,四周分别为凹陷,总体为一倾向北北东的单斜构造,在此基础上沿倾向发育的十矿向斜和郭庄背斜组成了井田的基本构造形态,断层以郭庄背斜轴与十矿向斜轴之间的原十一矿逆断层、牛庄逆断层为主,它们共同构成了井田的主干构造,褶皱轴向、断层走向基本平行,呈北西向展布。十矿大的构造走向均为近平行的北西向,主要受印支期构造控制,构造应力来自北东向[99]。从小的断层走向统计来看,十矿北西走向的断层居多,尤其是北西向60°~69°的断层数目最多,通过对平顶山十矿小断层的走向统计及断层的形成机理可知,该矿受到北东向的构造应力的影响最大[99]。

平顶山十二矿位于平顶山煤田东部,东西分别与八矿、十矿相邻,井田面积12.87km²,区内石炭-二叠系地层含煤层数多,资源储量大,秉赋条件好[100]。井田位于大型李口向斜西南翼、次级构造牛庄向斜和郭庄背斜两翼的浅部,主要构造自南而北依次为牛庄向斜、牛庄逆断层、F2逆断层、原十一矿逆断层、郭庄背斜等,均呈现北西向展布[100,101]。十二矿煤与瓦斯突出受井田主体构造控制而分布在160采区牛庄向斜和郭庄背斜的公共翼。这一区域不但是构造应力集中区,而且也是瓦斯积聚区。由于牛庄、F2逆断层原十一矿3条中型压性或压扭性逆断层在这里尖灭,以及更次一级小型断层和褶曲较发育,使得此区域内构造应力集中,煤体结构遭到破坏,瓦斯富集,地层产状变化较大,突出严重[101]。

9.3.2　煤与瓦斯突出属性区间评估模型

参考Wu、Zhang[102]和杨玉中等[103]的研究,本节进行煤与瓦斯突出评价时,选取煤层开采深度、煤层厚度、软质层厚度变化、煤层倾角变化、地质构造、煤体坚固性系数、最大钻孔瓦斯涌出初速度、打钻时动力现象和最大瓦斯压力九个主要影响因素作为评价指标,见表9-5。采用熵权法[103],获得评价指标的权重为0.152、0.102、0.081、0.060、0.015、0.064、0.247、0.021和0.258。

煤与瓦斯突出危险性评价指标的量化分级标准　　　　　　　表 9-5

评价指标	C_1（Ⅰ）	C_2（Ⅱ）	C_3（Ⅲ）
I_1：煤层开采深度（m）	500～1200	200～500	100～200
I_2：煤层厚度（m）	5～10	3～5	1～3
I_3：软质层厚度的变化（m）	8～10	4～8	1～4
I_4：煤层倾角变化（°）	8～10	4～8	1～4
I_5：地质构造	8～10	4～8	1～4
I_6：煤体坚固性系数	0～0.2	0.2～0.3	0.3～1.5
I_7：最大钻孔瓦斯涌出初速度（L/min）	10～18	5～10	1～5
I_8：打钻时动力现象	8～10	4～8	1～4
I_9：最大瓦斯压力（MPa）	3～6	1.1～3	0.3～1.1

（1）第Ⅰ类属性区间评估模型

基于表 9-5 中煤与瓦斯突出风险评价指标的量化分级标准，通过式（2-1）～式（2-8）构建第Ⅰ类属性区间评估模型的单指标属性测度函数，见图 9-2。

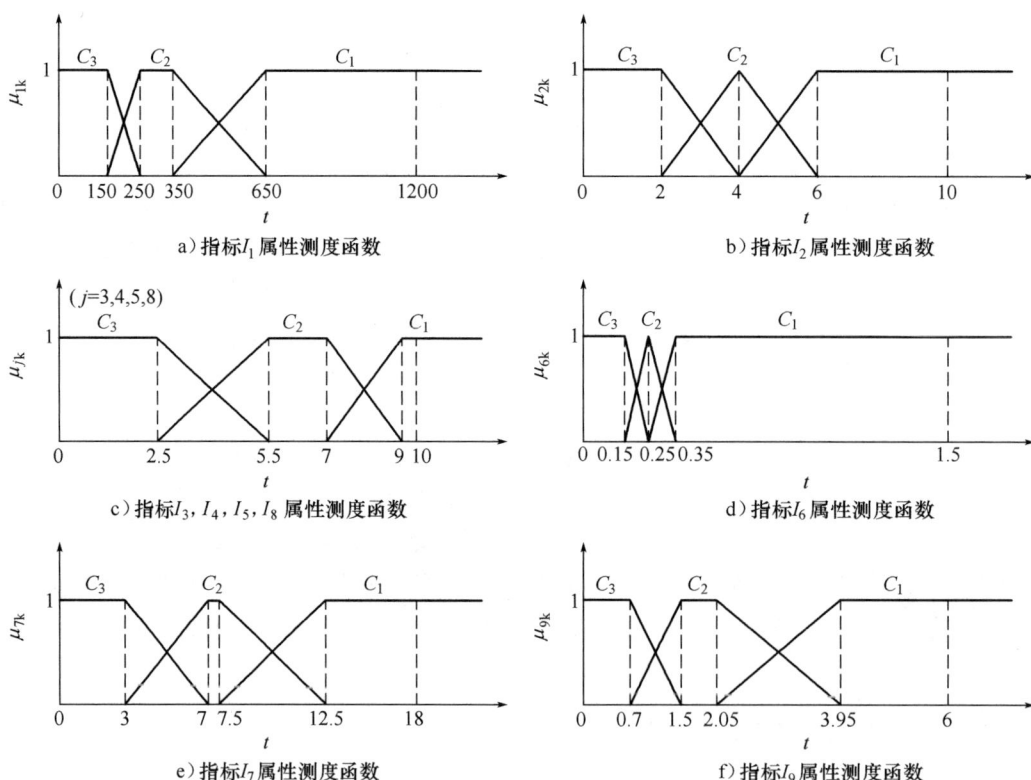

a）指标I_1属性测度函数　　　　　b）指标I_2属性测度函数

c）指标I_3，I_4，I_5，I_8属性测度函数　　　　　d）指标I_6属性测度函数

e）指标I_7属性测度函数　　　　　f）指标I_9属性测度函数

图 9-2　煤与瓦斯突出风险评价指标属性测度函数（Ⅰ类）

（2）第Ⅱ类属性区间评估模型

基于表 9-5 中煤与瓦斯突出风险评价指标的量化分级标准，通过式（3-3）～式（3-14）构建第Ⅱ类属性区间评估模型的单指标属性测度函数，见图 9-3。

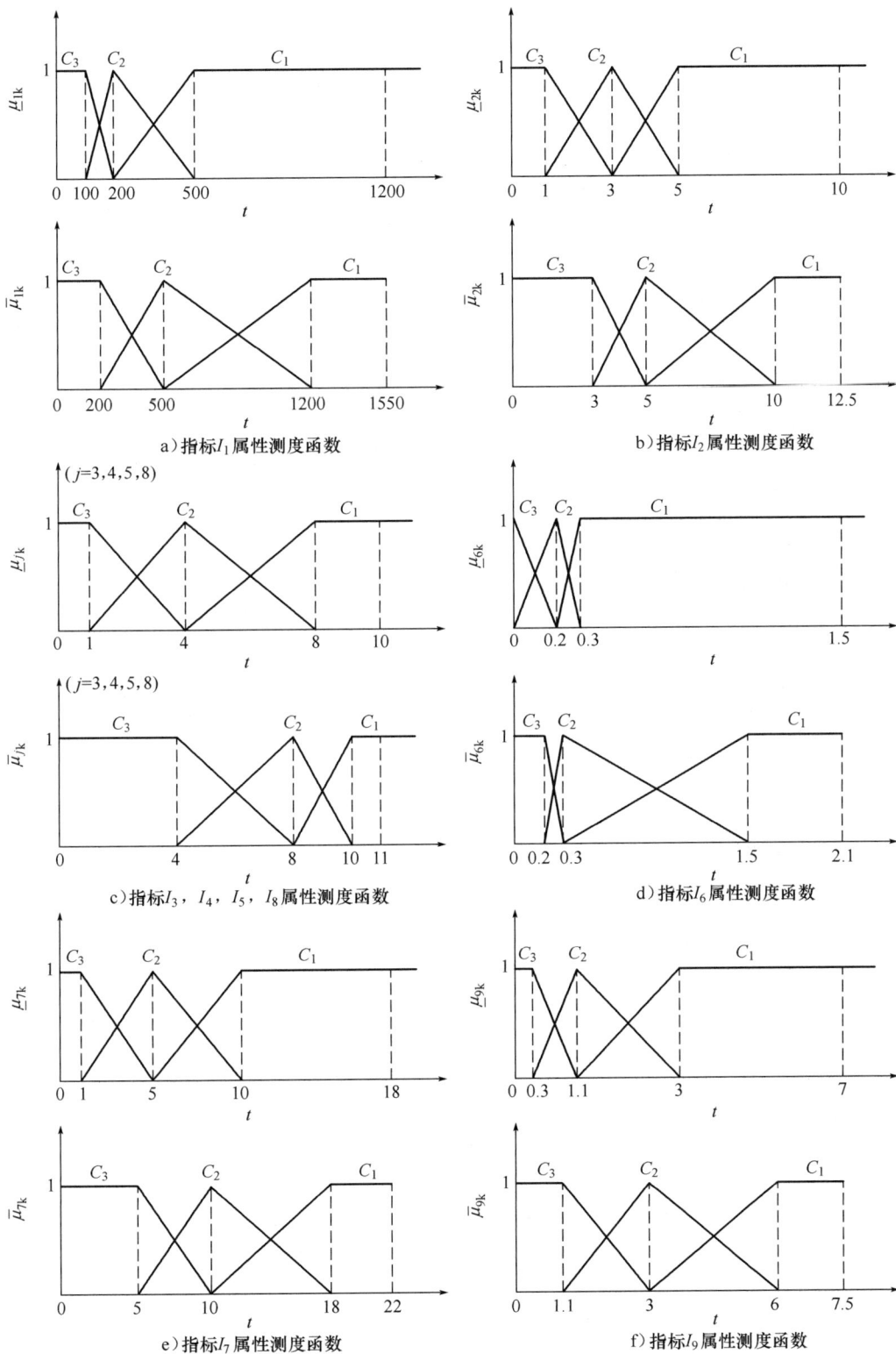

a）指标I_1属性测度函数　　　　b）指标I_2属性测度函数

c）指标I_3，I_4，I_5，I_8属性测度函数　　　d）指标I_6属性测度函数

e）指标I_7属性测度函数　　　　f）指标I_9属性测度函数

图9-3　煤与瓦斯突出风险评价指标属性测度函数（Ⅱ类）

9.3.3 煤与瓦斯突出评价指标取值区间

参考 Wu，Zhang[102]和杨玉中等[103]的研究，四个评估对象的评价指标参数取值见表9-6。

煤与瓦斯突出风险评价指标取值区间 表9-6

评估对象	指标	I_1	I_2	I_3	I_4	I_5	I_6	I_7	I_8	I_9
G①	t_{jx}	520	3.5	8.7	6.5	8.8	0.20	4.3	7.7	3.03
	t_{jy}	460	3.1	8.3	5.7	8.4	0.16	3.5	6.9	2.65
G②	t_{jx}	607	3.6	7.2	7.9	9.4	0.26	3.9	8.8	1.64
	t_{jy}	507	3.2	6.4	7.1	9.0	0.24	3.1	8.4	1.26
G③	t_{jx}	476	5.5	5.8	9.5	9.1	0.22	1.9	9.3	4.25
	t_{jy}	416	4.8	5.0	9.1	8.7	0.20	1.1	8.9	3.65
G④	t_{jx}	890	5.7	8.9	9.1	7.8	0.29	3.9	9.6	3.53
	t_{jy}	790	4.9	8.5	8.7	7.0	0.27	3.1	9.2	2.93

9.3.4 煤与瓦斯突出属性区间评估（Ⅰ类）

利用9.3.2节构建的单指标属性测度函数（图9-2），计算表9-6中 t_{jx}、t_{jy} 值对应的属性测度，计算结果以向量 $\boldsymbol{\mu}_{jxk}$、$\boldsymbol{\mu}_{jyk}$ 表示。

以G①为例，其计算结果如下：

$$U_{jxk} = \begin{pmatrix} \boldsymbol{\mu}_{1xk} \\ \boldsymbol{\mu}_{2xk} \\ \vdots \\ \boldsymbol{\mu}_{jxk} \\ \vdots \\ \boldsymbol{\mu}_{mxk} \end{pmatrix} = \begin{bmatrix} 0.3667 & 0.6333 & 0.000 \\ 0.000 & 0.550 & 0.450 \\ 0.650 & 0.350 & 0.000 \\ 0.000 & 1.000 & 0.000 \\ 0.700 & 0.300 & 0.000 \\ 0.900 & 0.100 & 0.000 \\ 0.000 & 0.125 & 0.875 \\ 0.000 & 1.000 & 0.000 \\ 0.3158 & 0.6842 & 0.000 \end{bmatrix} \tag{9-2}$$

$$U_{jyk} = \begin{pmatrix} \boldsymbol{\mu}_{1yk} \\ \boldsymbol{\mu}_{2yk} \\ \vdots \\ \boldsymbol{\mu}_{jyk} \\ \vdots \\ \boldsymbol{\mu}_{myk} \end{pmatrix} = \begin{bmatrix} 0.5667 & 0.4333 & 0.000 \\ 0.000 & 0.750 & 0.250 \\ 0.850 & 0.150 & 0.000 \\ 0.000 & 1.000 & 0.000 \\ 0.900 & 0.100 & 0.000 \\ 0.500 & 0.500 & 0.000 \\ 0.000 & 0.325 & 0.675 \\ 0.350 & 0.650 & 0.000 \\ 0.5158 & 0.4842 & 0.000 \end{bmatrix} \tag{9-3}$$

（1）定性分析

将 $\boldsymbol{\mu}_{jxk}$、$\boldsymbol{\mu}_{jyk}$ 计算结果和评价指标的权重代入式(4-4)，指标权重采用熵权法获得，见9.3.2节。根据式(4-6)可计算得到综合属性测度向量：

$$\boldsymbol{\mu}_k = [\,0.2994,\quad 0.4734,\quad 0.2271\,] \tag{9-4}$$

按照置信度准则式(2-11)、式(2-12)进行识别分析，计算时置信度系数取 $\lambda = 0.65$，可知 $k_0 = 2$，即该段煤与瓦斯突出危险性等级为 C_2 级，计算结果与杨玉中等[103]可拓方法的预测结果一致。

（2）概率计算

根据4.1.3节所述方法，对 $\boldsymbol{\mu}_{jxk}$ 和 $\boldsymbol{\mu}_{jyk}$ 进行按序排列组合，构建 $m \times K$ 阶矩阵 $\boldsymbol{U}_{jk}$，可以得到 $2^9 = 512$ 个矩阵 $\boldsymbol{U}_{jk}$。对于每一个矩阵 $\boldsymbol{U}_{jk}$，分别计算其综合属性测度，然后运用属性识别准则进行风险等级评判。512种组合中，有472种组合，k_0 取值均为1，占比约为92%。因此，可以认为该段发生 C_1 级煤与瓦斯突出的概率约为92%。

四个评估对象的煤与瓦斯突出风险评价结果，及其与其他方法预测结果的对比见表9-7。

煤与瓦斯突出风险评估结果 表9-7

评估对象	定向分析					定量分析	等级*
	综合属性测度					$N_{k=j}\,\&\,P(C_j)$	
	C_1	C_2	C_3	k	等级*		
G①	0.2994	0.4734	0.2271	2	Ⅱ	$N_2 = 472\ \&\ P(C_2) = 92.188\%$	Ⅱ
G②	0.1589	0.5524	0.2886	2	Ⅱ	$N_2 = 512\ \&\ P(C_2) = 100\%$	Ⅱ
G③	0.4649	0.2814	0.2537	1	Ⅰ	$N_1 = 512\ \&\ P(C_1) = 100\%$	Ⅰ
G④	0.5269	0.2378	0.2353	1	Ⅰ	$N_1 = 512\ \&\ P(C_1) = 100\%$	Ⅰ

注：* 风险等级为可拓方法预测结果[103]。

9.3.5 煤与瓦斯突出属性区间评估(Ⅱ类)

利用9.3.2节构建的第二类属性区间评估模型的单指标属性测度函数(图9-3)，计算表9-6中 t_{jx}，t_{jy} 值对应的单指标属性测度，以向量 $\underline{\boldsymbol{\mu}}_{jxk}$、$\overline{\boldsymbol{\mu}}_{jxk}$、$\underline{\boldsymbol{\mu}}_{jyk}$、$\overline{\boldsymbol{\mu}}_{jyk}$ 表示。以 G① 为例，其计算结果如下：

$$\underline{\boldsymbol{U}}_{jxk} = \begin{pmatrix} \underline{\boldsymbol{\mu}}_{1xk} \\ \underline{\boldsymbol{\mu}}_{2xk} \\ \vdots \\ \underline{\boldsymbol{\mu}}_{jxk} \\ \vdots \\ \underline{\boldsymbol{\mu}}_{mxk} \end{pmatrix} = \begin{bmatrix} 0.8667 & 0.1333 & 0.000 \\ 0.050 & 0.950 & 0.000 \\ 1.000 & 0.000 & 0.000 \\ 0.425 & 0.575 & 0.000 \\ 1.000 & 0.000 & 0.000 \\ 0.200 & 0.800 & 0.000 \\ 0.000 & 0.625 & 0.375 \\ 0.725 & 0.275 & 0.000 \\ 0.8158 & 0.1842 & 0.000 \end{bmatrix} \tag{9-5}$$

$$\overline{U}_{jxk} = \begin{pmatrix} \overline{\mu}_{1xk} \\ \overline{\mu}_{2xk} \\ \vdots \\ \overline{\mu}_{jxk} \\ \vdots \\ \overline{\mu}_{mxk} \end{pmatrix} = \begin{bmatrix} 0.000 & 0.8667 & 0.1333 \\ 0.000 & 0.050 & 0.950 \\ 0.150 & 0.850 & 0.000 \\ 0.000 & 0.425 & 0.575 \\ 0.200 & 0.800 & 0.000 \\ 1.000 & 0.000 & 0.000 \\ 0.000 & 0.000 & 1.000 \\ 0.000 & 0.725 & 0.275 \\ 0.000 & 0.8158 & 0.1842 \end{bmatrix} \tag{9-6}$$

$$\underline{U}_{jyk} = \begin{pmatrix} \underline{\mu}_{1yk} \\ \underline{\mu}_{2yk} \\ \vdots \\ \underline{\mu}_{myk} \end{pmatrix} = \begin{bmatrix} 1.000 & 0.000 & 0.000 \\ 0.250 & 0.750 & 0.000 \\ 1.000 & 0.000 & 0.000 \\ 0.625 & 0.375 & 0.000 \\ 1.000 & 0.000 & 0.000 \\ 0.000 & 1.000 & 0.000 \\ 0.000 & 0.825 & 0.175 \\ 0.925 & 0.075 & 0.000 \\ 1.000 & 0.000 & 0.000 \end{bmatrix} \tag{9-7}$$

$$\overline{U}_{jyk} = \begin{pmatrix} \overline{\mu}_{1yk} \\ \overline{\mu}_{2yk} \\ \vdots \\ \overline{\mu}_{jyk} \\ \vdots \\ \overline{\mu}_{myk} \end{pmatrix} = \begin{bmatrix} 0.0286 & 0.9714 & 0.000 \\ 0.000 & 0.250 & 0.750 \\ 0.350 & 0.650 & 0.000 \\ 0.000 & 0.625 & 0.375 \\ 0.400 & 0.600 & 0.000 \\ 1.000 & 0.000 & 0.000 \\ 0.000 & 0.000 & 1.000 \\ 0.000 & 0.925 & 0.075 \\ 0.010 & 0.990 & 0.000 \end{bmatrix} \tag{9-8}$$

（1）定性分析

将 $\underline{\mu}_{jxk}$、$\overline{\mu}_{jxk}$、$\underline{\mu}_{jyk}$、$\overline{\mu}_{jyk}$ 计算结果和评价指标的权重代入式（4-18），根据式（4-20）可计算得到综合属性测度向量：

$$\mu_k = \begin{bmatrix} 0.3174, & 0.4487, & 0.2338 \end{bmatrix} \tag{9-9}$$

按照置信度准则式（2-11）～式（2-12）进行识别分析，计算时置信度系数取 $\lambda = 0.65$，可知 $k_0 = 2$，即该段突水危险性等级为 C_2 级，具有中等危险性，计算结果与杨玉中等[103]可拓方法和第一类属性区间评估模型的预测结果一致。

（2）概率计算

根据 4.2.3 节所述方法，首先依据式（4-23）分别对 $\underline{\mu}_{jxk}$、$\overline{\mu}_{jxk}$ 和 $\underline{\mu}_{jyk}$、$\overline{\mu}_{jyk}$ 进行均质化计算，得到两个单指标属性测度矩阵：

$$U_{jxk} = \begin{pmatrix} \boldsymbol{\mu}_{1xk} \\ \boldsymbol{\mu}_{2xk} \\ \vdots \\ \boldsymbol{\mu}_{jxk} \\ \vdots \\ \boldsymbol{\mu}_{mxk} \end{pmatrix} = \begin{bmatrix} 0.43335 & 0.500 & 0.06665 \\ 0.025 & 0.500 & 0.475 \\ 0.575 & 0.425 & 0.000 \\ 0.2125 & 0.500 & 0.2875 \\ 0.600 & 0.400 & 0.000 \\ 0.600 & 0.400 & 0.000 \\ 0.000 & 0.3125 & 0.6875 \\ 0.3625 & 0.500 & 0.1375 \\ 0.4079 & 0.500 & 0.0921 \end{bmatrix} \tag{9-10}$$

$$U_{jyk} = \begin{pmatrix} \boldsymbol{\mu}_{1yk} \\ \boldsymbol{\mu}_{2yk} \\ \vdots \\ \boldsymbol{\mu}_{jyk} \\ \vdots \\ \boldsymbol{\mu}_{myk} \end{pmatrix} = \begin{bmatrix} 0.5143 & 0.4857 & 0.000 \\ 0.125 & 0.500 & 0.375 \\ 0.675 & 0.325 & 0.000 \\ 0.3125 & 0.500 & 0.1875 \\ 0.700 & 0.300 & 0.000 \\ 0.500 & 0.500 & 0.000 \\ 0.000 & 0.4125 & 0.5875 \\ 0.4625 & 0.500 & 0.0375 \\ 0.505 & 0.495 & 0.000 \end{bmatrix} \tag{9-11}$$

然后,对 $\boldsymbol{\mu}_{jxk}$ 和 $\boldsymbol{\mu}_{jyk}$ 进行按序排列组合,构建 $m \times K$ 阶矩阵 U_{jk},可以得到 $2^9 = 512$ 个矩阵 U_{jk}。对于每一个矩阵 U_{jk},分别计算其综合属性测度,然后运用属性识别准则进行风险等级评判。512 种组合中,k_0 取值均为 2,对应风险为 C_2 级。因此,可认为该段煤与瓦斯突出的风险等级为 C_2 级。

四个评估对象的煤与瓦斯突出风险评价结果,及其与其他方法预测结果的对比见表 9-8。

煤与瓦斯突出风险评估结果　　　　　　　　　　　　　　表 9-8

评估对象	定性分析					概率分析	等级
	C_1	C_2	C_3	k	等级		
G①	0.3174	0.4487	0.2338	2	II	$N_2 = 512 \ \& \ P(C_2) = 100\%$	II
G②	0.2124	0.4398	0.3477	2	II	$N_2 = 512 \ \& \ P(C_2) = 100\%$	II
G③	0.4028	0.3199	0.2773	1	I	$N_2 = 512 \ \& \ P(C_1) = 100\%$	I
G④	0.4330	0.3668	0.2002	1	I	$N_2 = 505 \ \& \ P(C_1) = 99\%$	I

第10章 煤矿底板透水风险属性区间评估

10.1 煤矿底板透水灾害

10.1.1 煤矿底板透水定义与分类

煤矿底板透水是指煤矿底板下覆含水层通过裂隙、断层等通道涌入矿井工作面,造成人员伤亡或财产损失的水灾事故。

按照煤层底板透水的途径,可将其划分为:导水裂隙型透水、导水断层型透水和陷落柱型透水。

10.1.2 灾变条件与演化过程

煤层底板透水主要受地质构造、水文地质和开采条件等多种因素的影响,透水需要同时具备以下多重条件才可能发生:

①煤层底板下伏岩层存在承压含水层,这是发生煤层底板透水的先决条件;

②高压含水层的富水性,这提供了煤层底板透水的物理基础,决定着透水量的大小;

③承压含水层的水压,这是底板透水的动力来源;

④煤层底板隔水层的特性,它是底板透水的阻抗因素,主要取决于隔水层厚度、强度、脆性岩层与塑性岩层厚度比值以及关键岩层位置等;

⑤地质构造,即断层、褶皱及岩溶陷落柱等,它提供了煤层底板透水的天然通道,可直接诱发透水事故,且大多数透水事故尤其是大型透水事故都与地质构造有关;

⑥矿山采掘活动及其引起的矿山压力,它是底板透水的诱导因素。

煤层底板下伏承压含水层提供了透水的物质基础,含水层的水头压力是透水的动力因素。一定条件下,底板隔水岩层裂纹发育并延伸,当煤层底板隔水层的受力超过其承载能力时,底板岩层达到塑性破坏极限,隔水层岩层沿优势弱面破断,水压作用下承压含水层的水沿破断裂隙涌入矿井,形成底板透水事故。其中,矿山压力作用和采掘活动致使裂隙萌生、扩张和贯通,以致加速了底板透水的进程;隔水层则是底板透水的阻抗因素,其阻水能力主要取决于隔水层厚度、强度及隔水层岩性组合关系。

10.2 煤矿底板透水灾害风险评价指标体系

煤层底板透水是一种多层次、形成机理复杂的非线性动力现象,难以获取完整的透水指标数据,由于多种因素综合作用诱发透水灾害,发生透水与影响因素无法用明确的数学模型定量表示,使得对透水发生的预测难度增大。结合现有研究成果[104],选取断层密度、断层导水性能、断裂发育程度、承压水压力、含水层性质、岩溶发育程度、水补给条件、隔水层厚度、隔水层强度、隔水层完整性、开采厚度、开采深度、工作面倾斜长度十三个煤矿底板透水主要影响因素作为评价指标,并将透水风险等价划分为 C_1(极高危险性)、C_2(高危险性)、C_3(中等危险性)、C_4(低危险性)、C_5(微危险性或基本无危险)共五个等级。

(1)断层密度

断层密度反映了岩体的破碎程度,通常用单位面积上断层条数或单位面积上断层迹线的长度来表示[106-107],也可以用断块宽度的倒数来表示[107]。断层密度越大,表明岩石的破碎程度越大。主断层核部的断层密度高,岩石的破碎程度高,而随着远离主走滑断层,断层的密度大致呈指数曲线降低,岩石的破碎程度降低。断层密度的大小一方面表征着断层本身的导水性能,也体现了断层对底板隔水层的切割破坏程度,同时也影响着矿压破碎带扩展分布及承压水原始导升带的发育高度[108]。

(2)断层导水性能

断层导水性能,取决于断层带的渗透性能、渗透系数的大小,关键在于断层的张开度和断层带的充填物质。当断层上、下盘闭合紧密或断层充填物紧密充实且充填物渗透性很差时,断层为不导水断层。

断层导水性能存在空间差异,根据断层导水方向,可将断层划分为:水平导水断层和垂直导水断层。水平导水断层中,含水层水通过断裂面在水平方向上向另一盘的含水层补给(对口补给)。垂直导水断层中,含水层水通过隔水带外围裂隙向上部或向下部含水层充水使含水层之间产生水力联系。

断裂按其水文地质特点,可划分为五类:富水断裂、导水断裂、储水断裂、无水断裂、阻水断裂。上述断裂的导水性依次降低,对底板透水的贡献依次减少[109],导水能力等级划分见表10-1。

断层导水性能等级划分表　　　　　　　　　　　表10-1

危 险 等 级	断裂类型划分	透水贡献度
V	阻水断裂	0.1
IV	无水断裂	0.3
III	储水断裂	0.5
II	导水断裂	0.8
I	富水断裂	1.0

(3)断裂发育程度

断裂构造的存在,使煤层底板结构复杂化,破坏了煤层底板隔水层的完整性,降低了隔水层的阻抗水性能,同时也缩短了煤层与含水层之间的有效距离,甚至造成煤层与含水层的对接,断裂构造提供了天然的导水通道。断裂发育程度越高,煤层开采时受到底板透水的威胁越严重[110]。断裂发育程度较高时,底板隔水层被大量不同类型的节理裂隙或构造结构面等切割,成为非均质的各向异性介质。

根据断裂密度、断层落差、构造性质等,可将断裂构造发育程度划分为:不发育、较不发育、较发育、发育、很发育五个等级,断裂发育程度值划分见表10-2。

断裂发育程度等级划分表 表 10-2

危 险 等 级	断裂发育程度	透水贡献度
V	不发育	0.1
IV	较不发育	0.3
III	较发育	0.5
II	发育	0.8
I	很发育	1.0

（4）承压水压力

煤层底板承压含水层的水压力提供了煤层底板透水的动力。当存在承压含水层时,底板透水的基本前提是煤层底板承受一定的水头压力。当煤层底板下伏含水层水头压力达到一定高度时,煤层开采过程中就有可能发生底板透水事故。同等底板地质条件下,承压水水压越高,越易透水。底板透水中水压力主要表现为动水压力作用和静水压力作用:动水压力对采场底板围岩的破坏作用主要表现为冲刷扩裂、搬运等作用;而静水压力则主要表现在导升、劈裂、溶蚀等方面[110]。

（5）含水层性质

含水层对煤层底板透水的主要影响因素包括含水层的富水性及水压力等。一般情况下,富水性相对较弱、水源补给条件较差的含水层,即使受较大的底板水压,也不会发生较为严重的透水事故。而富水性相对较强的含水层,采掘过程中一旦发生透水,往往会造成淹井等重大透水事故。含水层富水性的强弱及其补给情况决定了底板透水时涌入矿坑水量大小及持续时间的长短。当含水层富水条件相同时,含水层渗透性越好,其导水能力就越强,形成的底板透水的可能性就越大。影响富水性的因素主要有单位涌水量、渗透系数等。

含水层富水性对底板透水的贡献度见表 10-3 所示。

含水层富水性等级划分表 表 10-3

危 险 等 级	富水性类型划分	透水贡献度
V	小	0
IV	较小	0.3
III	中等	0.5
II	丰富	0.8
I	极丰富	1.0

（6）岩溶发育程度

岩溶发育程度与岩溶含水层的充水空间密切相关,它提供了煤层底板透水的储水空间。岩溶发育程度高,岩溶含水层富水性强,区域性岩溶含水层以溶孔和溶隙为主,构造地段岩溶发育较为强烈,常形成大型溶洞,多为强径流带所在位置。岩溶发育程度随着埋藏深度的增加而逐渐减小[111-113],主要是由于深部水动力条件减弱、岩溶水侵蚀性变差、深埋高地应力条件下溶蚀裂隙相对闭合,以及水循环程度减弱等岩溶发育的有利条件受限,致使深部岩溶渗透性减弱,进而造成岩溶发育程度较低,含水层富水性减弱。

岩溶的发生、发展的必要条件主要包含岩石可溶性、岩石裂隙性及水的侵蚀性和流通条件等,即岩石的岩性、地质构造及水文地质条件问题,综合考虑工程中影响因素信息获取的可能性,选取以下因素作为地下岩溶发育的评价指标:岩层的可溶性、可溶性岩层的厚度、岩溶水动力循环条件、地层的赋水性、地下水的溶蚀性和地质构造条件等,将岩溶发育程度分为五个等级:不发育、轻微发育、较发育、发育、很发育。从影响岩溶发育的因素出发,定量评价岩溶发育程度,建立评价指标(表10-4):

$$C_{kd} = \sum_{i=1}^{n} c_i \cdot w_i \tag{10-1}$$

式中:C_{kd}——岩溶发育程度的定量评价值;

　　c_i——第 i 个影响因素的状态的定量评分,采用层次分析法进行确定;

　　w_i——第 i 个因素所占的权重,采用综合赋权法进行确定。

岩溶发育程度标准　　　　　　　　　表10-4

等 级 划 分	岩溶发育程度	岩溶发育程度综合评价指数C_{kd}
V	不发育	0.0～0.10
IV	轻微发育	0.10～0.20
III	较发育	0.20～0.40
II	发育	0.40～0.80
I	很发育	0.80～1.00

(7)水补给条件

含水层的水补给条件可为底板透水提供不断的水源补给,影响透水量的大小及透水持续的时间。区域地下水补给常包含大气降水入渗、地表水渗流补给、岩溶裂隙水侧向径流补给等,水的补给、径流、排泄条件与裂隙水所处岩层岩性有关[114]。

(8)隔水层厚度

隔水层是阻抗底板高压水侵入开采工作面的关键层,是实现带压安全开采的关键。隔水层主要包括黏性土层和低透水率的岩石这两类地层。隔水层的厚度是指煤层底界面至含水层顶界面之间的法向距离。通常情况下,煤层底板隔水层厚度越大,阻抗水压力渗流侵入和矿山压力损伤破坏的能力就越强,隔水性能就越好;反之,则越差。相同的地质和水文地质情况下,底板隔水层厚度越大,带压开采时底板透水的可能性就越小。

衡量隔水层抵抗底板承压水的主要指标是标准隔水层的厚度,常用的方法有:

①质量等效厚度,按质量等值系数将不同岩性的岩层换算成等效的泥岩厚度;

②强度等效厚度,根据岩层的强度等值系数将不同岩性的岩层换算成等效的砂岩厚度;

③综合等效系数,将不同岩性的岩层按照等效系数换算成标准厚度(表10-5)。

标准隔水层厚度　　　　　　　　　表10-5

岩　　性	质量等级系数	强度比值系数	综合等效系数
破碎带	—	0.35	0.3
页岩/泥岩	1.0	0.5	0.5
砂页岩	0.4	0.7	0.7
灰岩	1.3	0.9	1.3
砂岩	0.8	1.0	1.1

（9）隔水层强度

隔水层起到阻抗水压和矿山压力损伤破坏的共同作用,而隔水层的阻抗能力因隔水层强度而各有不同,故隔水层的岩性组合结构形式直接影响隔水层的综合阻抗水性能,隔水层的阻抗水能力会随着岩性的不同组合结构而变化[115-117]。

煤层底板隔水层的岩性组合形式较为复杂,常见的概化形式有以下几种[110]:①坚硬型:抵抗矿压和水压力的能力较强,但抗渗和阻水性能较差;②软弱型:强度虽低但阻水性能较好;③软弱-坚硬型:煤层底板隔水岩层为上软下硬双层式结构,易发生底鼓变形,多发生渗水及滞后透水现象;④坚硬-软弱型:底板隔水岩层为上硬下软双层式结构,底板抗变形能力强,软弱岩层具有较好的抗渗隔水性能,可有效阻止高压水进一步的递进导升,抗渗阻水性能优于软弱-坚硬型岩性组合隔水层。单一的岩性组合形式的隔水层其阻抗水性能都达不到最优,只有隔水层为软岩、硬岩互层结构时,既能提供抵抗底板变形的强度,又具有很好的抗渗隔水性能,这样在带压开采中隔水层岩性组合结构才能提供很好抗渗阻水性能。

（10）隔水层完整性

完整的隔水层提供了很好的抗渗隔水性能,具有较强的隔水能力,可阻止承压水的进一步导升。即使煤层具有完整的隔水层底板,若隔水层厚度较小,工作面仍存在较高的透水可能性。评价完整底板隔水层的透水危险性,应重点关注致使底板失稳破坏,严重削弱底板隔水层的阻水能力[118]的影响因素。随着工作面推进,应力变化向深部、工作面前方传递,导致煤层底板隔水层不同程度地破坏,隔水层完整度不同程度衰减,大幅降低了隔水层力学强度和隔水能力,形成底板破坏带[119]。底板的破坏带是导致承压水突入矿井的关键通道。

（11）开采厚度

承压水上安全开采的重要影响因素是采场煤层底板的破坏深度,煤层回采后,采场底板向深部底板破坏发展,其破裂发展途径常成为煤层底板透水的通道。开采厚度显著影响煤层底板破坏深度,采厚越大,矿压应力则越大,对煤层顶底板的破坏程度越大[120],底板垂直应力减小,竖直位移等值线变密集,梯度减小。

工作面的持续推进,在工作面后方留下的采空区范围不断增大,高承压水、围岩应力和采动影响等因素的共同作用下,底板泄压后发生破裂。采高越大,形成采空区的空间越大,顶板的破裂岩块越多,垮落带高度增大,跨落后的底板二次扰动增强,加剧底板破裂,底板破坏深度增大。

（12）开采深度

开采深度是影响煤层底板向深部破坏的重要因素[120],开采深度增大,上覆岩层的自重加大,煤层底板内部的原岩应力也大,底板破坏就严重。

相关统计资料表明底板破坏深度与开采深度成正比例关系:

$$h_1 = 0.0085H + 0.1665\alpha + 0.1079L - 4.3579 \tag{10-2}$$

式中:h_1——底板采动导水破坏深度,m;

$\quad\quad H$——采深,m;

$\quad\quad \alpha$——煤层倾角,rad;

$\quad\quad L$——工作面斜长,m。

理论解析给出底板导水破坏深度与采深的平方成正比的关系式:

$$h_1 = \frac{1.57\gamma^2 H^2 L}{4R_c^2} \quad\quad\quad (10\text{-}3)$$

式中：γ——底板岩体平均重度，MN/m^2；

R_c——岩体抗压强度，一般取岩石单轴抗压强度的 0.15 倍，MPa。

根据开采深度的不同将煤层开采深度属性指标划分为五个等级：350～450m、450～550m、550～650m、650～750m、750～850m。

（13）工作面倾斜长度

工作面开采时，走向长度一定时，工作面倾斜长度越长，开采空间越大，遇到异常地质构造区域的频率越高。大量实测资料的灰色关联分析得出工作面斜长和煤层倾角对底板破坏带影响最大[121]。

工作面的长度与隔水层的破坏深度密切相关，底板破坏带深度与工作面长度呈线性或非线性关系，工作面越长，底板破坏带发育就越深。工作面开采时，走向长度一定时，工作面倾斜长度越长，开采空间越大；另外，工作面长度增大，增加了工作面遇到断裂构造的概率[120]。

基于上述分析，建立了适用于属性区间识别方法的煤矿底板透水危险性评价指标的量化分级标准，见表10-6。对于断层导水能力、断裂发育程度、含水层性质、水补给条件、岩溶发育程度、隔水层完整性六个评价指标，采用专家打分法进行量化分级，分数越高，透水风险越大。

煤矿底板透水危险性评价指标的量化分级标准设置　　　　　　　　　　表 10-6

	评价指标	C_1（Ⅰ）	C_2（Ⅱ）	C_3（Ⅲ）	C_4（Ⅳ）	C_5（Ⅴ）
I_1	断层密度（条/km^2）	>2.9	2.9～2.5	2.5～2.1	2.1～1.6	<1.6
I_2	断层导水能力	>4.5	4.5～3.5	3.5～2.5	2.5～1.5	<1.5
I_3	断裂发育程度	>4.5	4.5～3.5	3.5～2.5	2.5～1.5	<1.5
I_4	承压水压力（MPa）	>3.7	3.7～3	3～2	2～1.2	<1.2
I_5	含水层性质	>4.5	4.5～3.5	3.5～2.5	2.5～1.5	<1.5
I_6	岩溶发育程度	>4.5	4.5～3.5	3.5～2.5	2.5～1.5	<1.5
I_7	水补给条件	>4.5	4.5～3.5	3.5～2.5	2.5～1.5	<1.5
I_8	隔水层厚度（m）	<31	31～49	49～74	74～93	>93
I_9	隔水层强度（MPa）	<1.4	1.4～1.7	1.7～2.1	2.1～2.4	>2.4
I_{10}	隔水层完整性	<1.5	1.5～2.5	2.5～3.5	3.5～4.5	>4.5
I_{11}	开采厚度（m）	>2.1	2.1～1.6	1.6～1.4	1.4～1.2	<1.2
I_{12}	开采深度（m）	>750	750～650	650～550	550～450	<450
I_{13}	工作面倾斜长度（m）	>177	177～132	132～87	87～45	<45

10.3　煤矿底板透水灾害属性区间评估模型

10.3.1　煤矿底板透水风险评估单指标测度函数

（1）第Ⅰ类属性区间评估模型

基于表10-6中底板透水风险评价指标的量化分级标准，通过式（2-1）～式（2-8）构建第Ⅰ

类属性区间评估模型的单指标属性测度函数,见图 10-1。

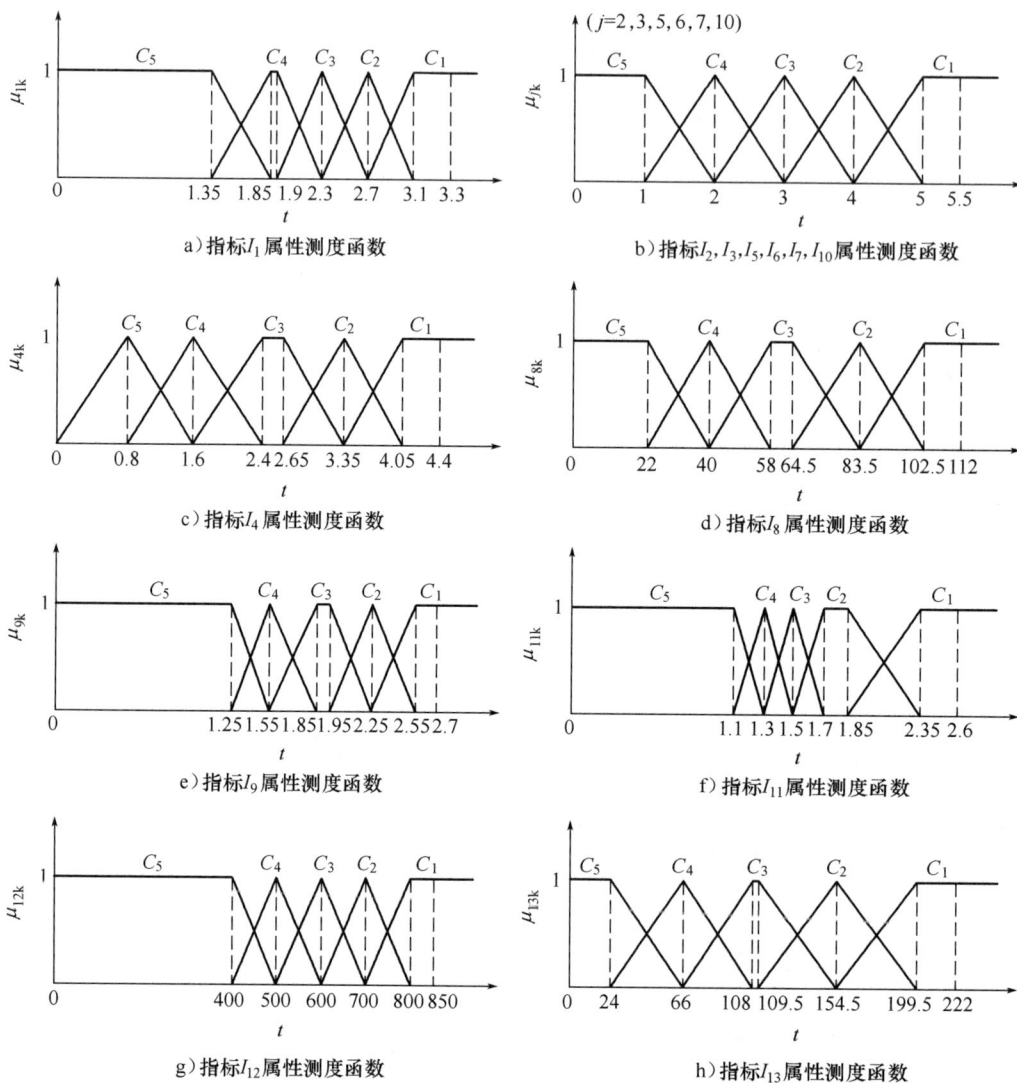

a)指标I_1属性测度函数

b)指标$I_2,I_3,I_5,I_6,I_7,I_{10}$属性测度函数

c)指标I_4属性测度函数

d)指标I_8属性测度函数

e)指标I_9属性测度函数

f)指标I_{11}属性测度函数

g)指标I_{12}属性测度函数

h)指标I_{13}属性测度函数

图 10-1　煤矿底板透水风险评价指标属性测度函数(Ⅰ类)

(2)第Ⅱ类属性区间评估模型

基于表 10-6 中底板透水风险评价指标的量化分级标准,通过式(3-3)~式(3-14)构建第Ⅱ类属性区间评估模型的单指标属性测度函数,见图 10-2。

10.3.2　底板透水风险评价指标权重分析

采用层次分析法来确定风险评价指标的权重,利用 Saaty(1990)建议的 1~9 标度方法构造判断矩阵,用根植法计算因素权向量。构造的评估模型判断矩阵[105]见表 10-7。计算得到指标权重依次为 0.109、0.180、0.143、0.058、0.042、0.071、0.049、0.082、0.059、0.069、0.026、0.047 和 0.066。

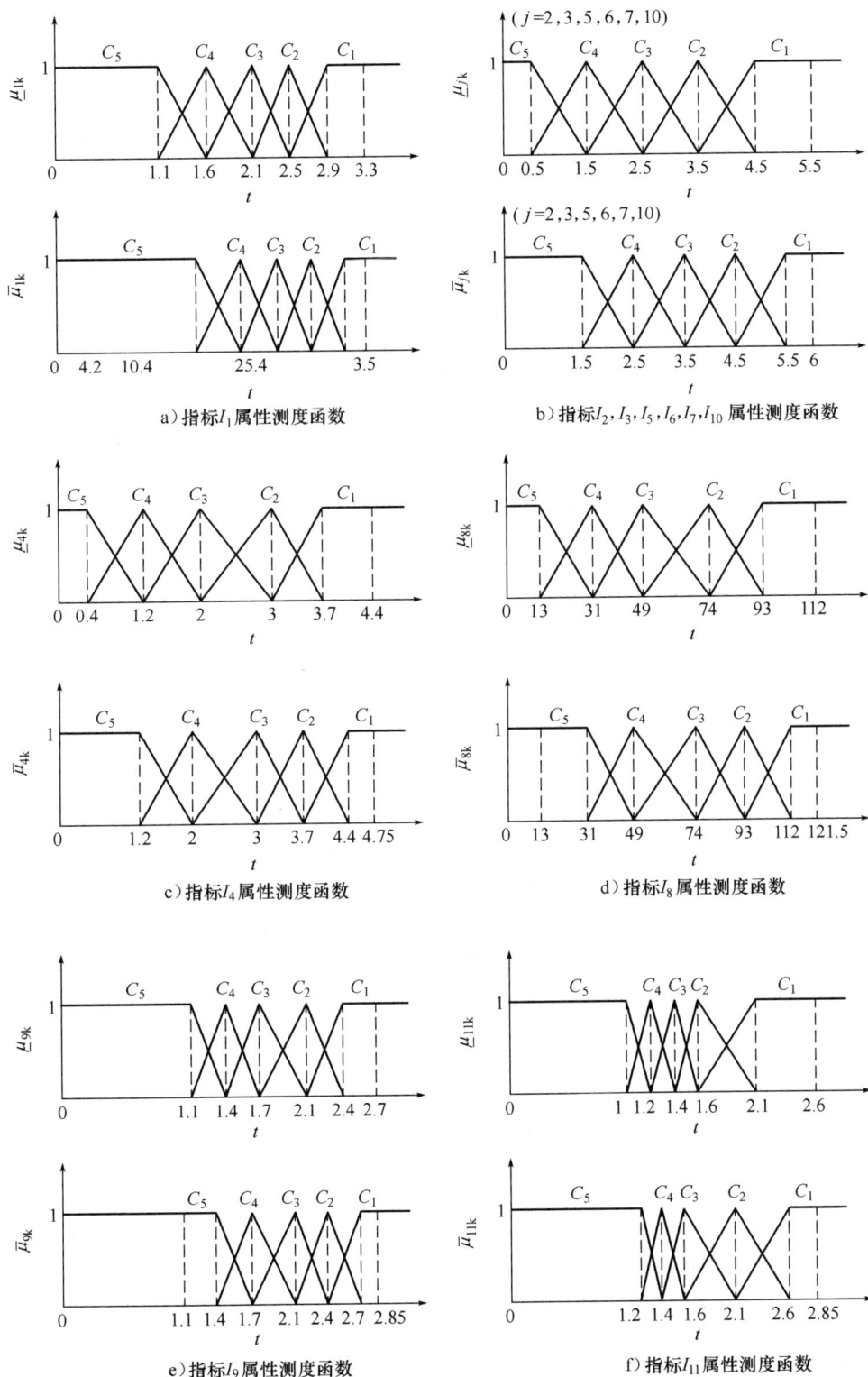

a) 指标I_1属性测度函数

b) 指标$I_2,I_3,I_5,I_6,I_7,I_{10}$属性测度函数

c) 指标I_4属性测度函数

d) 指标I_8属性测度函数

e) 指标I_9属性测度函数

f) 指标I_{11}属性测度函数

图 10-2

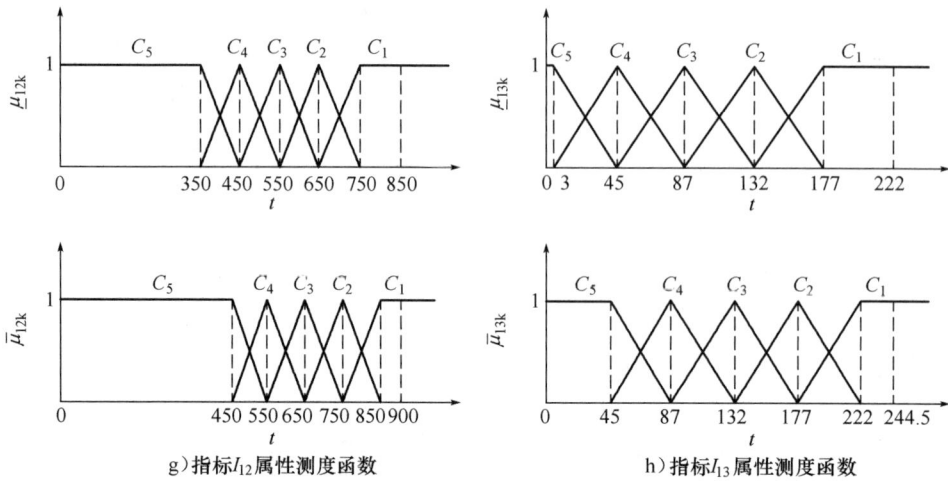

g)指标I_{12}属性测度函数

h)指标I_{13}属性测度函数

图 10-2　煤矿底板透水风险评价指标属性测度函数(Ⅱ类)

风险评价指标权重判断矩阵　　　　　　　　　　　表 10-7

评价指标	I_1	I_2	I_3	I_4	I_5	I_6	I_7	I_8	I_9	I_{10}	I_{11}	I_{12}	I_{13}
I_1	1	1/2	1	2	3	2	3	1	2	2	5	3	2
I_2	2	1	1	4	5	3	5	3	4	3	7	5	3
I_3	1	1	1	3	4	2	3	2	3	3	6	4	3
I_4	1/2	1/4	1/3	1	2	1	1	1/2	1	1	3	1	1
I_5	1/3	1/5	1/4	1/2	1	1/2	1	1/2	1/2	1/2	2	1	1/2
I_6	1/2	1/3	1/2	1	2	1	2	1	1	1	3	2	1
I_7	1/3	1/5	1/3	1	1	1/2	1	1/2	1	1/2	2	1	1
I_8	1	1/3	1/2	2	2	1	2	1	2	1	4	2	1
I_9	1/2	1/4	1/3	1	2	1	1	1/2	1	1	3	1	1
I_{10}	1/2	1/3	1/3	1	2	1	2	1	1	1	3	2	1
I_{11}	1/5	1/7	1/6	1/3	1/2	1/3	1/2	1/4	1/3	1/3	1	1/2	1/3
I_{12}	1/3	1/5	1/4	1	1	1/2	1	1/2	1	1/2	2	1	1/2
I_{13}	1/2	1/3	1/3	1	2	1	1	1	1	1	3	2	1

注:$\lambda_{\max} = 13.178$;$C_1 = 0.015$;$C_1/R_1 = 0.01 < 0.1$。符合一致性要求。

10.4　典型案例分析与验证

10.4.1　底板透水风险评估案例工程概况

选取淮北某矿 3612 工作面(F①)、焦作煤矿某工作面(F②)、赵各庄煤矿 2137 工作面(F③)、陶阳煤矿 9901 工作面(F④)、羊渠河矿 8634 工作面(F⑤)、肥城煤田某工作面(F⑥)六个工程作为底板透水风险评估案例。其中,赵各庄煤矿 2137 工作面、新陶阳煤矿 9901 工作面、羊渠河矿8634工作面等工程概况简述如下。

10.4.1.1 赵各庄煤矿工程概况

赵各庄矿位于河北省唐山市东北古冶区开平煤田,开平向斜之东北端。赵各庄井田东翼以开平向斜轴为界,浅部紧邻唐家庄矿,深部与林西矿相接;西邻巍山井,南望林西矿,北连山脉。井田走向长9050m,总面积24.4122km²。

(1)地质条件

赵各庄井田位于向南倾斜的开平向斜的北部转折端部位。由西往北而东,呈弧形弯曲。其弧型的北部,出露古生界灰岩,地质构造较为发育(图10-3)。

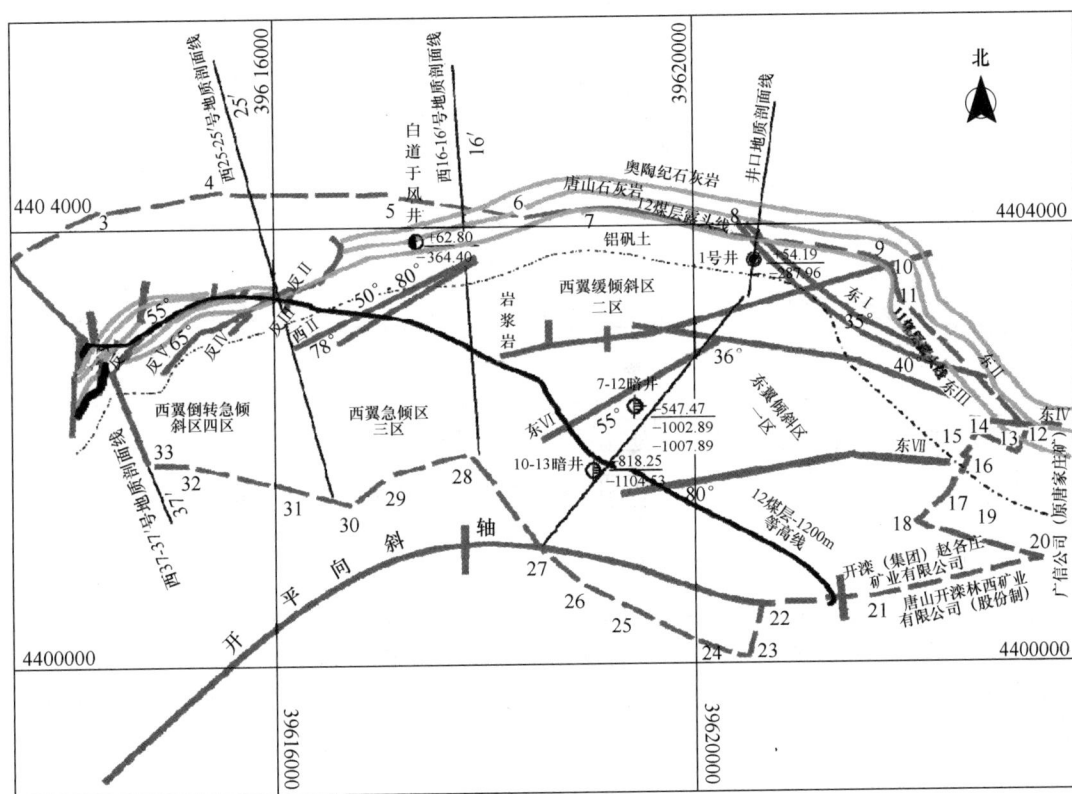

图10-3 赵各庄矿井构造纲要[122]

就整体而言,赵各庄矿井的断层分布呈现一定的规律性:自西而东,断层呈现由大变小的总趋势。与巍山区相邻的逆冲构造发育区(I₁区),断层规模大,如反Ⅵ断层,断层落差达210m,反Ⅴ断层为140m,I₁断层为180m;而到了东部区(Ⅱ₁区),最大的东Ⅲ断层落差仅为15~30m;近开平向斜轴部区域(Ⅱ₂区)则以发育小断层为主。

山前区(I区),受开平向斜形成后的北西和近南北向的挤压作冲断层发育的上覆系统,东侧为反山断层发育的下伏系统。地层有倒转,倾角45°~90°,倾向N~NW。逆冲断层最大落差达210m(反Ⅵ),这是矿区内最大规模的断层。一些区段煤层大面积重复,十水平部分地段I₂煤层沿断层重复200~350m;中、小构造发育。

（2）水文地质条件

从区域水文地质来看,雷庄—山港断裂、唐山—陡河断裂、昌黎断裂、沙河驿断裂分别为东、西、南、北边界。这一大的构造特征控制了井田的区域水文地质条件。构造运动使奥陶系灰岩抬升导致出露于地表;断裂切割使其构造岩溶发育强烈。这不仅使产状倾斜较缓的灰岩形成槽状,而且沿开平断块东部边界断裂带形成强烈的岩溶发育带。其上覆第四纪松散层透水性和富水性极好,为地下水运动的良好通道,是区域地下水系统中主要的强径流带。水动力作用强烈,具有集中管道流的特点。东部沙河流域的部分地下水穿过雷庄断裂进入井田内部,地下水自东北向西南方向流动。排泄区为越过存储区后进入第四系松散层后再次形成孔隙潜水,主要部分都为井田的疏干及供水所排泄,少部分以径流或蒸发的形式向外排泄(图10-4)。

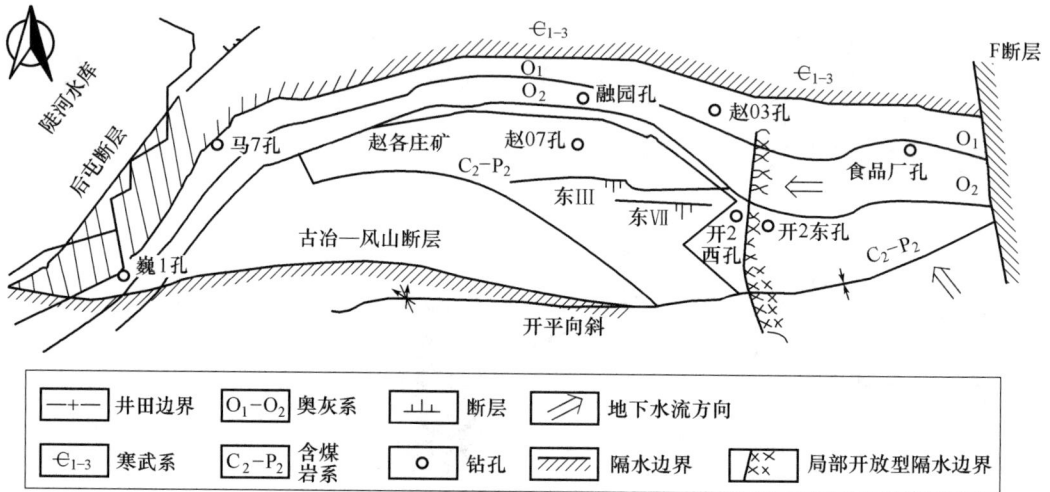

图10-4　赵各庄矿井水文地质边界示意图[122]

井田主要含水层及特征:自寒武系至第四系,发育有五大含水层系,而其唐山灰岩含水层分布有限,对煤层开采影响不大;寒武系含水层主要通过奥陶系含水层而起作用。因此,奥陶系含水层对赵各庄井田突水事故起主要作用,尤其是可能引发深部突水事故的当是奥灰水(包括寒武系含水层水)和含煤岩系砂岩含水层,但在局部地区,也不能排除唐山灰岩含水层的水源而致的突水事故。

井田主要隔水层及特征:上奥陶统至中石炭统缺失,经历了加里东期的上升及风化剥蚀过程,因此,存有一个整体的古风化壳及古岩溶发育段,其组成特点:上部有厚约 $20 \sim 26m$ 的古风化壳,被铝矾土所充填,与奥陶系顶部泥灰岩共同组成隔水层段。本段下部为岩溶较发育段,存在较大洞隙,地面钻孔、井下钻孔进入本段发生漏水。

10.4.1.2　新陶阳煤矿工程概况

新陶阳煤矿位于肥城煤田中南部,开采深度为 $+33 \sim -1100m$,井田北部以 F1 断层为边界,南部以 102 煤层隐伏露头为界,西部以 F21、F18 号断层与白庄煤矿、隆源煤矿井田相邻,东部是大封煤矿,为闭坑矿井。

区域为四面环山、向西南开阔的盆地地形,四周为太古界片麻岩,寒武系、奥陶系地层组成的中低山环绕,高程为 $+300 \sim +600m$,为盆地的自然分水岭。盆地中部为第四系洪积堆积平原,高程 +70 ~ +130m,向西南倾斜。井田位于北面太古界片麻岩中低山南麓,高程为 +80.7 ~ +130.2m,向西南方向倾斜,愈南愈缓。

(1)地质条件

本矿井位于肥城煤田中浅部,总体为以断裂构造为主向北倾斜的单斜构造。中一井田地层走向大致为北东 75° ~ 85°,倾向北西,倾角 3° ~ 12°,一般为 6°。西南部因褶皱发育,导致地层产状发生反"S"形变化。中三井田内部地层走向第 8 勘探线,以西为北西 70°,以东转为北东 80°,地层倾向北东-北西,倾角 15° ~ 35°,最大 55°。浅部较缓,深部较陡,井田浅部构造较简单完整,大断层均分布于边缘四周,基本构造形态为一断陷半弧形单斜(图 10-5)。近北界断裂处由于断裂影响,地层局部翘起。

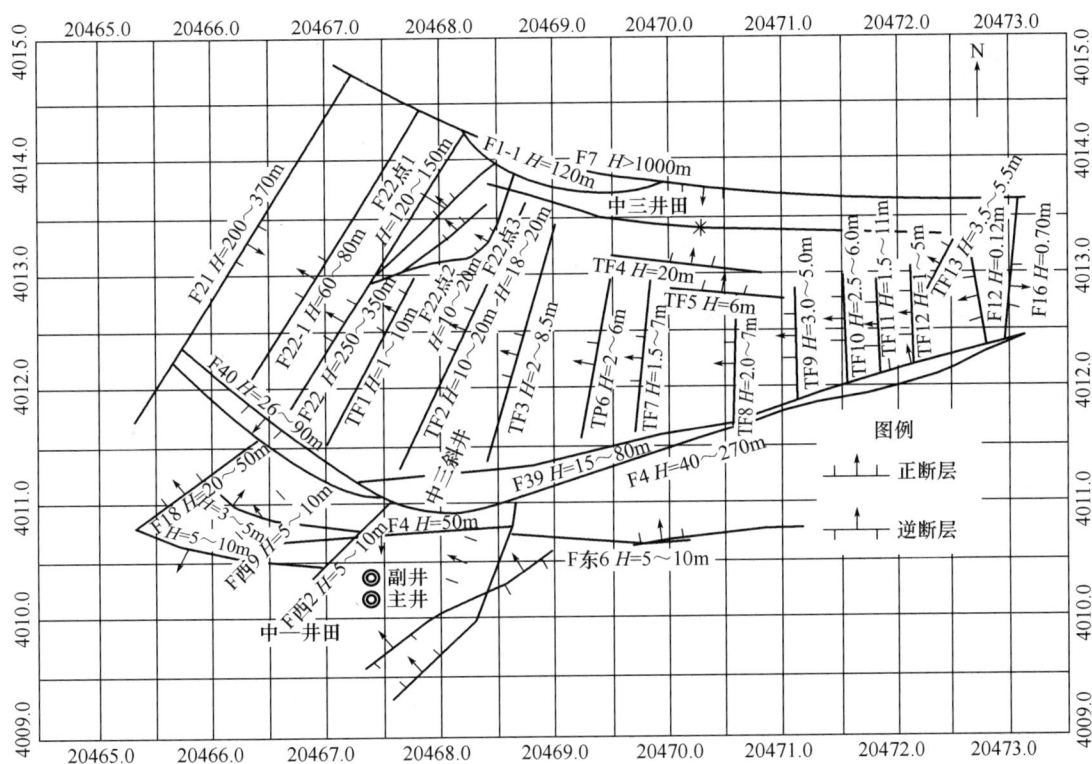

图 10-5　新陶阳煤矿构造纲要图[123]

井田内落差 10m 及以上的断层 45 条,落差大于 20m 的断层共有 32 条,其中落差 100m 及以上的 8 条。中三井田西部 F22 与 F21 断层之间,地层下陷形成狭长地堑。大中型断层大多分布于井田四周或边缘地带,断层性质除 F10 和 FB5 断层外,其余均为正断层。其中,F1 断层发生于燕山造山运动早期,在喜马拉雅运动中又不断活动,至今尚处于活化状态,地表可观察到太古界片麻岩与第四系土层成断层接触。

(2)水文地质条件

井田内有近于南北向的小河 5 条,河流贯穿井田内部,均为季节性河流。因本井田煤系地层上方有多层隔水性能良好的隔水层,故地表水对开采无影响。

井田内的含水层主要有第四系上部含水砂砾层,山西组 3₁ 煤层顶板砂岩(以下简称 3₁ 煤层砂岩),第二、第四层石灰岩(以下简称二灰、四灰),第五层石灰岩(以下简称徐灰)和奥陶系石灰岩(简称奥灰),共六个含水层。其中,对矿井充水最为直接的是 3_1 煤层砂岩、四灰、徐灰和奥灰。

井田地层中对煤层开采有直接意义的隔水层主要有第四系底部的粘土层、太原组粉砂岩地层及煤系下部本溪组泥岩、黏土岩等。

新陶阳煤矿下组煤顶部第一层煤层是 7 煤层,其与上组煤之间的上覆岩层中只发育有一灰、二灰两个薄层灰岩含水层。一灰、二灰含水层富水性较弱,补给条件一般,受 7 煤层采动影响产生裂隙后以淋水的方式进入采空区,能够疏干或残存少量动水。上组煤赋存于下组煤之上平均 170m 以上,间距较大,即使受到了下组煤的采动影响,其间仍有足够厚的砂岩层可以起到阻隔作用,下组煤与上组煤采空区水体也难以发生水力联系。下组煤中位于上部的煤层采后会形成老空积水水体,开采处于下部的煤层时,因各煤层之间层间距不大,冒落带、裂隙带会与上方老空水体导通。

下组煤各煤层与下赋的四灰、徐灰、奥灰含水层之间距离都不大,四灰、徐灰、奥灰含水层富水性强,补给条件好,四灰单位涌水量为 $0.037 \sim 0.201$L/(s·m),徐灰单位涌水量 $0.059 \sim 0.647$L/(s·m),奥灰单位涌水量 $0.059 \sim 1.74$L/(s·m)。三个含水层浅部岩溶裂隙发育、水量大,深部水压高、矿压对底板隔水层破坏深度大。下组煤的开采受底板承压水威胁严重。

10.4.1.3 原羊渠河矿工程概况

羊东矿(原羊渠河矿)地处太行山的支脉-鼓山的东麓,位于峰峰煤田东部。由羊一、羊二井田和羊东井田三部分组成。井田面积 30.1km²,设计生产能力 1.35Mt/年。

羊东矿(原羊渠河矿)地势西高东低,坡度约为 11.3‰,井田冲沟比较发育,主要包括霍庄羊渠河断裂冲沟、霍庄南台沟、虹牛河、张庄沟、佐城沟等。冲沟宽 $20 \sim 200$m,深度 $5 \sim 10$m,多呈 U 形,两侧陡坎直立,可见基岩露头[124]。

(1)地质条件[126]

羊东井田基本构造形态为一走向 NNE,倾向 SEE 的单斜构造。井田范围内断层较为发育,褶皱、陷落柱次之。总的构造趋势为井田北部及南部断层较发育,走向以 NNE、NEE 向为主,倾向 NW 或 SE,倾角一般为 $60° \sim 70°$,西北部及中部有小型褶曲发育。

经过多次勘探和井下巷道、工作面揭露,井田内断层非常发育。羊东井田范围内经地质勘探揭露落差大于羊东井田范围内经地质勘探揭露落差大于 5m 的断层 91 条,落差小于 5m 的断层 160 余条,所控制的断层除 F32 断层为逆断层外,其余为正断层。

羊一、羊二井田范围内断层走向以 NEE、NNE 向为主,其次为 NNW 向,断层倾角一般为 $60° \sim 70°$。羊东井田范围内断层发育特征与羊一、羊二井田基本一致,走向以 NEE、NNE 向为主,倾向 NW 或 SE,倾角一般为 $60° \sim 70°$。断层分布主要集中在北部及西南部,北部及西南部为复杂的地垒构造块段,断层多呈入字型、雁行型、帚状排列。小断层在井田内十分发育,破坏了煤层完整性,影响采区正常划分和回采工作面布置。

总的构造趋势为北部及南部有数条断层束组成的复杂断裂带,中部断裂构造比较简单。从断层组合形态来看,北部及西南部为复杂的地垒构造块段,余者有小型褶曲及小断层,断层多呈入字型、雁行型、帚状排列。

羊东矿井田基本构造形态为一走向为 NNE,倾向为 SEE 的单斜构造。井田范围内褶皱较发育,共揭露十二个,其中羊一、羊二井田范围内揭露六个,羊东井田范围内揭露六个。这些褶皱比较宽缓,个别褶皱的两翼岩层倾角达25°。

从矿井实际采掘情况看,煤层围岩较为完整,岩体质量中等,老顶砂岩强度高,硬度大,多为厚层状,块状结构,顶板稳定性良好,以泥岩、砂质泥岩为主的直接顶,稳定性较差,顶板易冒落;在断层破碎带附近,岩体结构多为层状碎裂结构和散体结构,岩体完整性差,岩体质量较差,煤层顶板多属不稳定顶板,井巷围岩易变形、塌落;煤系基底奥陶系灰岩岩溶发育不均一,局部水头压力大,岩溶地下水可能沿隔水层薄弱带,断层破碎带进入矿坑,对井下生产有一定的危害。

(2)水文地质条件[126]

羊东矿(原羊渠河矿)位于鼓山东部水文地质单元内。3面以大断层为界,井田被抬起,单斜构造,地层走向NE25°,倾角6°~35°,倾向SE。羊东矿(原羊渠河矿)井田地表无常年河流和湖泊,地表水对该矿井开采无直接影响。

区内主要含水层有石盒子组砂岩承压含水层;中奥陶统灰岩裂隙岩溶承压含水层和上石炭统太原组薄层灰岩含水层。石盒子组砂岩承压含水层为矿井充水的主要来源,中奥陶统灰岩裂隙岩溶承压含水层和上石炭统太原组薄层灰岩含水层是威胁矿井开采的主要含水层。石盒子砂岩含水层主要通过采动后产生的裂隙涌入矿井,奥陶系灰岩水主要通过大型断裂构造与含煤地层含水层产生水力联系。

含水层之间均分布一定厚度的并且有良好隔水性能的隔水岩层,岩性多以砂岩、砂质泥岩为主,厚度不一。隔水层结构比较完整,岩性多以粉砂岩、细砂岩为主,隔水性能较好,一般视为隔水层或弱含水层。但在受构造破坏或裂隙、岩溶陷落柱发育的地区,将是承压含水层导升的薄弱地段,易发生突水事故。

10.4.2　底板透水风险评估指标取值区间

参考 Wang 等(2012)[104]的研究,六个评价对象的指标参数取值见表10-8。

地板透水风险评价指标取值区间　　　　表 10-8

评估对象	指标	I_1	I_2	I_3	I_4	I_5	I_6	I_7	I_8	I_9	I_{10}	I_{11}	I_{12}	I_{13}
F①	t_{jx}	3.54	5.1	5.1	3.21	4.1	4.1	4.1	57.5	1.43	3.1	2.85	460	145
	t_{jy}	3.46	4.9	4.9	3.07	3.9	3.9	3.9	52.5	1.37	2.9	2.75	440	135
F②	t_{jx}	1.59	3.1	5.1	1.98	5.1	5.1	4.1	30.3	2.13	4.1	5.55	560	150
	t_{jy}	1.49	2.9	4.9	1.82	4.9	4.9	3.9	26.7	2.07	3.9	5.45	540	140
F③	t_{jx}	0.35	1.1	3.1	10.1	5.1	2.1	1.1	132	2.43	2.1	9.05	1110	185
	t_{jy}	0.25	0.9	2.9	9.93	4.9	1.9	0.9	128	2.37	1.9	8.95	1090	175
F④	t_{jx}	3.56	4.1	3.1	0.68	5.1	2.1	2.1	9.18	1.63	2.1	1.34	110	64
	t_{jy}	3.48	3.9	2.9	0.52	4.9	1.9	1.9	8.82	1.57	1.9	1.30	90	56
F⑤	t_{jx}	0.65	1.1	2.1	3.97	5.1	5.1	5.1	59.5	1.94	1.1	1.45	365	205
	t_{jy}	0.55	0.7	1.9	3.83	4.9	4.9	4.9	55.5	1.86	0.9	1.41	345	195
F⑥	t_{jx}	2.60	4.1	5.1	2.95	4.1	4.1	5.1	31.4	2.63	2.1	1.52	290	160
	t_{jy}	2.52	3.9	4.9	2.75	3.9	3.9	4.9	27.8	2.57	1.9	1.48	270	150

10.4.3 底板透水风险属性区间评估(Ⅰ类)

利用 10.3.1 节构建的单指标属性测度函数(图 10-1),计算表 10-6 中 t_{jx},t_{jy} 值对应的属性测度,计算结果以向量 $\boldsymbol{\mu}_{jxk}$、$\boldsymbol{\mu}_{jyk}$ 表示。

以 F① 为例,其计算结果如下:

$$
U_{jxk} = \begin{pmatrix} \boldsymbol{\mu}_{1xk} \\ \boldsymbol{\mu}_{2xk} \\ \vdots \\ \boldsymbol{\mu}_{jxk} \\ \vdots \\ \boldsymbol{\mu}_{mxk} \end{pmatrix} = \begin{bmatrix} 1.000 & 0.000 & 0.000 & 0.000 & 0.000 \\ 0.900 & 0.100 & 0.000 & 0.000 & 0.000 \\ 0.900 & 0.100 & 0.000 & 0.000 & 0.000 \\ 0.000 & 0.600 & 0.400 & 0.000 & 0.000 \\ 0.000 & 0.900 & 0.100 & 0.000 & 0.000 \\ 0.000 & 0.900 & 0.100 & 0.000 & 0.000 \\ 0.000 & 0.900 & 0.100 & 0.000 & 0.000 \\ 0.000 & 0.3056 & 0.6944 & & \\ 0.600 & 0.400 & 0.000 & 0.000 & 0.000 \\ 0.000 & 0.100 & 0.900 & 0.000 & 0.000 \\ 1.000 & 0.000 & 0.000 & 0.000 & 0.000 \\ 0.000 & 0.000 & 0.000 & 0.400 & 0.600 \\ 0.000 & 0.5667 & 0.4333 & 0.000 & 0.000 \end{bmatrix} \tag{10-4}
$$

$$
U_{jyk} = \begin{pmatrix} \boldsymbol{\mu}_{1yk} \\ \boldsymbol{\mu}_{2yk} \\ \vdots \\ \boldsymbol{\mu}_{jyk} \\ \vdots \\ \boldsymbol{\mu}_{myk} \end{pmatrix} = \begin{bmatrix} 1.000 & 0.000 & 0.000 & 0.000 & 0.000 \\ 1.000 & 0.000 & 0.000 & 0.000 & 0.000 \\ 1.000 & 0.000 & 0.000 & 0.000 & 0.000 \\ 0.000 & 0.800 & 0.200 & 0.000 & 0.000 \\ 0.100 & 0.900 & 0.000 & 0.000 & 0.000 \\ 0.100 & 0.900 & 0.000 & 0.000 & 0.000 \\ 0.100 & 0.900 & 0.000 & 0.000 & 0.000 \\ 0.000 & 0.0278 & 0.9722 & & \\ 0.400 & 0.600 & 0.000 & 0.000 & 0.000 \\ 0.000 & 0.000 & 0.900 & 0.100 & 0.000 \\ 1.000 & 0.000 & 0.000 & 0.000 & 0.000 \\ 0.000 & 0.000 & 0.000 & 0.600 & 0.400 \\ 0.000 & 0.7889 & 0.2111 & 0.000 & 0.000 \end{bmatrix} \tag{10-5}
$$

(1)定性分析

将 $\boldsymbol{\mu}_{jxk}$、$\boldsymbol{\mu}_{jyk}$ 计算结果和评价指标的权重代入式(4-4),评价指标权重采用层次分析法获得,见 10.3.2 节。

根据式(4-6)可计算得到综合属性测度向量:

$$
\boldsymbol{\mu}_k = \begin{bmatrix} 0.4795, & 0.2939, & 0.1772, & 0.0269, & 0.0235 \end{bmatrix} \tag{10-6}
$$

按照置信度准则式(2-12)~式(2-13)进行识别分析,计算时置信度系数取 $\lambda = 0.65$,可知

$k_0 = 1$，即该段突涌水危险性等级为 C_1 级，具有高危险性，计算结果与 Wang 等（2012）[104] 的模糊综合评估方法的预测结果一致。

（2）概率计算

根据 4.1.3 节所述方法，对 $\boldsymbol{\mu}_{jxk}$ 和 $\boldsymbol{\mu}_{jyk}$ 进行按序排列组合，构建 $m \times K$ 阶矩阵 $\boldsymbol{U}_{jk}$，可以得到 $2^{13} = 8192$ 个矩阵 $\boldsymbol{U}_{jk}$。对于每一个矩阵 $\boldsymbol{U}_{jk}$，分别计算其综合属性测度，然后运用属性识别准则进行风险等级评判。8192 种组合中，k_0 取值均为 1。因此，可以认为该段透水危险性等级为 C_1 级。详细结果在此不再赘述。

六个评估对象的透水风险评价结果，及其与其他方法预测结果的对比见表 10-9。

六个评估对象的底板透水风险评估结果　　　　　　表 10-9

评估对象	定向分析							定量分析	等级*
	综合属性测度					k	等级	$N_{k=j}$ & $P(C_j)$	
	C_1	C_2	C_3	C_4	C_5				
F①	0.4795	0.2939	0.1772	0.0269	0.0235	1	I	$N_1 = 8192$ & $P(C_1) = 100\%$	I
F②	0.3240	0.1476	0.2566	0.2018	0.0710	2	II	$N_2 = 8192$ & $P(C_2) = 100\%$	II
F③	0.2117	0.0999	0.1357	0.1120	0.4416	3	III	$N_3 = 8192$ & $P(C_3) = 100\%$	III
F④	0.2433	0.2825	0.1596	0.1951	0.1204	2	II	$N_2 = 8192$ & $P(C_2) = 100\%$	II
F⑤	0.3277	0.0330	0.1594	0.1468	0.3342	2	II	$N_2 = 8192$ & $P(C_2) = 100\%$	III
F⑥	0.2519	0.5174	0.1244	0.0013	0.1060	2	II	$N_2 = 8192$ & $P(C_2) = 100\%$	II

注：* 风险等级为属性数学方法[105] 和模糊综合评估方法[104] 预测结果。

10.4.4　底板透水风险属性区间评估（Ⅱ类）

利用 10.3.2 节构建的第二类属性区间评估模型的单指标属性测度函数（图 10-2），计算表 10-6 中 t_{jx}，t_{jy} 值对应的单指标属性测度，以向量 $\underline{\boldsymbol{\mu}}_{jxk}$、$\overline{\boldsymbol{\mu}}_{jxk}$、$\underline{\boldsymbol{\mu}}_{jyk}$、$\overline{\boldsymbol{\mu}}_{jyk}$ 表示。以 F① 为例，其计算结果如下：

$$\underline{\boldsymbol{U}}_{jxk} = \begin{pmatrix} \underline{\boldsymbol{\mu}}_{1xk} \\ \underline{\boldsymbol{\mu}}_{2xk} \\ \vdots \\ \underline{\boldsymbol{\mu}}_{jxk} \\ \vdots \\ \underline{\boldsymbol{\mu}}_{mxk} \end{pmatrix} = \begin{bmatrix} 1.000 & 0.000 & 0.000 & 0.000 & 0.000 \\ 1.000 & 0.000 & 0.000 & 0.000 & 0.000 \\ 1.000 & 0.000 & 0.000 & 0.000 & 0.000 \\ 0.100 & 0.900 & 0.000 & 0.000 & 0.000 \\ 0.400 & 0.600 & 0.000 & 0.000 & 0.000 \\ 0.400 & 0.600 & 0.000 & 0.000 & 0.000 \\ 0.400 & 0.600 & 0.000 & 0.000 & 0.000 \\ 0.000 & 0.000 & 0.860 & 0.140 & 0.000 \\ 0.100 & 0.900 & 0.000 & 0.000 & 0.000 \\ 0.000 & 0.000 & 0.600 & 0.400 & 0.000 \\ 1.000 & 0.000 & 0.000 & 0.000 & 0.000 \\ 0.000 & 0.000 & 0.000 & 0.900 & 0.100 \\ 0.0667 & 0.9333 & 0.000 & 0.000 & 0.000 \end{bmatrix} \tag{10-7}$$

$$
\overline{U}_{jxk} = \begin{pmatrix} \overline{\mu}_{1xk} \\ \overline{\mu}_{2xk} \\ \vdots \\ \overline{\mu}_{jxk} \\ \vdots \\ \overline{\mu}_{mxk} \end{pmatrix} = \begin{bmatrix} 1.000 & 0.000 & 0.000 & 0.000 & 0.000 \\ 0.400 & 0.600 & 0.000 & 0.000 & 0.000 \\ 0.400 & 0.600 & 0.000 & 0.000 & 0.000 \\ 0.000 & 0.100 & 0.900 & 0.000 & 0.000 \\ 0.000 & 0.400 & 0.600 & 0.000 & 0.000 \\ 0.000 & 0.400 & 0.600 & 0.000 & 0.000 \\ 0.000 & 0.400 & 0.600 & 0.000 & 0.000 \\ 0.000 & 0.860 & 0.140 & 0.000 & 0.000 \\ 1.000 & 0.000 & 0.000 & 0.000 & 0.000 \\ 0.000 & 0.600 & 0.400 & 0.000 & 0.000 \\ 1.000 & 0.000 & 0.000 & 0.000 & 0.000 \\ 0.000 & 0.000 & 0.000 & 0.000 & 1.000 \\ 0.000 & 0.0667 & 0.9333 & 0.000 & 0.000 \end{bmatrix} \tag{10-8}
$$

$$
\underline{U}_{jyk} = \begin{pmatrix} \underline{\mu}_{1yk} \\ \underline{\mu}_{2yk} \\ \vdots \\ \underline{\mu}_{jyk} \\ \vdots \\ \underline{\mu}_{myk} \end{pmatrix} = \begin{bmatrix} 1.000 & 0.000 & 0.000 & 0.000 & 0.000 \\ 1.000 & 0.000 & 0.000 & 0.000 & 0.000 \\ 1.000 & 0.000 & 0.000 & 0.000 & 0.000 \\ 0.300 & 0.700 & 0.000 & 0.000 & 0.000 \\ 0.600 & 0.400 & 0.000 & 0.000 & 0.000 \\ 0.600 & 0.400 & 0.000 & 0.000 & 0.000 \\ 0.600 & 0.400 & 0.000 & 0.000 & 0.000 \\ 0.000 & 0.000 & 0.660 & 0.340 & 0.000 \\ 0.000 & 0.900 & 0.100 & 0.000 & 0.000 \\ 0.000 & 0.000 & 0.400 & 0.600 & 0.000 \\ 1.000 & 0.000 & 0.000 & 0.000 & 0.000 \\ 0.000 & 0.000 & 0.100 & 0.900 & 0.000 \\ 0.2889 & 0.7111 & 0.000 & 0.000 & 0.000 \end{bmatrix} \tag{10-9}
$$

$$
\overline{U}_{jyk} = \begin{pmatrix} \overline{\mu}_{1yk} \\ \overline{\mu}_{2yk} \\ \vdots \\ \overline{\mu}_{jyk} \\ \vdots \\ \overline{\mu}_{myk} \end{pmatrix} = \begin{bmatrix} 1.000 & 0.000 & 0.000 & 0.000 & 0.000 \\ 0.600 & 0.400 & 0.000 & 0.000 & 0.000 \\ 0.600 & 0.400 & 0.000 & 0.000 & 0.000 \\ 0.000 & 0.300 & 0.700 & 0.000 & 0.000 \\ 0.000 & 0.600 & 0.400 & 0.000 & 0.000 \\ 0.000 & 0.600 & 0.400 & 0.000 & 0.000 \\ 0.000 & 0.600 & 0.400 & 0.000 & 0.000 \\ 0.000 & 0.660 & 0.340 & 0.000 & 0.000 \\ 0.900 & 0.100 & 0.000 & 0.000 & 0.000 \\ 0.000 & 0.400 & 0.600 & 0.000 & 0.000 \\ 1.000 & 0.000 & 0.000 & 0.000 & 0.000 \\ 0.000 & 0.000 & 0.000 & 0.100 & 0.900 \\ 0.000 & 0.2889 & 0.7111 & 0.000 & 0.000 \end{bmatrix} \tag{10-10}
$$

（1）定性分析

将 $\underline{\boldsymbol{\mu}}_{jxk}$、$\overline{\boldsymbol{\mu}}_{jxk}$、$\underline{\boldsymbol{\mu}}_{jyk}$、$\overline{\boldsymbol{\mu}}_{jyk}$ 计算结果和评价指标的权重代入式（4-18），根据式（4-20）可计算得到综合属性测度向量：

$$\boldsymbol{\mu}_k = [\,0.4589,\quad 0.3002,\quad 0.1690,\quad 0.0494,\quad 0.0235\,] \tag{10-11}$$

按照置信度准则式（2-12）~式（2-13）进行识别分析，计算时置信度系数取 $\lambda = 0.65$，可知 $k_0 = 1$，即该段透水危险性等级为 C_1 级，具有高危险性，计算结果与 Wang 等（2012）[104] 的模糊综合评估方法的预测结果一致。

（2）概率计算

根据 4.2.3 节所述方法，首先依据式（4-23）分别对 $\underline{\boldsymbol{\mu}}_{jxk}$、$\overline{\boldsymbol{\mu}}_{jxk}$ 和 $\underline{\boldsymbol{\mu}}_{jyk}$、$\overline{\boldsymbol{\mu}}_{jyk}$ 进行均质化计算，得到两个单指标属性测度矩阵：

$$\boldsymbol{U}_{jxk} = \begin{pmatrix} \boldsymbol{\mu}_{1xk} \\ \boldsymbol{\mu}_{2xk} \\ \vdots \\ \boldsymbol{\mu}_{jxk} \\ \vdots \\ \boldsymbol{\mu}_{mxk} \end{pmatrix} = \begin{bmatrix} 1.000 & 0.000 & 0.000 & 0.000 & 0.000 \\ 0.700 & 0.300 & 0.000 & 0.000 & 0.000 \\ 0.700 & 0.300 & 0.000 & 0.000 & 0.000 \\ 0.050 & 0.500 & 0.450 & 0.000 & 0.000 \\ 0.200 & 0.500 & 0.300 & 0.000 & 0.000 \\ 0.200 & 0.500 & 0.300 & 0.000 & 0.000 \\ 0.200 & 0.500 & 0.300 & 0.000 & 0.000 \\ 0.000 & 0.430 & 0.500 & 0.070 & 0.000 \\ 0.550 & 0.450 & 0.000 & 0.000 & 0.000 \\ 0.000 & 0.300 & 0.500 & 0.200 & 0.000 \\ 1.000 & 0.000 & 0.000 & 0.000 & 0.000 \\ 0.000 & 0.000 & 0.000 & 0.450 & 0.550 \\ 0.03335 & 0.500 & 0.46665 & 0.000 & 0.000 \end{bmatrix} \tag{10-12}$$

$$\boldsymbol{U}_{jyk} = \begin{pmatrix} \boldsymbol{\mu}_{1yk} \\ \boldsymbol{\mu}_{2yk} \\ \vdots \\ \boldsymbol{\mu}_{jyk} \\ \vdots \\ \boldsymbol{\mu}_{myk} \end{pmatrix} = \begin{bmatrix} 1.000 & 0.000 & 0.000 & 0.000 & 0.000 \\ 0.800 & 0.200 & 0.000 & 0.000 & 0.000 \\ 0.800 & 0.200 & 0.000 & 0.000 & 0.000 \\ 0.150 & 0.500 & 0.350 & 0.000 & 0.000 \\ 0.300 & 0.500 & 0.200 & 0.000 & 0.000 \\ 0.300 & 0.500 & 0.200 & 0.000 & 0.000 \\ 0.300 & 0.500 & 0.200 & 0.000 & 0.000 \\ 0.000 & 0.330 & 0.500 & 0.170 & 0.000 \\ 0.450 & 0.500 & 0.050 & 0.000 & 0.000 \\ 0.000 & 0.200 & 0.500 & 0.300 & 0.000 \\ 1.000 & 0.000 & 0.000 & 0.000 & 0.000 \\ 0.000 & 0.000 & 0.050 & 0.500 & 0.450 \\ 0.14445 & 0.500 & 0.35555 & 0.000 & 0.000 \end{bmatrix} \tag{10-13}$$

然后，对 $\boldsymbol{\mu}_{jxk}$ 和 $\boldsymbol{\mu}_{jyk}$ 进行按序排列组合，构建 $m \times K$ 阶矩阵 $\boldsymbol{U}_{jk}$，可以得到 $2^{13} = 8192$ 个矩阵 $\boldsymbol{U}_{jk}$。对于每一个矩阵 $\boldsymbol{U}_{jk}$，分别计算其综合属性测度，然后运用属性识别准则进行风险等级评

判。8192 种组合中,k_0取值均为 1。因此,可以认为该段透水危险性等级为 C_1级。

六个评估对象的透水风险评价结果,及其与其它方法预测结果的对比见表 10-10。

六个评估对象的底板透水风险评估结果　　　表 10-10

评估对象	定性分析							概率分析	风险等级
	C_1	C_2	C_3	C_4	C_5	k	等级		
F①	0.4589	0.3002	0.1690	0.0494	0.0235	1	I	$N_1 = 8192 \ \& \ P(C_1) = 100\%$	I
F②	0.2865	0.2041	0.2187	0.2072	0.0846	2	II	$N_2 = 8192 \ \& \ P(C_2) = 100\%$	II
F③	0.2150	0.1108	0.1087	0.1565	0.4100	3	III	$N_3 = 8192 \ \& \ P(C_3) = 100\%$	III
F④	0.2946	0.2002	0.2030	0.1490	0.1542	2	II	$N_2 = 8192 \ \& \ P(C_2) = 100\%$	II
F⑤	0.2604	0.1384	0.1193	0.1580	0.3250	2	II	$N_2 = 8192 \ \& \ P(C_2) = 100\%$	III
F⑥	0.3037	0.3850	0.1954	0.0207	0.0962	2	II	$N_2 = 8192 \ \& \ P(C_2) = 100\%$	II

参 考 文 献

［1］ 钱七虎,戎晓力.中国地下工程安全风险管理的现状、问题及相关建议［J］.岩石力学与工程学报,2008,27(4):649-655.

［2］ 钱七虎.地下工程建设安全面临的挑战与对策［J］.岩石力学与工程学报,2012,31(10):1945-1956.

［3］ Reilly JJ. Management process for complex underground and tunneling projects［J］. Tunneling and Underground Space Technology,2000,15(1):31-44.

［4］ Reilly J,Brown J. Management and control of cost and risk for tunneling and infrastructure projects［J］. Tunnelling and Underground Space Technology,2004,19(4-5):330.

［5］ Snel AJM,van Hasselt DRS. Risk management in the Amsterdam North South Metroline:A matter of process-communication instead of calculation［C］. World Tunnel Congress 1999 on Challenges for the 21st Century. 1999,179-186.

［6］ Choi HH,Cho HN,Seo JW. Risk Assessment methodology for underground construction projects［J］. Journal of Construction Engineering and Management,2004,130(2):258-272.

［7］ Eskesen SD,Tengborg P,Kampmann J,et al. Guidelines for tunneling risk management. International tunneling association,working group No. 2［J］. Tunneling and Underground Space Technology,2004,19:217-237.

［8］ Hartford DND,Baecher GB. Risk and uncertainty in dam safety［M］. Thomas Telford. 2004.

［9］ Sousa,RL. Risk analysis for tunneling projects［D］. Massachusetts Institute of Technology, Cambridge,USA 2010.

［10］ Stuzk R,Olsson L,Uohansson U. Risk and decision analysis for large underground projects,as applied to the stock holm ring road tunnels［J］. Tunnelling and Underground Space Technology,1996,11(2):157-164.

［11］ Nilsen B,Palmstrom A,Stille H. Quality control of a sub-sea tunnel project in complex ground conditions［C］. Proc of ITA World Tunnel Congress,1992,137-145.

［12］ Heinz D. Challenges to tunnelling engineers［J］. Tunnelling and Underground Space Technology,1996,11(1):5-10.

［13］ CIark GT,Borst A. Addressing risk in seattle's underground［J］. PB Network,2002,1:34-37.

［14］ Sousa RL,Einstein HH. Risk analysis during tunnel construction using Bayesian Networks: Porto Metro case study［J］. Tunnelling and Underground Space Technology,2012,27(1):86-100.

［15］ 朱永全.洞室稳定可靠性研究［D］.北京:北方交通大学,1996.

［16］ 白峰青.隧道工程的风险设计及对策［D］.天津:天津大学,1996.

［17］ 刘东升.基于弹塑性随机场有限元的围岩稳定可靠度研究［D］.重庆:重庆建筑大学,1996.

［18］ 范益群.地下工程深基坑施工过程安全性分析若干理论问题研究及其工程应用［D］.大

连：大连理工大学,1998.

[19] McFest-Smith I. Risk assessment for tunneling in adverse geological conditions [C]. Proceedings of the international conference on tunnels and underground,2000:625-632.

[20] 游步上,陈尧中,沈劲利.隧道交叉段破坏区位之探讨[C].首届全球华人岩土工程论坛, 2003,248-254.

[21] 黄宏伟.隧道及地下工程建设中的风险管理研究进展[J].地下空间与工程学报,2006, 2(1):13-20.

[22] 陈龙.城市软土盾构隧道施工期风险分析与评估研究[D].上海:同济大学,2004.

[23] 陈桂香,黄宏伟,尤建新.对地铁项目全寿命周期风险管理的研究[J].地下空间与工程 学报,2006,2(1):83-88.

[24] 黄宏伟,谢熊耀,胡群芳,等.轨道交通工程建设风险管理及其应用[M].上海:同济大学 出版社,2009.

[25] 陈洁金.下穿既有设施城市隧道施工风险管理与系统开发[D].长沙:中南大学,2009.

[26] 李景龙.大型地下洞室群工程稳定性风险评估系统及其应用研究[D].济南:山东大 学,2008.

[27] 张毅军,戎晓力,钱七虎,等.TOPSIS方法在地铁施工风险分析中的应用[J].地下空间与 工程学报,2010,6(4):856-860.

[28] 韩行瑞.岩溶隧道涌水及其专家评判系统[J].中国岩溶,2004,23(3):213-218.

[29] 杜毓超,韩行瑞,李兆林.基于AHP的岩溶隧道涌水专家评判系统及其应用[J].中国岩 溶,2009,28(3):281-287.

[30] 毛邦燕,许模,蒋良文.隧道岩溶突水、突泥危险性评价初探[J].中国岩溶,2010,29(2): 183-189.

[31] 匡星,白明洲,工成亮,等.基于模糊评价方法的隧道岩溶突水地质灾害综合预警方法 [J].公路交通科技,2010,27(11):100-1033.

[32] 李利平,李术才,陈军,等.基于岩溶突涌水风险评价的隧道施工许可机制及其应用研究 [J].岩石力学与工程学报,2011,30(7):1345-1354.

[33] 许振浩,李术才,李利平,等.基于层次分析法的岩溶隧道突水突泥风险评估[J].岩土力 学,2011,32(6):1757-1765.

[34] 许振浩,李术才,李利平,等.基于风险动态评估与控制的岩溶隧道施工许可机制[J].岩 土工程学报,2011,33(11),1715-1725.

[35] Li SC,Zhou ZQ,Li LP,et al. Risk assessment of water inrush in karst tunnels based on attribute synthetic evaluation system [J]. Tunnelling and Underground Space Technology, 2013,38:50-58.

[36] 李术才,周宗青,李利平,等.岩溶隧道突水风险评价理论与方法及工程应用[J].岩石力 学与工程学报,2013,32(9):1858-1867.

[37] Li SC,Zhou ZQ,Li LP,et al. A new quantitative method for risk assessment of geological disasters in underground engineering:Attribute Interval Evaluation Theory (AIET) [J]. Tunnelling and Underground Space Technology,2016,53:128-139.

[38] 周宗青,李术才,李利平,等.岩溶隧道突涌水危险性评价的属性识别模型及其工程应用[J].岩土力学,2013,34(3):818-826.

[39] Zhou ZQ,Li SC,Li LP,et al. An optimal classification method for risk assessment of water inrush in karst tunnels based on grey system theory[J]. Geomechanics and Engineering, 2015,8(5):631-647.

[40] 张庆松,李术才,韩宏伟,等.岩溶隧道施工风险评价与突水灾害防治技术研究[J].山东大学学报(工学版),2009,39(3):106-110.

[41] 王元汉,李卧东,李启光,等.岩爆预测的模糊数学综合评判方法[J].岩石力学与工程学报,1998,17(5):15-23.

[42] 姜彤,黄志全,赵彦彦.动态权重灰色归类模型在南水北调西线工程岩爆风险评估中的应用[J].岩石力学与工程学报,2004,23(7):1104-1108.

[43] 葛启发,冯夏庭.基于Ada Boost组合学习方法的岩爆分类预测研究[J].岩土力学,2008,29(4):943-948.

[44] 高玮.基于蚁群聚类算法的岩爆预测研究[J].岩土工程学报,2010(6):874-880.

[45] 陈海军,郦能惠,聂德新,等.岩爆预测的人工神经网络模型[J].岩土工程学报,2002,24(2):229-232.

[46] 石豫川,吉锋,冯文凯.BP神经网络在隧道岩爆预测中的应用[J].水土保持研究,2007,14(5):242-244.

[47] 朱宝龙,陈强,胡厚田.基于人工神经网络的岩爆预测方法[J].地质灾害与环境保护,2002,13(3):56-59.

[48] 宫凤强,李夕兵.岩爆发生和烈度分级预测的距离判别方法及应用[J].岩石力学与工程学报,2007,26(5):1012-1018.

[49] 刘章军,袁秋平,李建林.模糊概率模型在岩爆烈度分级预测中的应用[J].岩石力学与工程学报,2008,27(S1):3095-3103.

[50] 贾义鹏,吕庆,尚岳全.基于粒子群算法和广义回归神经网络的岩爆预测[J].岩石力学与工程学报,2013,32(2):343-348.

[51] Adoko AC,Gokceoglu C,Wu L,et al. Knowledge-based and data-driven fuzzy modeling for rockburst prediction[J]. International Journal of Rock Mechanics and Mining Sciences,2013, 61:86-95.

[52] 李凤云.隧道塌方风险预测与控制研究[D].长沙:中南大学,2005.

[53] 周建昆,吴坚.岩石公路隧道塌方风险事故树分析[J].地下空间与工程学报,2008,4(6):991-998.

[54] 周峰.山岭隧道塌方风险模糊层次评估研究[D].长沙:中南大学,2008.

[55] 陈洁金,周峰,阳军生,等.山岭隧道塌方风险模糊层次分析[J].岩土力学,2009,30(8):2365-2370.

[56] 王华牢,李宁,王皓.隧道施工塌方风险评估与控制措施[J].交通运输工程学报,2010,10(4):34-38.

[57] 王迎超.山岭隧道塌方机制及防灾方法[D].杭州:浙江大学,2010.

[58] 袁龙.基于模糊层次综合评估法的隧道洞口段塌方风险评估[D].西安:长安大学,2010.

[59] 李术才,石少帅,李利平,等.山岭隧道塌方风险评价的属性识别模型与应用[J].应用基础与工程科学学报,2013,21(1):147-158.

[60] 周宗青,李术才,李利平,等.浅埋隧道塌方地质灾害成因及风险控制[J].岩土力学,2013,34(5):1375-1382.

[61] 李群,宁利.属性区间识别理论模型研究及其应用[J].数学的实践与认识,2002,32(1):50-54.

[62] 程乾生.属性识别理论模型及其应用[J].北京大学学报(自然科学版),1997,33(1):12-20.

[63] 冯夏庭,陈炳瑞,明华军,等.深埋隧洞岩爆孕育规律与机制:即时型岩爆[J].岩石力学与工程学报,2012,31(3):433-444.

[64] 黄志平.深埋隧洞开挖卸荷岩爆孕育过程及微震预警分析[D].沈阳:东北大学:2015.

[65] 钱七虎.岩爆、冲击地压的定义、机制、分类及其定量预测模型[J].岩土力学,2014,35(1):1-6.

[66] 陈炳瑞,冯夏庭,明华军,等.深埋隧道岩爆孕育规律与机制:时滞型岩爆[J].岩石力学与工程学报,2012,31(3):561-569.

[67] 李庶林,冯夏庭,王泳嘉,等.深井硬岩岩爆倾向性评价[J].东北大学学报(自然科学版),2001,22(1):60-63.

[68] 徐林生,王兰生.二郎山公路隧道岩爆发生规律与岩爆预测研究[J].岩土工程学报,1999,21(5):569-572.

[69] 许梦国,杜子建,姚高辉,等.程潮铁矿深部开采岩爆预测[J].岩石力学与工程学报,2008,27(S1):2921-2928.

[70] 梁志勇.锦屏二级水电站引水隧洞岩爆预测及防治对策研究[D].成都:成都理工大学,2004.

[71] 吴世勇,周济芳,陈炳瑞,等.锦屏二级水电站引水隧洞 TBM 开挖方案对岩爆风险影响研究[J].岩石力学与工程学报,2015,34(4):728-734.

[72] 张国平.锦屏二级水电站深埋长引水隧洞围岩稳定性分析与研究[D].南京:河海大学,2007.

[73] 王湘锋.锦屏二级水电站深埋特长引水隧洞岩爆模拟及预测研究[D].成都:成都理工大学,2006.

[74] 陈秀铜,李璐.基于 AHP-FUZZY 方法的隧道岩爆预测[J].煤炭学报,2008(11):32-36.

[75] 张德永.江边水电站引水隧洞岩爆预测与控制研究[D].济南:山东大学,2011.

[76] 徐则民,黄润秋,范柱国,等.长大隧道岩爆灾害研究进展[J].自然灾害学报,2004(2):16-24.

[77] 张德永,张乐文,邱道宏.基于粗糙集的可拓评判在岩爆预测中的应用[J].煤炭学报,2010,35(9):1461-1465.

[78] 李中锋.煤与瓦斯突出机理及其发生条件评述[J].煤炭科学技术,1997,25(11):44-47.

[79] 王永祥,杜卫新.煤与瓦斯突出机理研究进展[J].煤炭技术,2008,27(8):89-91.

[80] 胡千庭,文光才.煤与瓦斯突出的力学作用机制[M].北京:科学出版社,2013.

[81] 李希建,林柏泉.煤与瓦斯突出机理研究现状及分析[J].煤田地质与勘探,2010,38(1):7-13.

[82] 张振强.铁路瓦斯隧道分类及煤与瓦斯突出预测方法研究[D].成都:西南交通大学,2015.

[83] 王昱舒.基于PCA-AKH-BP神经网络的面域相结合的煤与瓦斯突出预测模型及应用研究[D].太原:太原理工大学,2017.

[84] 李春辉.基于BP神经网络的煤与瓦斯突出危险性预测的研究[D].昆明:昆明理工大学,2010.

[85] 俞启香,程远平.煤矿瓦斯防治[M].北京:中国矿业大学出版社.2012.

[86] 刘杰,王恩元.煤层赋存条件对煤与瓦斯突出危险性的影响研究[J].中国安全科学学报,2016,26(12):98-103.

[87] 李中州.煤厚变化对煤与瓦斯突出危险性的影响[J].煤炭科学技术,2010,38(9):65-67.

[88] 王汉鹏,张冰,袁亮,等.吸附瓦斯含量对煤与瓦斯突出的影响与能量分析[J].岩石力学与工程学报,2008,20(3):91-93.

[89] Xu L,Jiang C. Initial desorption characterization of methane and carbon dioxide in coal and its influence on coal and gas outburst risk[J]. Fuel,2017,203:700-706.

[90] 王佑安,杨思敏.煤与瓦斯突出危险煤层的某些特征[J].煤炭学报,1980,5(1):47-53.

[91] 陈鲜展.瓦斯压力对煤与瓦斯突出强度影响研究[J].煤炭技术,2017,36(9):139-141.

[92] 王志亮,李其中.浅析煤与瓦斯突出的危险性评价指标体系[J].西部探矿工程,2008,20(3):91-93.

[93] 闫江伟.地质构造对平顶山矿区煤与瓦斯突出的主控作用研究[D].焦作:河南理工大学,2016.

[94] 解振,闫江伟,王蔚,等.平顶山矿区东、西分区特征关键影响因素研究[J].安全与环境学报,2015,15(2):102-107.

[95] 康继武,李文勇.平顶山矿区东部己组煤镜质组反射率异向性及构造分析[J].焦作矿业学院学报,1992(4):1-7.

[96] 李钰魁,雷东记,张玉贵,等.平顶山东部矿区地应力场特征及其对煤与瓦斯突出的影响[J].安全与环境学报,2016,16(5):114-119.

[97] 魏国营,王保军,闫江伟,等.平顶山八矿突出煤层瓦斯地质控制特征[J].煤炭学报,2015,40(3):555-561.

[98] 潘国营,马亚芬,赵东.平顶山十矿下保护层开采围岩破坏数值模拟及水害防治[J].河南理工大学学报(自然科学版),2017,36(06):15-21.

[99] 姚威,任青山,高万兴,等.平顶山十矿地应力分布特征研究[J].科技信息,2012,20:392-393.

[100] 刘振,刘静宜,薛飞洋.河南平顶山煤田十二矿石炭—二叠系含煤性及影响因素分析[J].中国井矿盐,2016,47(1):27-30.

［101］ 胡菊,马君信,崔恒信,等.平顶山十二矿煤与瓦斯突出的地质因素分析[J].焦作工学院学报,1997,16(2):49-56.

［102］ Wu LY,Yang YZ. Improved grey correlative method for risk assessment on coal and gas outburst[J]. In:2011 International Conference on Computer and Management:1-4.

［103］ 杨玉中,吴立云,高永才.煤与瓦斯突出危险性评价的可拓方法[J].煤炭学报,2010,35(S0):100-104.

［104］ Wang Y,Yang WF,Li M,et al. Risk assessment of floor water inrush in coal mines based on secondary fuzzy comprehensive evaluation[J]. International Journal of Rock Mechanics & Mining Sciences. 2012,52:50-55.

［105］ Li LP,Zhou ZQ,Li SC,et al. An attribute synthetic evaluation system for risk assessment of floor water inrush in coal mines[J]. Mine Water Environ. 2014,34 (3):288-294.

［106］ 陈江峰,祝志军,严长德.煤矿断层密度的分维描述[J].中国煤田地质,1999,11(3):8-10.

［107］ 王建忠,向才富,庞雄奇.碳酸盐岩层系断层封闭机理研究[J].中国矿业大学学报,2013,42(4):616-624.

［108］ 武强,王金华,刘东海,等.煤层底板突水评价的新型实用方法Ⅳ:基于 GIS 的 AHP 型脆弱性指数法应用[J].煤炭学报,2009,34(2):233-238.

［109］ 张文泉,张广鹏,李伟,等.煤层底板突水危险性的 Fisher 判别分析模型[J].煤炭学报,2013,38(10):1831-1836.

［110］ 田干.深部煤层开采底板突水地应力控制机理研究[D].西安:煤炭科学研究总院西安研究院,2015.

［111］ 施龙青,韩进.底板突水机理及预测预报[M].中国矿业大学出版社,2004.

［112］ 胡伏生,杜强,万力,等.岩体渗透结构与矿坑涌水强度关系[J].长春科技大学学报,2000,30(2):161-169.

［113］ 乔伟.矿井深部裂隙岩溶富水规律及底板突水危险性评价研究[D].北京:中国矿业大学,2011.

［114］ 张乐中.煤矿深部开采底板突水机理研究-以王峰井田为例[D].西安:长安大学.2013.

［115］ Zhu QH,Feng. MM,Mao XB. Numerical Analysis of Water Inrush from Working-face Floor during mining[J]. China University Mining&Technology,2008(18):159-163.

［116］ Dong QH,Cai R,Yang WF. Simulation of Water-resistance of a Clay Layer during Mining:Analysis of a Safe Water Head[J]. China University Mining&Technology,2007,17(3):0345-0348.

［117］ Ding SL,Liu QF,Wang MZ. Study of Kaolinite rock in coal bearing stratum. North China[J]. Procedia Earth and Planetary Science,2009,1:1024-1028.

［118］ 赵成喜.淮北矿区深部岩溶突水机理即治理模式[D].北京:中国矿业大学,2015.

［119］ 李白英.预防矿井底板突水的"下三带"理论及其发展与应用[J].山东矿业学院学报(自然科学版),1999,18(4):11-18.

［120］ 于小鸽,韩进,施龙青,等.基于 BP 神经网络的底板破坏深度预测[J].煤炭学报,2009,

34(6):731-736.

[121] 樊振丽,胡炳南,申宝宏.煤层底板采动导水破坏带深度主控因素探究[J].煤矿开采,2012,17(1):5-7.

[122] 边凯.赵各庄矿深部煤层底板突水危险性与断裂滞后突水评价[D].北京:中国矿业大学,2015.

[123] 林玉祥.复杂构造底板突水概率模型预测法[D].北京:中国矿业大学,2015.

[124] 温有权.羊东矿采空区顶板塌落模拟实验及瓦斯抽采的研究[D].邯郸:河北工程大学,2016.

[125] 苗乾坤.羊渠河矿霍庄煤柱充填开采上覆岩层变形移动规律研究[D].北京:中国矿业大学,2016.

[126] 王志军,秦鹏.冀中能源峰峰集团有限公司羊东矿地质类型划分报告[R].中国煤炭地质总局第二水文地质队,2014.

[127] 王金,秦鹏,张天生.羊渠河井田水文地质条件分析[J].煤炭技术,2009,28(11):112-113.

索　引